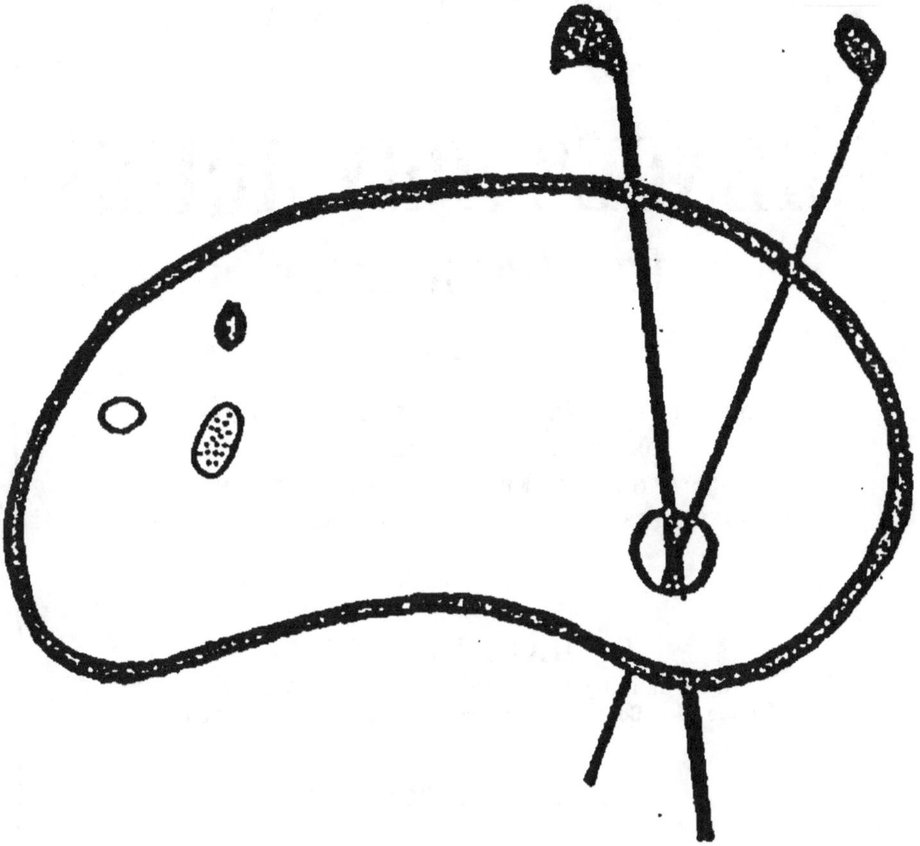

COUVERTURE SUPERIEURE ET INFERIEURE
EN COULEUR

NOTIONS ÉLÉMENTAIRES

DE

SCIENCES PHYSIQUES

ET NATURELLES

A L'USAGE

DU COURS SUPÉRIEUR DES ÉCOLES PRIMAIRES
DES COURS COMPLÉMENTAIRES
DES CANDIDATS AU BREVET ÉLÉMENTAIRE
ET DES ÉLÈVES DE 1re ANNÉE DES ÉCOLES NORMALES

PAR

C. HARAUCOURT

Professeur au Lycée et à l'École des Sciences de Rouen,
Membre du Conseil supérieur de l'Instruction publique.

HUITIÈME ÉDITION

PARIS

LIBRAIRIE CLASSIQUE DE F.-E. ANDRÉ-GUÉDON
15, RUE SÉGUIER, 15
Près la Fontaine Saint-Michel

OUVRAGES NOUVEAUX

Ouvrages de M. DEVILLE
Agrégé de l'Université, professeur au Lycée de Rouen.

CONFORMES AUX DERNIERS PROGRAMMES OFFICIELS (10 AOUT 1886)
DE L'ENSEIGNEMENT SECONDAIRE SPÉCIAL

A l'usage des Lycées, des Collèges et de tous les Établissements d'Instruction.

Géographie physique, politique et économique de l'*Afrique*, de l'*Asie*, de l'*Amérique* et de l'*Océanie*. 1 vol. in-12, cart. 2 »

Géographie physique, politique et économique de l'*Europe*. 1 vol. in-12, cart. (*sous presse*).

Géographie physique, politique et économique de la *France* et de ses colonies. 1 vol. in-12, cart. (*en préparation*).

OUVRAGES DE MM.
P. DARLES & E. JANIN
Agrégé de l'Université — Agrégé de l'Université
Professeur à l'École Colbert | Professeur à l'École Turgot

CONFORMES AUX DERNIERS PROGRAMMES OFFICIELS (10 AOUT 1886)
DE L'ENSEIGNEMENT SECONDAIRE SPÉCIAL

A l'usage des Lycées, des Collèges et de tous les Établissements d'Instruction.

Histoire du moyen-âge et particulièrement de la France depuis le Ve siècle jusqu'au milieu du XVe siècle. *Première année*, 1 vol. in-12, cart. (*pour paraître fin novembre prochain*).

Histoire moderne et particulièrement de la France (de 1453 à 1789). *Deuxième année*, 1 vol. in-12, cart. (*en préparation*).

Histoire contemporaine (de 1789 à 1875). *Troisième année*, 1 vol. in-12, cart. (*en préparation*).

Histoire ancienne, grecque et romaine. *Quatrième année*, 1 vol. in-12, cart. . . . . 2 fr. 40

OUVRAGES DE M. MONNET
Agrégé de l'Université, Professeur de mathématiques au Collège de Saint-Claude

Cours élémentaire d'arithmétique, théorique et pratique, rédigé conformément aux programmes des Écoles normales primaires, des Écoles primaires supérieures et des Classes de première et de deuxième année de l'Enseignement spécial, contenant un très grand nombre d'exercices résolus et à résoudre. 4e *édition*. 1 vol. in-12, cart. 2 »

Solutions des exercices et des problèmes énoncés dans le *Cours élémentaire d'arithmétique*. 1 vol. in-12, cartonné. . . . . 2 »

Cours élémentaire de géométrie, théorique et pratique, rédigé conformément aux programmes des Écoles normales primaires, des Écoles primaires supérieures et des Classes de première, deuxième et troisième année de l'Enseignement spécial, contenant un très grand nombre d'exercices résolus et à résoudre. *Troisième édition*. 1 v. in-12, cart. 2 »

Cours élémentaire d'algèbre et de trigonométrie, théorique et pratique, à l'usage des Écoles normales primaires, des Écoles primaires supérieures et des Classes de deuxième, troisième et quatrième année de l'Enseignement spécial. *Deuxième édition revue et corrigée*. 1 vol. in-12, cartonné. . . . . 2 »

Table de Lignes Trigonométriques naturelles à cinq décimales, contenant les valeurs des sinus et des tangentes de minute en minute pour tous les degrés du quart de cercle, suivie de plusieurs autres tables de nombres usuels.

1 vol. in-12 { cartonné, dos toile anglaise. 1 50
{ reliure toile gaufrée, titre doré. . . . . 2 »

Paris. — Imp. E. Capiomont et V. Renault, rue des Poitevins, 6.

NOTIONS ÉLÉMENTAIRES

DE

SCIENCES PHYSIQUES ET NATURELLES

OUVRAGES DE M. C. HARAUCOURT

Agrégé de l'Université, Professeur au Lycée et à l'École des Sciences de Rouen,
Membre du Conseil supérieur de l'Instruction publique.

Cours élémentaire de physique à l'usage des *Lycées*, des *Collèges*, des candidats aux baccalauréats, et de tous les établissements d'Instruction, contenant de nombreux exercices numériques résolus et à résoudre. *Deuxième édition* revue et corrigée, 1 v. in-8, br............ 6 »

Leçons élémentaires de physique, à l'usage des Écoles primaires supérieures, avec de nombreux exercices numériques. *Quatrième édition.* 1 vol. in-12, cartonné............................ 3 »

Cours de physique, à l'usage de l'Enseignement secondaire des jeunes filles. Cours de *troisième, quatrième et cinquième année*, d'après les programmes officiels. 1 vol. in-8, broché............ 4

Notions de chimie, à l'usage des élèves de l'Enseignement spécial. *Troisième année (Métalloïdes). Quatrième édit.* 1 vol. in-8, br. 2 »
    Quatrième année (Métaux). Troisième édition, revue et augmentée. 1 vol. in-8, broché........................... 2 50
    Cinquième année (Chimie organique). Troisième édition, entièrement refondue. 1 vol. in-8, broché........................ 1 80

Cours élémentaire de chimie, à l'usage des Écoles normales primaires, des Lycées et Collèges de jeunes filles, et de tous les établissements d'Instruction. *Troisième édition.* 1 vol. in-8, broché.... 4 »

Leçons élémentaires de chimie, à l'usage des Écoles primaires supérieures. *Quatrième édition*, revue et corrigée. 1 vol. in-12, cartonné.. 2 »

Leçons de chimie, à l'usage des élèves des Écoles normales d'institutrices, des classes supérieures des pensionnats de demoiselles et des jeunes personnes qui se préparent aux examens du brevet supérieur. *Nouvelle édition.* 1 vol. in-8, broché.................. 2 »

Premières leçons de chimie, rédigées conformément au programme du 2 août 1880, à l'usage des élèves de la classe de sixième et des classes primaires supérieures, 1 vol. in-12, broché................ 1 »

Notions élémentaires de sciences physiques et naturelles, à l'usage du Cours supérieur des écoles primaires, des Cours complémentaires, des candidats au brevet élémentaire et des élèves de première année des écoles normales. *Huitième édition*, 1 volume in-12, cartonné.. 2 40

OUVRAGES DE M. RENÉ LEBLANC

Les sciences physiques à l'école primaire et dans les classes préparatoires. 365 expériences faciles à exécuter et très concluantes.
    *Première partie (**Physique**). Cinquième édition.* 1 vol. in-12, broché... 1 50
    *Deuxième partie (**Chimie**). Quatrième édition.* 1 vol. in-12, broché... 1 50
    Première et deuxième partie réunies en 1 vol. in-12, cartonné.. 3 »
    Ouvrage adopté pour les Écoles de la ville de Paris.

Manipulations de chimie, leçons pratiques à l'usage des élèves des établissements d'Enseignement spécial, professionnel et primaire supérieur. *Quatrième édition.* 1 vol. in-12, broché............. 1 50

Paris. — Imp. E. Capiomont et V. Renault, rue des Poitevins, 6.

NOTIONS ÉLÉMENTAIRES

DE

SCIENCES PHYSIQUES

ET NATURELLES

A L'USAGE

DU COURS SUPÉRIEUR DES ÉCOLES PRIMAIRES
DES COURS COMPLÉMENTAIRES
DES CANDIDATS AU BREVET ÉLÉMENTAIRE
ET DES ÉLÈVES DE 1re ANNÉE DES ÉCOLES NORMALES

PAR

C. HARAUCOURT

Professeur au Lycée et à l'École des Sciences de Rouen
Membre du Conseil supérieur de l'Instruction publique.

HUITIÈME ÉDITION

PARIS

LIBRAIRIE CLASSIQUE DE F.-E. ANDRÉ-GUÉDON
15, RUE SÉGUIER, 15
Près la fontaine Saint-Michel.

—

1887

PRÉFACE

L'arrêté du 30 décembre 1884, relatif aux titres de capacité de l'enseignement primaire, a rendu obligatoires au brevet élémentaire des *interrogations sur les notions élémentaires des sciences physiques dans leurs rapports avec l'agriculture et l'horticulture.* Les éléments usuels de ces sciences font d'ailleurs partie des matières de l'enseignement primaire depuis la loi du 28 mars 1882, et on les inscrit dans le programme de l'école primaire, dans celui des cours complémentaires et des écoles primaires supérieures.

Nous ne manquons pas de bons livres qui présentent ces sciences expérimentales sous une forme simple et qui servent de guides à nos instituteurs pour leurs leçons familières. Nous en avons de plus savants qui sont consacrés les uns à la physique ou à la chimie et les autres à l'histoire naturelle. Ces derniers sont trop complets pour l'aspirant au brevet élémentaire, et si les premiers sont simples sous leur forme qui se rapproche de l'expo-

sition orale, ils ne sont pas toujours suffisamment métho-
diques; ils sont d'ailleurs plutôt destinés aux élèves
qu'aux maîtres.

Les *Notions élémentaires* que nous publions ont pour
objet de combler cette lacune; les aspirants au brevet
élémentaire y trouveront traitées dans leur ordre logique
toutes les questions de sciences physiques et naturelles
qui les intéressent, tout ce qu'il leur importe de savoir
sous ce rapport pour conquérir ce premier titre.

Le décret du 30 décembre 1884 dit que les épreuves
écrites ou orales ne dépasseront pas le niveau moyen des
programmes du cours supérieur des écoles primaires.
Ce sont ces programmes qui nous ont servi de canevas,
ainsi qu'on en peut juger par la table des matières.

Dans ce vaste domaine des sciences d'observation où
toutes les questions sont intéressantes et utiles, il fallait
se borner résolument aux notions les plus indispensables.
C'est ce que nous avons fait pour chacune des branches
d'enseignement qui sont présentées séparément.

La **physique** est limitée aux appareils les plus communs, aux expériences les plus faciles sur les liquides,
la pression atmosphérique, les phénomènes de la chaleur,
de l'électricité et de la lumière.

La **chimie** présente la notion des corps simples et
des corps composés, les propriétés les plus saillantes des
métaux et des métalloïdes les plus usuels.

La **zoologie** est bornée à la description sommaire
du corps humain, aux notions indispensables sur les fonctions de nutrition, sur les fonctions de relation et sur les
organes des sens, aux grands traits de la classification,

aux principaux animaux utiles ou nuisibles et enfin à quelques conseils pratiques d'hygiène.

La botanique comprend l'étude sommaire des organes des plantes, quelques familles parmi les plus intéressantes et les plus connues, des notions d'horticulture et d'arboriculture.

La géologie est limitée à l'étude des phénomènes actuels les plus saillants, à une description sommaire des couches de la terre et des produits les plus importants qu'elles contiennent. Un chapitre traite spécialement de ce qui se rapporte aux notions agricoles, à la terre arable, aux cultures, aux engrais, aux semailles et aux récoltes.

Tel qu'il est conçu, ce petit livre pourra aussi servir utilement aux élèves des cours complémentaires d'un an ou de deux ans.

Nous espérons qu'il pourra rendre quelques services à tous ceux qui se préparent à prendre le premier titre de l'enseignement primaire.

H.

PREMIÈRE PARTIE
PHYSIQUE

CHAPITRE PREMIER
LES TROIS ÉTATS DES CORPS

1. Corps et matière. — Nous savons tous, sans aucune étude préalable, qu'il existe autour de nous un grand nombre d'objets différents les uns des autres par leur forme, par leurs dimensions, par l'impression qu'ils font sur nos sens. Nous reconnaissons au toucher et à la vue une pierre, un morceau de fer, une flaque d'eau; et si nous ne voyons pas l'air qui nous entoure, nous constatons cependant sa présence par les mouvements qu'il imprime aux arbres et par la difficulté de marcher contre le vent. Tous ces objets tangibles, dont chacun occupe une portion de l'espace à l'exclusion de tout autre, nous les appelons des **corps**, et nous donnons le nom général de **matière** à la substance dont ils sont formés.

2. Les corps se présentent sous trois états. — Tous les corps n'opposent pas la même résistance au toucher : la main ne peut pas entamer une pierre, tandis qu'elle se meut facilement dans l'eau et bien plus librement encore dans l'air. Ces différences ont fait partager les corps en trois grands groupes, que l'on appelle les **trois états de la matière**, et dont la pierre, l'eau et l'air nous offrent les types.

Les uns, ce sont les **corps solides** (ou plus simplement les **solides**), opposent une résistance plus ou moins grande à la rupture, il faut un certain effort pour les diviser; ils ont une forme qu'ils gardent quand on les a façonnés; les différentes parties dont ils sont composés adhèrent fortement les unes aux autres, puisqu'il suffit de fixer un point du corps pour que tout le corps le soit; ainsi sont les pierres, les métaux, le bois, etc... Les autres, les corps **liquides**, n'ont pas de forme propre; ils prennent celle du vase solide dans lequel on les renferme; on les divise sans difficulté; les parties qui les forment sont très mobiles et glissent facilement les unes sur les autres : tels sont l'eau, l'alcool, l'éther, etc. Enfin, le troisième groupe comprend les **corps gazeux** ou les **gaz** qui ressemblent à l'air, qui n'ont ni forme, ni volume, et qui remplissent toujours tout l'espace qui leur est offert.

Tous les corps se présentent sous l'un de ces trois états; et selon les circonstances, le même corps peut posséder tantôt l'un, tantôt l'autre.

3. Les solides. — Les solides ont tous pour propriété commune d'avoir une forme déterminée et un volume qui reste à peu près le même. Mais ils sont bien différents les uns des autres et chacun d'eux affecte des propriétés particulières. Ainsi les uns se brisent facilement à la main ou par un léger coup de marteau, comme la craie et le marbre; d'autres résistent davantage comme le grès, les silex; d'autres enfin ne peuvent être pulvérisés que difficilement comme l'agate, le cristal de roche. Certains métaux peuvent être étalés en lames par l'action d'un corps lourd, d'autres allongés en fils très fins, d'autres réduits en limaille; dans tous les cas, ils ont changé de forme sous la pression qu'ils ont subie, mais s'ils n'ont pas toujours gardé exactement le même volume, ils ont peu varié.

4. Les liquides. —Les liquides n'ont pas de forme propre, mais ils conservent toujours leur volume : qu'on les mette dans un grand ou un petit vase, qu'on les presse d'un poids énorme, qu'on leur fasse subir n'importe quelle action mécanique, ils ont un volume invariable : on dit qu'ils sont *incompressibles*. Ils sont peu variés d'aspect . l'eau et le pétrole sont les liquides naturels les plus répandus ; presque tous les autres, le vin, la bière, l'alcool, procèdent de l'eau et lui ressemblent plus ou moins.

5. Les gaz. — Le caractère saillant des gaz, c'est de n'avoir ni forme, ni volume, d'occuper tantôt un petit espace, tantôt un grand, en un mot, de remplir toujours tout le volume qui leur est offert.

Mais si tout le monde sait ce que sont les solides et les liquides, il n'en est pas de même des gaz, et il importe ici d'appeler l'expérience à notre aide.

Voici d'abord une preuve que la même quantité de gaz qui remplit un petit espace peut également remplir entièrement un espace beaucoup plus grand. On prend deux ballons très inégaux ; on met dans chacun d'eux une égale parcelle d'iode et on les chauffe (fig. 1). Le corps solide, légèrement chauffé, produit une belle vapeur violette ; il y en a une égale quantité dans chaque ballon ; et la vapeur occupe tout le grand ballon, comme elle remplit le petit.

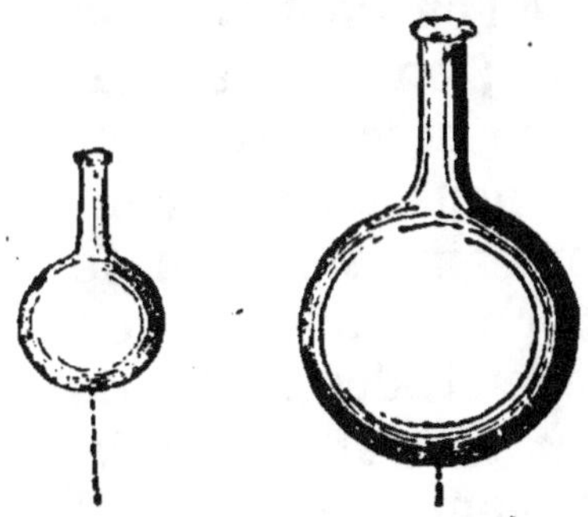

Fig. 1. — Une même quantité de gaz remplit deux ballons inégaux.

Si tous les gaz étaient colorés comme cette vapeur d'iode, on constaterait leur présence aussi facilement que celle des solides ou des liquides ; ainsi on reconnaît le chlore à sa couleur verte, et le gaz que produit l'eau-forte jetée sur le cuivre, à sa coloration rouge brun.

Mais la plupart des gaz sont incolores, et par suite invisibles. Quand ils ont une odeur, elle suffit à les révéler; c'est ainsi qu'en entrant dans une chambre, on sent si un flacon d'éther ou d'alcali y est resté débouché, ou s'il s'est produit une fuite de gaz d'éclairage. Il faut d'autres moyens pour constater l'existence des gaz qui sont, comme l'air, incolores et inodores. En voici quelques-uns.

On pose un bouchon sur l'eau d'une terrine ou d'une cuve, et on descend verticalement au-dessus du bouchon une cloche que l'on tient par le bouton (fig. 2), ou un grand verre renversé que l'on tient par son pied; on voit le bouchon descendre comme poussé par le contenu invisible de la cloche. Incline-t-on celle-ci, des bulles de gaz s'élèvent en bouillonnant dans l'eau.

On monte un flacon à deux tubulures avec un tube à entonnoir

Fig. 2. — L'air s'oppose à l'ascension de l'eau dans une cloche.

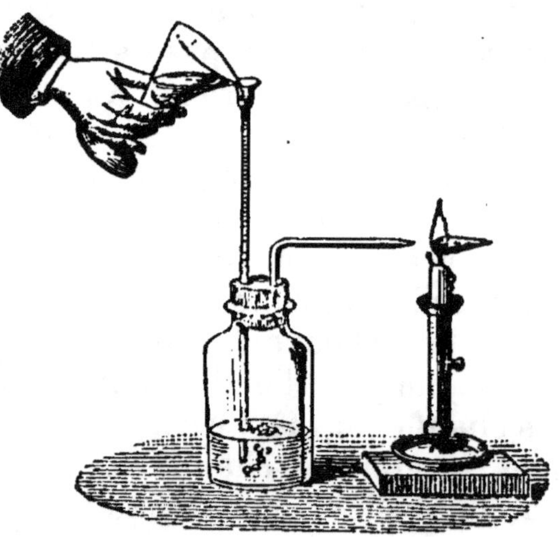

Fig. 3. — L'air chassé par l'eau, incline la flamme d'une bougie.

plongeant jusqu'au fond dans l'une, et un tube recourbé et effilé dans l'autre (fig. 3). On place une bougie allumée près de l'extrémité du tube effilé; puis on verse de l'eau dans le flacon par le tube à entonnoir; on voit la flamme de la bougie s'incliner sous l'action du jet de gaz que l'eau fait sortir en prenant sa place dans le flacon.

Les gaz sont éminemment **compressibles;** leur volume peut être de beaucoup réduit. On le montre à l'aide du *briquet à air* (fig. 4). C'est un tube de verre épais bouché à une de ses extrémités, et dans lequel peut se mouvoir un piston qui ferme exactement. On enlève le piston et on le remet dans le tube; on enferme ainsi au-dessous de lui un certain volume d'air : il suffit de presser sur la tige du piston pour rendre ce volume de plus en plus petit.

Cette même expérience peut aussi prouver que les gaz sont **élastiques,** qu'ils tendent à reprendre leur premier volume lorsqu'ils ont été comprimés. Si, en effet, on lâche le piston après l'avoir enfoncé dans le tube, il est vivement repoussé par le gaz.

Fig. 4. — L'air peut être comprimé.

Enfin, si dans une petite encoche de l'extrémité du piston on place un morceau d'amadou et qu'on enfonce très brusquement le piston, l'amadou prend feu, d'où le nom de *briquet* donné à l'appareil.

6. Remarque sur les trois états des corps. — Nous venons de définir séparément chacun des trois états. Certains corps paraissent intermédiaires entre les solides et les liquides : ce sont les corps mous ou pâteux. D'un autre côté, nous pouvons remarquer que les liquides et les gaz ont une propriété commune, l'extrême mobilité de leurs parties, qui les a fait grouper sous la même appellation de *fluides.* Les liquides, à leur tour, partagent avec les solides la propriété d'être incompressibles. Nous pouvons donc considérer les liquides comme formant une sorte d'état intermédiaire et de passage entre les deux états extrêmes, représentés d'un côté par les solides, de l'autre par les gaz.

Le même corps peut passer successivement par les trois états. — L'eau nous en offre un frappant exemple : elle est solide en glace, l'hiver ; elle est liquide en tous temps dans les rivières et les mers, et elle se trouve toujours en vapeur dans l'atmosphère. Le soufre qui est habituellement solide devient liquide et passe même à l'état de vapeur quand on le chauffe. Nous reviendrons plus tard en détail sur ces intéressantes transformations.

Questionnaire.

1. Qu'appelle-t-on corps ? — 2. Quels sont les trois états des corps ? — 3. Citer les caractères des solides. — 4. Quelles sont les propriétés saillantes des liquides ?— 5. Citer les caractères des gaz. —6. Montrer que le même corps peut se présenter sous les trois états.

Devoir.

Indiquer les moyens à l'aide desquels on peut montrer l'existence des gaz incolores.

CHAPITRE II

DIRECTION DE LA PESANTEUR
CENTRE DE GRAVITÉ. — CHUTE DES CORPS.

7. Tous les corps tombent. — En quelque lieu que l'on soit, si l'on tient à la main une pierre, un morceau de bois, un corps quelconque, aussitôt que l'on cesse de le soutenir, il se dirige vers la terre. Tous les corps abandonnés à eux-mêmes tombent vers la terre. C'est un fait connu de tout le monde pour les corps solides et les corps liquides ; il existe aussi pour les gaz ; et si la fumée, les nuages, un ballon, s'élèvent au lieu de descendre et semblent ainsi faire exception à la loi générale, leur ascension momentanée dans l'air ressemble à celle du bouchon de liège qui, placé au fond d'un vase d'eau remonte à la surface, tandis qu'il tombe comme un corps quelconque dans un vase vide.

8. La pesanteur. — Aucun corps ne peut se mettre de lui-même en mouvement; il faut donc une cause qui dirige vers la terre les corps non soutenus; cette cause est appelée **la pesanteur.**

La pesanteur est une force; on doit donc pouvoir lui trouver les trois qualités que l'on reconnaît aux forces : la direction, le point d'application et l'intensité.

9. Direction de la pesanteur. — La direction de la pesanteur est celle d'un corps qui tombe librement, elle est donnée par un corps lourd suspendu à un fil flexible qui est fixé par son autre extrémité, autrement dit par le **fil à plomb** (fig. 5). On peut vérifier facilement qu'il en est ainsi. On tient un corps comme une petite bille près de l'extrémité supérieure d'un fil à plomb et on le laisse tomber, il suit en tombant la

Fig. 5.
Fil à plomb.

Fig. 6. — Vérification de la verticalité d'un mur.

direction du fil et il vient frapper sur le corps lourd que le fil suspend.

La direction du fil à plomb porte le nom de **verticale;** l'expérience prouve qu'elle est perpendiculaire à la surface d'une nappe d'eau ou du mercure d'un large vase; cette dernière surface est dite **horizontale.**

Ces deux directions, la verticale et l'horizontale, se

rencontrent dans toutes nos constructions ; les arêtes des murs sont verticales ; les planchers ont leur surface horizontale ; dès lors le fil à plomb est indispensable aux constructeurs pour établir la verticalité d'un mur (fig. 6) ; il peut même servir, comme dans le niveau de maçon, pour trouver si un plan est horizontal.

Nous savons que la terre est sensiblement sphérique, et que la surface des eaux qui la couvrent en partie, sphérique dans son ensemble, peut être regardée comme plane sur une petite étendue, parce qu'elle se confond avec le plan tangent mené en ce point. Nous en concluons que la direction suivant laquelle les corps tombent est, en chaque point de notre globe, perpendiculaire au plan tangent en ce point. La verticale d'un lieu va donc passer par le centre de la terre, et *les corps tombent comme s'ils étaient attirés vers le centre de la terre.*

Fig. 7. — Deux fils à plomb voisins sont parallèles.

Il résulte de cette remarque que dans des lieux voisins, deux fils à plomb doivent être considérés comme parallèles, à cause du grand éloignement du centre de la terre (fig. 7) ; mais deux verticales assez éloignées l'une de l'autre font un angle ; si elles sont diamétralement opposées, elles déterminent les antipodes.

10. Point d'application de la pesanteur. — Centre de gravité. — Si l'on prend un corps solide et qu'on le réduise en morceaux, chacun des fragments tombera comme le corps entier s'il est abandonné à lui-même. La pesanteur agit donc sur les différentes parties d'un corps, aussi bien quand elles sont séparées que lorsqu'elles sont réunies pour former un tout. Il faut donc se représenter l'action de la pesanteur sur un corps comme un ensemble de forces, appliquées à chacune des parcelles du corps et parallèles entre elles comme le sont des verticales voisines. L'ensemble de ces forces agit comme le ferait une seule force appliquée en un point particulier; cette force qui représente l'effet de toutes les actions de la pesanteur se nomme le **poids** du corps, et son point d'application prend le nom de **centre de gravité.**

Ainsi quand un corps tombe, le mouvement lui est imprimé par l'action de la pesanteur sur chacun de ses éléments, ou par une force qui est le poids du corps appliquée au centre de gravité. Dès lors, pour empêcher la chute, il faut contrebalancer cette résultante par une force de bas en haut, c'est pourquoi l'on peut dire que le poids d'un corps, c'est l'effort qu'il faut lui opposer pour l'empêcher de tomber.

11. Action de la pesanteur sur les corps en repos. — Équilibre. — Quand les corps sont soutenus de manière à ne pas tomber, la pesanteur n'agit pas moins sur eux comme sur ceux qui tombent : elle exerce une *tension*, comme dans le cas d'une balle de plomb suspendue à un fil; une *flexion*, comme dans le cas des fruits faisant ployer la branche qui les porte; une *pression*, quand le corps repose sur un obstacle fixe.

Si le corps est en repos, c'est que la pesanteur est contrebalancée; on dit qu'il y a **équilibre;** et il y a lieu d'étudier séparément l'équilibre des corps suspendus et celui des corps reposant sur un plan.

12. Équilibre des corps suspendus. — Quand un corps est suspendu par un point ou par un axe fixe, il faut, pour que la pesanteur soit contrebalancée, ou bien que le centre de gravité du corps soit directement soutenu, ou bien que le corps soit soutenu par un point situé sur la verticale passant par le centre de gravité. Trois cas peuvent se présenter : le corps peut en effet être fixé par un point situé soit au-dessous, soit au-dessus du centre de gravité, et soit au centre de gravité même.

Dans le premier cas, lorsque le corps est suspendu par un point situé au-dessous du centre de gravité, si on dérange tant soit peu le corps, il tourne jusqu'à ce que le centre de gravité, qui tend toujours à descendre, soit venu en dessous du point de suspension; on dit que l'équilibre est **instable.**

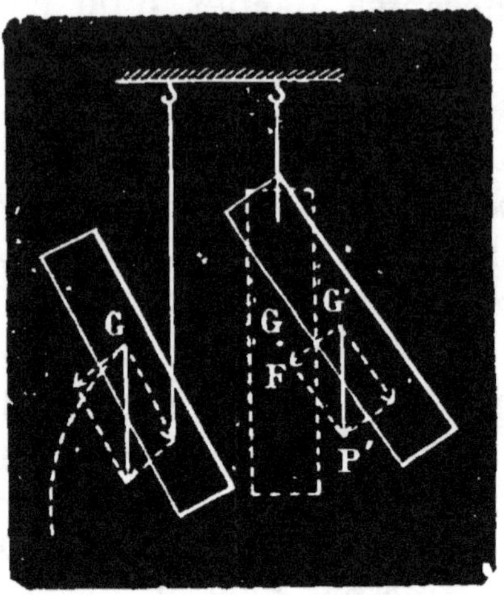

Fig. 8. — Modes de suspension d'un corps.

Dans le second cas, l'équilibre est **stable,** si on écarte le corps de sa position pour amener G en G', la pesanteur tend à ramener le corps dans la verticale; il y revient en effet après quelques oscillations (fig. 8).

Enfin, si le centre de gravité se trouve au point de suspension, la pesanteur est constamment détruite par la réaction du support, le corps est en équilibre dans toutes les positions, l'équilibre est indifférent.

On démontre ces propriétés avec différents appareils, comme un bouchon dans lequel on a planté obliquement deux fourchettes, ou un cône dans lequel on a planté deux

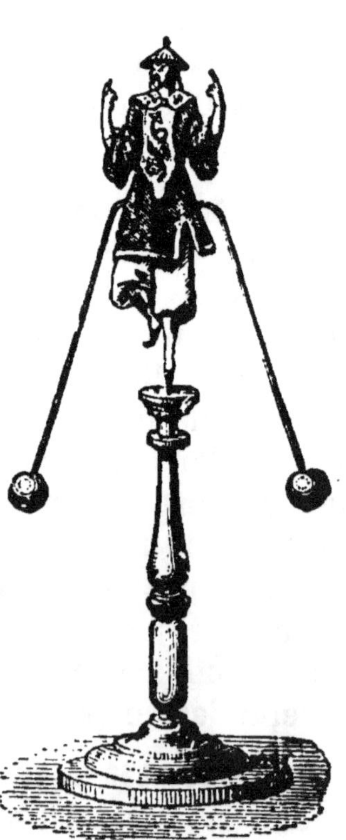

Fig. 9. — Équilibriste en position stable.

tiges terminées par des boules que l'on peut relever plus ou moins; ou encore avec l'équilibriste des cabinets de physique (fig. 9).

13. Équilibre des corps reposant sur un plan. — Lorsqu'un corps repose sur un plan par un seul point, l'équilibre est stable si le centre de gravité est sur la verticale de ce point et le plus bas possible; ainsi un œuf est en équilibre quand il repose sur le côté, tandis qu'on ne peut pas le faire tenir sur un des bouts, parce que le centre de gravité est alors plus loin de la base et qu'il tend toujours à descendre.

Lorsque le corps repose sur un plan par plusieurs points, il est en équilibre si la verticale du centre de gravité tombe dans le polygone formé en réunissant les points d'appui. On conçoit, en effet, que la pesanteur presse le corps contre ses points d'appui et il faut que la résultante passe dans le polygone formé par ces points.

Mais l'équilibre n'existe plus si la verticale du centre de gravité tombe en dehors du polygone de base; le corps bascule alors autour d'un des côtés de ce polygone. Ce cas se présente avec un guéridon à trois pieds (fig. 10) que l'on incline jusqu'à ce qu'un fil à plomb suspendu en son milieu, sorte du triangle formé par les points d'appui, ou en-

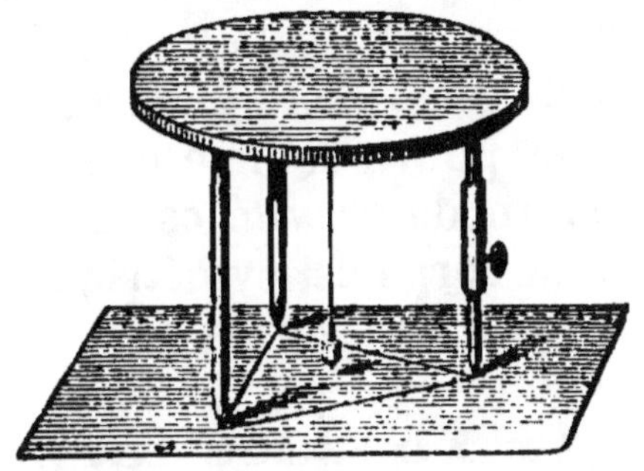

Fig. 10. — Guéridon que l'on incline jusqu'à ce qu'il tombe, en soulevant un de ses pieds.

core avec une table dont les pieds sont près du centre et très peu écartés; la table bascule quand on la charge d'un poids.

La stabilité d'un corps est donc en général d'autant plus grande que son centre de gravité est plus bas.

14. Détermination expérimentale du centre de gravité. — Les conditions d'équilibre d'un corps suspendu donnent un moyen pratique pour trouver par l'expérience le centre de gravité d'un corps. On suspend le corps à un fil par un de ses points ; et quand le corps est en équilibre, le centre de gravité se trouve dans le prolongement du fil ; on a ainsi une première ligne droite qui contient le centre de gravité. On suspend alors le corps par un autre de ses points et on marque la nouvelle direction du fil de suspension : le centre de gravité se trouve à la rencontre des deux lignes ainsi tracées.

Cette expérience est très facile à réaliser sur un corps très mince comme une équerre à dessin (fig. 11) ; elle serait moins facile pour un corps d'un volume un peu considérable.

Quand le corps est homogène, la position du centre de gravité ne dépend que de la forme du corps. Si le corps est symétrique autour d'un point, comme une sphère, le centre de gravité est en ce point.

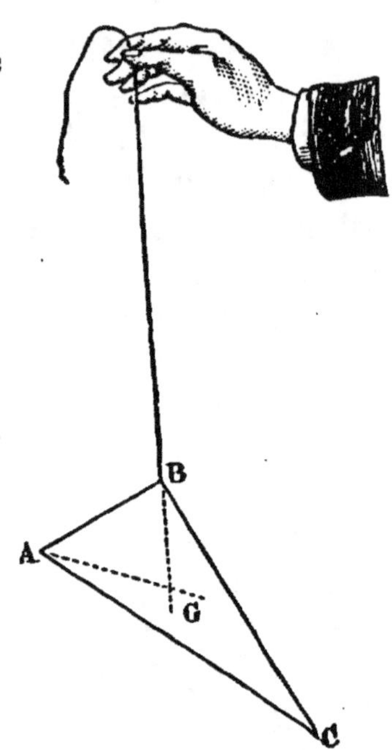

Fig. 11. — Détermination du centre de gravité d'une équerre.

Si le corps est symétrique autour d'un axe, le centre de gravité est sur cet axe.

15. Tous les corps tombent également vite dans le vide. — Avant d'arriver à la mesure de l'intensité de la pesanteur, il faut chercher quel mouvement cette force imprime aux corps.

L'observation ordinaire ferait croire que la pesanteur n'agit pas de la même manière sur tous les corps, qu'elle imprime un mouvement plus rapide aux uns qu'aux autres. Ainsi une balle de plomb arrive à terre avant une plume abandonnée en même temps qu'elle, un disque de métal tombe plus vite qu'un égal disque de papier, la feuille de papier roulée en boule avant la même feuille étalée.

L'observation attentive montre que c'est la résistance
de l'air qui ralentit le mouvement de certains corps, plus
que le mouvement des autres. Si donc
on supprime la résistance de l'air,
deux corps très différents tomberont
également vite. C'est ce que l'on peut
constater si l'on prend un disque métallique comme une pièce de cinq
francs, et un disque de papier d'un
égal diamètre; si l'on tient le premier horizontalement, qu'on pose sur
lui le second, et qu'on les abandonne,
ils arriveront à terre au même instant; le disque de métal aura sup-
primé la résistance que l'air opposait
au disque de papier.

Si c'est bien l'air qui ralentit les
corps dans leur chute, tous les corps
doivent tomber également vite dans
le vide. C'est ce que l'expérience vérifie. On a dans un long tube (fig. 12)
des corps très différents : balle de
plomb, morceaux de liège, fragments
de papier, barbes de plumes, etc.; on
retourne brusquement le tube de manière à le mettre vertical et l'on voit
les différents corps qu'il contient s'é-
chelonner dans leur chute. Si l'on
enlève l'air du tube et qu'on recommence l'expérience, tous les corps arrivent en même temps; et si on laisse
rentrer l'air, le premier phénomène
se renouvelle.

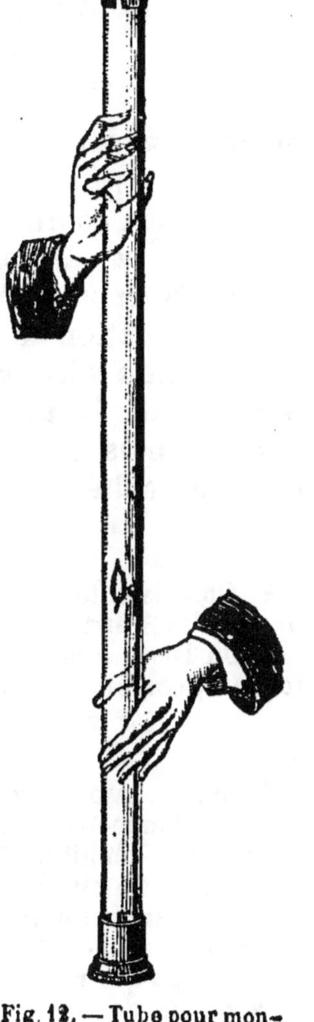

Fig. 12. — Tube pour mon-
trer la chute des corps
dans le vide.

Ainsi, dans le vide, l'action de la
pesanteur est la même sur chaque
corps, la pesanteur doit donc être une force constante
en grandeur dans un même lieu comme elle est constante
dans sa direction.

Au lieu d'étudier la chute des corps dans le vide sur un corps quelconque, on l'étudie dans l'air en prenant un corps lourd de petit volume, sur lequel la résistance de l'air est très faible. L'expérience montre qu'un corps, en tombant, parcourt 4^m,90 dans la première seconde de sa chute,

4 fois 4^m,90 dans 2 secondes,
9 fois 4^m,90 — 3 secondes,
16 fois 4^m,90 — 4 secondes,

et qu'en général le chemin parcouru est le produit de 4^m,90 par le *carré* du nombre de secondes qu'a duré la chute. C'est ce que l'on exprime en disant que *les espaces parcourus par un corps qui tombe sont proportionnels aux carrés du temps employé à les parcourir.*

L'observation de la chute directe d'un corps qui tombe est difficile à faire exactement pendant plusieurs secondes, à cause de la grandeur des espaces parcourus. Nous verrons plus tard comment les physiciens ont tourné cette difficulté.

Exercices.

1. On laisse tomber un corps du haut d'une flèche et il met 6 secondes à arriver à terre, quelle est la hauteur de la flèche?

2. On laisse tomber un corps dans un puits de 705^m,6 de profondeur, combien de secondes durera la chute du corps?

Questionnaire.

Quelle est la direction que les corps suivent en tombant, quel nom lui donne-t-on, comment la détermine-t-on?

Comment définit-on l'horizontale? Quels sont les usages du fil à plomb et du niveau de maçon?

Quand dit-on qu'un corps est en équilibre? Que faut-il pour l'équilibre stable d'un corps suspendu? Comment montre-t-on qu'un corps qui repose sur un plan n'est plus en équilibre quand la verticale de son centre de gravité ne rencontre plus sa base d'appui?

Comment peut-on déterminer le centre de gravité d'un corps très mince, comme une équerre à dessin?

Tous les corps tombent-ils également vite dans le vide, comment le prouve-t-on? Pourquoi les corps ne tombent-ils pas également vite dans l'air?

Quel est le chemin parcouru par un corps qui tombe librement pendant 1, 2, 3 secondes?

Devoir.

Comment trouve-t-on la direction que les corps suivent en tombant et quel intérêt y a-t-il à connaître cette direction?

CHAPITRE III

LE POIDS. — LA BALANCE

16. Le poids. — Si l'on supporte successivement avec la main un certain nombre de corps différents, on juge que l'effort à développer est plus grand pour les uns que pour les autres; on dit que les uns sont plus lourds ou pèsent plus que les autres, et on est conduit à chercher pour chacun d'eux l'effort à faire pour les soutenir; cet effort, c'est le **poids,** autrement dit la force avec laquelle un corps presse l'obstacle qui l'empêche de tomber.

17. Unité de poids. — On a adopté, comme unité de poids, le **gramme,** qui est le poids d'un centimètre cube d'eau distillée, dans le vide et à 4° de température. On lui donne pour l'usage la forme d'un cylindre de laiton ou d'une petite feuille de platine, et on lui a fait des multiples en laiton ou en fonte et des sous-multiples en platine.

18. Principe de la balance. — La balance est un instrument destiné à com-

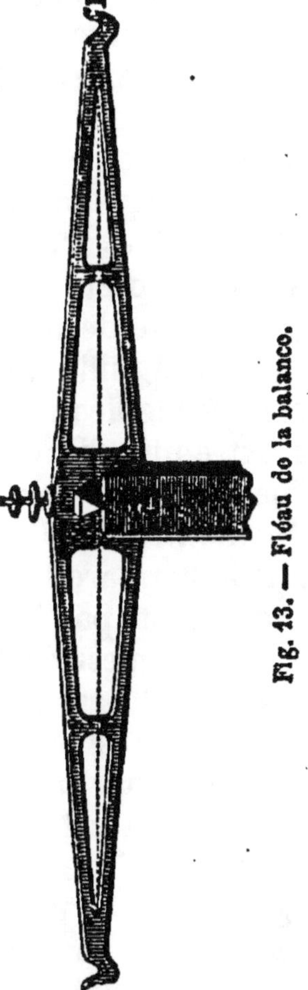

Fig. 13. — Fléau de la balance.

parer le poids d'un corps quelconque à celui des poids gradués qui produisent le même effet. Elle se compose essentiellement d'une tige rectiligne, rigide, appelée le **fléau** (fig. 13), portant en son milieu un axe C qui repose sur un plan fixe. Si les trois points ACB sont en ligne droite, que le centre de gravité du fléau soit un peu en dessous de l'axe, l'équilibre de l'appareil sera stable; et si les deux *bras de levier* AC et CB sont égaux, l'appareil prendra de lui-même la position horizontale. Si alors on suspend deux poids égaux, l'un en A, l'autre en B, le fléau restera horizontal.

L'axe qui repose sur le plan fixe, est un prisme d'acier présentant inférieurement son arête, c'est le **couteau;** le plan d'appui est en acier ou en agate.

Aux deux extrémités des bras égaux du fléau sont suspendus deux plateaux; si ces plateaux sont de même poids, le fléau prend la position horizontale, — et pour juger de cette dernière position, une aiguille verticale, portée par le fléau, présente son extrémité libre devant un petit cadran fixe divisé.

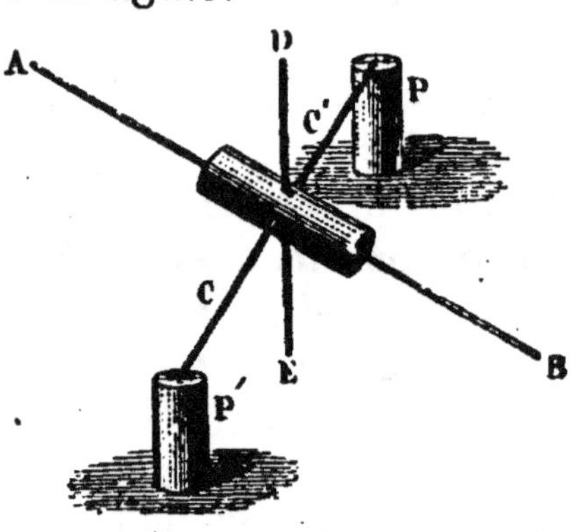

Fig. 14. — Appareil simple pour montrer que le fléau d'une balance est en équilibre stable quand le centre de gravité est au-dessous de l'axe de suspension.

On montre facilement, à l'aide de l'appareil très simple représenté par la fig. 14, que le fléau n'est en équilibre stable que quand son centre de gravité est au-dessous de l'axe de suspension. Le fléau est figuré par un bouchon de liège traversé dans sa longueur par une aiguille à tricoter AB, et perpendiculairement à cette première direction par une seconde aiguille DE. L'axe de suspension est formé de deux bouts d'aiguille C et C', reposant sur deux verres ou deux petits billots PP. Si l'on enfonce l'aiguille DE de manière que la branche E soit la plus longue, l'appareil oscille, mais il reprend vite une position d'équilibre où AB est hori-

zontale; le centre de gravité est alors au-dessous de CC'.
On remonte peu à peu l'aiguille DE, de manière à relever le centre de gravité et à le rapprocher de l'axe CC';
et quand on l'a placé au-dessus de CC', le fléau AB bascule et tourne autour de son axe.

19. Balances ordinaires. — Les balances
ordinaires sont de diverses formes, ou bien à plateaux

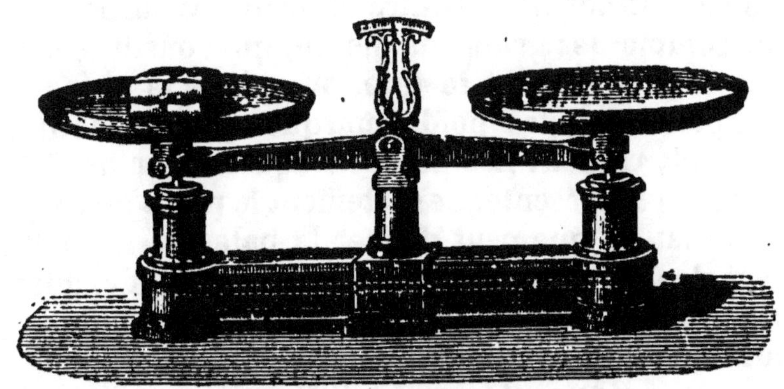

Fig 15. — Balance Roberval.

suspendus, comme dans la balance des cabinets de physique qui sert aux expériences d'hydrostatique, ou bien
à plateaux supportés comme dans la balance Roberval
(fig. 15), qui est d'un emploi courant dans les laboratoires
pour les pesées ordinaires et dans le commerce où l'on
n'a pas besoin d'une bien grande approximation.

Une balance est *juste* quand elle donne exactement le
poids des corps. Elle est *sensible* quand le fléau s'incline
d'une manière appréciable lorsqu'il y a une légère différence de poids entre les charges des deux plateaux.

Une bonne balance doit avoir son fléau horizontal
quand il n'y a rien dans les deux plateaux, aussi quand
on met deux poids égaux dans chacun des deux plateaux;
c'est cette dernière épreuve surtout que font les vérifica-
teurs.

20. Méthode de la double pesée. — On
s'exposerait à commettre des erreurs dans le poids des

corps si l'on se contentait de la pesée simple qui consiste à mettre le corps à peser dans l'un des plateaux et des poids dans l'autre, jusqu'à ce qu'on ait obtenu l'horizontalité du fléau.

Lorsqu'on veut avoir exactement le poids d'un corps avec une balance quelconque suffisamment sensible, on emploie la méthode de Borda.

On met le corps dans l'un des plateaux et on lui fait équilibre en mettant dans l'autre plateau des corps quelconques, comme des grains de plomb, qui constituent la *tare*. Puis sans toucher à la tare, on enlève le corps et on le remplace par des poids marqués jusqu'à ce que l'équilibre soit rétabli. Les poids marqués mis ainsi à la place du corps représentent exactement le poids du corps à l'approximation que peut donner la balance. Il a fallu réellement deux opérations pour obtenir le poids, aussi cette méthode est-elle appelée *méthode des doubles pesées*.

Il peut arriver que l'on ait fréquemment à peser des corps dont les poids sont très peu différents, par exemple 4 grammes, 6 grammes, 8 grammes de différentes substances. Si l'on appliquait à chaque corps la méthode précédente, il faudrait deux opérations pour chacun d'eux. Mais on peut abréger les diverses pesées en faisant une fois pour toutes, pour différents poids, des tares qui restent près de la balance, et qui permettent d'obtenir en une seule opération avec exactitude le poids d'un corps donné.

Les tares sont de petites fioles de verre contenant des grains de plomb, bouchées et marquées du poids auquel elles font équilibre. On a, je suppose, une tare de 10 grammes, et on veut peser un corps de moins de 10 grammes, soit de 5 à 6 grammes, par exemple. On met la tare dans le plateau où elle a été faite, puis dans l'autre le corps, et à côté de celui-ci des poids marqués jusqu'à ce que l'équilibre soit obtenu. Il faudrait 10 grammes pour équilibrer la tare; si l'on n'en a mis que 4, c'est que le corps pèse 6 grammes.

Veut-on avoir $6^{gr},5$ d'une substance? On met sur un

plateau la tare de 10 grammes; sur l'autre, d'abord $3^{gr},5$, puis, peu à peu, ce qu'il faut de la substance pour amener l'équilibre; et l'on a ainsi, exactement, les $6^{gr},5$ que l'on a voulu peser.

Ces deux exemples suffisent pour montrer l'utilité des tares et pour indiquer comment on fait rapidement des pesées exactes.

Questionnaire.

Qu'est-ce que le poids d'un corps? Quelle est la pièce principale de la balance et comment est-elle suspendue? Où la balance doit-elle avoir son centre de gravité? Comment s'assure-t-on qu'une balance est juste? Comment doit-on peser un corps?

Devoir.

Dire en quoi consiste la méthode de la double pesée et comment il faut l'appliquer dans le cas où l'on veut peser successivement deux corps.

CHAPITRE IV

POIDS SPÉCIFIQUES

21. Les corps pris sous le même volume n'ont pas le même poids. — On entend dire souvent, dans le langage courant, que le plomb est plus lourd que le fer, le fer plus lourd que le bois, le mercure plus lourd que l'eau, l'eau plus lourde que l'huile. On sait bien, quand on parle ainsi, que tel bloc de bois d'assez grande dimension pèse beaucoup plus qu'un petit morceau de fer ou de plomb; mais on veut entendre par là que, si l'on prend un morceau de plomb et qu'on lui compare un morceau de fer ou un de bois de même grosseur, on trouvera le premier plus lourd que le second et celui-ci plus lourd que le troisième. On veut donc comparer les uns aux autres des échantillons de *même volume.*

Cette comparaison péut être rendue très saisissante par

des exemples. On prend quatre fioles égales : on remplit l'une de mercure, la seconde d'acide sulfurique, la. troisième d'eau, la dernière d'alcool ; il suffit de les soulever successivement pour constater très nettement leur différence de poids. Veut-on connaître exactement le poids de chacune, on les met l'une après l'autre sur la balance, on leur fait successivement équilibre avec des poids marqués, et on note le poids ᴜe chacune d'elles.

La même démonstration peut aussi être faite facilement pour les corps solides. On taille des cubes égaux de diverses substances, plomb, cuivre, bois, cire, paraffine, liège ; on les met successivement sur la balance, et on leur trouve des poids très différents.

Ces différences qui existent entre les poids des corps pris sous le même volume peuvent servir à distinguer les corps entre eux. Ainsi, bien que l'aspect du platine soit très semblable à celui de l'étain, on ne peut pas confondre au toucher ces deux métaux, parce que le premier pèse beaucoup plus que l'autre à volume égal. On distinguerait de même un morceau d'or d'un morceau égal de cuivre doré, une pierre précieuse d'une imitation qui en a toutes les apparences. On conçoit donc bien que les physiciens aient cherché depuis longtemps à déterminer les rapports qui existent entre les poids des différentes substances prises sous le même volume.

22. Comparaison des corps par le poids de l'unité de volume. — Pour comparer les corps les uns aux autres sous le rapport des poids, nous pourrions prendre un volume quelconque du premier corps, puis le même volume de chacun des autres corps, chercher le poids de chacun, puis dresser une table de ces poids ; dans cette table apparaîtraient les rapports qui lient les uns aux autres les poids des corps pris sous un même volume.

Mais au lieu de prendre un volume quelconque, il est beaucoup plus commode et plus simple de prendre l'unité de volume. On aura ainsi pour chaque corps le *poids de* l'*unité de volume*, c'est cette quantité que les physiciens appellent le **poids spécifique.** La table des poids spécifiques, tout en accusant les mêmes rapports que la précédente, aura un avantage de plus : elle permettra de calculer très facilement le poids d'un volume donné d'un corps et réciproquement le volume occupé par un poids connu du corps.

Ainsi, en adoptant pour unité de volume le centimètre cube, nous aurons pour les poids spécifiques des substances suivantes :

Eau.	1 gram	Fer.	7^{gr},7
Mercure	13^{gr},6	Cuivre	8^{gr},8
Acide sulfurique.	1^{gr},8	Argent. . . .	10^{gr},4

Et si nous voulons connaître à l'aide de cette table le poids de 40, 80, V, centimètres cubes de fer ou d'argent, nous écrirons :

$$P = 40 \times 7,7 \quad ; \quad 80 \times 7,7 \quad ; \quad V \times 7,7$$

$$40 \times 10,4 \quad ; \quad 80 \times 10,4 \quad ; \quad V \times 10,4.$$

Et si nous appelons V le volume en centimètres cubes, p le poids spécifique, P le poids en grammes, nous pourrons écrire :

$$P = V \times p,$$

d'où nous tirons :

$$p = \frac{P}{V}.$$

Ce qui nous permet de définir le poids spécifique le *quotient du poids en grammes d'un corps par son volume en centimètres cubes.*

23. Le poids spécifique est le rapport du poids d'un corps au poids du même volume d'eau. — Le poids spécifique entendu comme nous venons de le présenter dépend de l'unité de volume adoptée, c'est le poids en grammes du centimètre cube ou le poids en kilogrammes du décimètre cube du corps. Mais si nous convenons de comparer tous les corps à l'eau, 1 centimètre cube d'eau pesant 1 gramme, 1 décimètre cube pesant 1 kilogramme, le nombre qui exprime le poids spécifique d'un corps exprime aussi le nombre de fois que le centimètre cube du corps pèse plus que le centimètre cube d'eau, que le décimètre cube du corps pèse plus que le décimètre cube d'eau, en général le nombre de fois que le corps pèse plus que l'eau sous le même volume; c'est *le rapport du poids d'un corps au poids du même volume d'eau.*

Dans le langage ordinaire, quand on compare deux substances différentes mais de mêmes dimensions, par exemple une boule de liège et une autre de fer, on constate que l'une est beaucoup plus légère que l'autre. On admet que la matière est plus concentrée, plus condensée dans la seconde, dans le fer que dans le liège; c'est ce qu'on exprime en disant que le fer est plus **dense** que le liège ou qu'il a une **densité** plus considérable.

Dans le langage scientifique, la densité n'a pas la même définition que le poids spécifique, et cependant l'usage emploie ces deux mots l'un pour l'autre et l'on dit couramment « table des densités » comme on dirait table des poids spécifiques.

24. Utilité de la connaissance des poids spécifiques ou densités. — Les exemples abondent pour montrer l'utilité qu'il y a de connaître la densité des corps. Citons-en un seul, la possibilité de trouver le poids d'un corps dont on peut facilement connaître le volume. Un grand bloc de marbre mesure 2 mètres de long, 0^m,80 de large, 0^m,60 d'épaisseur. Son volume est :

$$2 \times 0{,}80 \times 0{,}60 = 0^{mc}{,}960 \text{ décimètres cubes.}$$

La densité du marbre est 2,7. C'est dire que le décimètre cube pèse 2^{kg},7.

Le poids du bloc est :

$$960 \times 2{,}7 = 2592 \text{ kilogrammes.}$$

C'est ici le lieu de faire remarquer que dans le calcul du poids à l'aide du volume, si le volume est exprimé en centimètres cubes, on obtient le poids en grammes pour les solides et les liquides, et si le volume est exprimé en décimètres cubes, le poids est indiqué en kilogrammes, etc.

25. Détermination des poids spécifiques ou densités. — Principe de la méthode. — Nous avons donné deux définitions simples du poids spécifique : c'est le quotient du poids d'un corps par son volume, ou bien c'est le rapport du poids d'un corps au poids du même volume d'eau.

D'après la première, pour trouver le poids spécifique, il faut connaître le poids du corps, puis son volume, et diviser l'un par l'autre les deux nombres.

D'après la seconde, c'est encore le poids du corps qu'il faudra chercher, puis le poids d'un égal volume d'eau, et diviser le poids du corps par le poids de l'eau.

Dans tous les cas, la base de la recherche sera la connaissance exacte du poids du corps.

26. Poids spécifique des solides. — Cas particulier : le corps a une forme géométrique. — Prenons comme premier cas celui d'un corps dont on peut avoir le volume par la mesure de ses dimensions.

Soit une petite règle de fer. Nous cherchons son poids par la méthode des doubles pesées et nous trouvons :

$$P = 616 \text{ grammes}$$

Nous mesurons ses trois dimensions qui sont 20, 2 et 2 centimètres.

Le volume calculé est :

$$V = 20 \times 2 \times 2 = 80^{cc}.$$

La densité :

$$D = \frac{P}{V} = \frac{616}{80} = 7,7.$$

Telle est la densité du fer.

27. Cas général : le corps a une forme quelconque. — On aura toujours le poids par une double pesée. Reste à trouver, soit le volume du corps, soit le poids d'un égal volume d'eau. Chercher l'une de ces deux dernières quantités revient à chercher l'autre, puisque le poids et le volume de l'eau sont exprimés tous deux par le même nombre.

Voici d'abord des méthodes qui ne sont peut-être pas très rigoureuses mais qui ont l'avantage d'être partout d'une application facile :

1° *On dispose d'une éprouvette graduée en centimètres cubes.* — Prenons un fragment de marbre, faisons sur la balance sa tare d'abord, sa pesée ensuite, nous aurons exactement son poids.

Soit :

$$P = 67^{gr},5.$$

Mettons de l'eau dans l'éprouvette graduée jusqu'à la division 50 et plongeons-y le fragment de marbre; le niveau de l'eau s'élève à la division 75.

Le volume du morceau de marbre est :

$$V = 25^{cc}.$$

La densité :

$$D = \frac{P}{V} = \frac{67.5}{25} = 2,7,$$

2° *On dispose d'un verre ordinaire, peu large et à bords bien dressés.* —On pose sur le verre un carton plan portant une épingle noircie qui plonge dans le verre, et on met de l'eau dans le verre jusqu'à ce que le niveau du liquide affleure la pointe de l'épingle (fig. 16), c'est-à-dire jusqu'à ce que l'image de la pointe vue dans le liquide touche à cette pointe. On dispose, de plus, d'une pipette graduée en fractions de centimètres cubes.

On a pesé convenablement le corps. Soit le même

fragment de marbre que dans l'expérience précédente.
Le poids :

$$P = 67^{gr},5.$$

On met le marbre dans le verre, le niveau du liquide s'élève. Avec la pipette, on enlève du liquide de manière à découvrir la pointe, puis on laisse le liquide retomber goutte à goutte jusqu'à ce que le niveau affleure la pointe. La pipette contient alors un volume d'eau égal au volume du corps.

On lit sur la pipette :

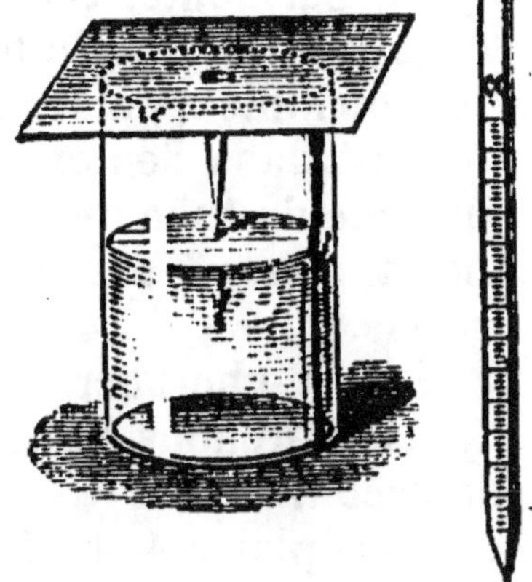

Fig. 16. — Appareil simple pour la recherche de la densité d'un solide.

$$25^{cc}.$$

La densité est :

$$\frac{67,5}{25} = 2,7.$$

Ces deux méthodes ont l'inconvénient de mesurer des volumes d'eau; on opère avec plus d'exactitude en pesant le volume d'eau égal au volume du corps; c'est ce qu'on fait dans la méthode suivante.

28. Méthode du flacon pour les solides. — Le flacon dont on se sert est fait de manière à ce qu'il soit possible d'y mettre dans deux expériences successives une égale quantité de liquide (fig. 17). Le col usé à l'émeri peut être fermé par un bouchon de verre creux surmonté d'un tube de très petit diamètre et d'un entonnoir; ce bouchon est lui-même extérieure-

Fig. 17. — Flacon à densité.

ment usé à l'émeri pour qu'il ferme exactement le goulot et qu'il y enfonce toujours de la même quantité.

La première opération, c'est le remplissage du flacon.

On le remplit d'eau distillée, puis on met le bouchon; l'eau dont le bouchon prend la place monte dans le tube qui le surmonte. On essuie le flacon et on le laisse quelques instants sur la table pour qu'il prenne la température du milieu, puis avec du papier buvard on enlève l'eau qui est dans l'entonnoir du bouchon, même une partie de celle du tube fin, de manière à amener le niveau à un point marqué sur ce tube. Le flacon est alors prêt à servir.

Soit à chercher la densité d'un morceau de laiton. Nous le prenons assez petit pour qu'il puisse entrer dans le flacon.

Nous plaçons sur le plateau de la balance le flacon, et à côté, le morceau de laiton; nous faisons la tare. Nous enlevons le laiton, nous lui substituons des poids marqués; nous avons ainsi le poids par double pesée; soit $P = 44$ grammes.

Nous prenons le flacon sur la balance, nous l'ouvrons pour y introduire le morceau de laiton, puis nous remettons le bouchon et, avec les mêmes précautions que la première fois, nous amenons le niveau du liquide dans le flacon au même point où il était primitivement. Nous replaçons le flacon sur la balance; il est moins lourd; il faut lui ajouter des poids; ces poids représentent le volume d'eau disparue, chassée par le corps, ou le poids du même volume d'eau que le corps. Il nous a fallu ajouter 5 grammes. La densité du laiton est :

$$\frac{44}{5} = 8,8.$$

20. Densité des liquides. — Pour les liquides, le procédé du flacon est presque le seul à employer, en tout cas il est le plus exact. Théoriquement il est très simple : peser un vase plein du liquide dont on cherche la densité, puis le même vase plein d'eau, enfin le vase vide; en déduire le poids du volume considéré de liquide, et le poids du même volume d'eau.

Il semble au premier abord que ce soit très facile, mais quand on veut beaucoup d'exactitude, c'est une opération minutieuse. On emploie un flacon formé d'un tube fermé en bas, terminé en haut par un tube étroit que surmonte un entonnoir (fig. 18); un bouchon sert à fermer l'appareil quand le liquide sur lequel on opère est volatil.

On commence par tarer sur la balance, pour opérer par double pesée, le flacon vide et sec, en mettant à côté de lui un poids plus fort que le poids du liquide qui remplira le flacon, soit un poids de 50 grammes.

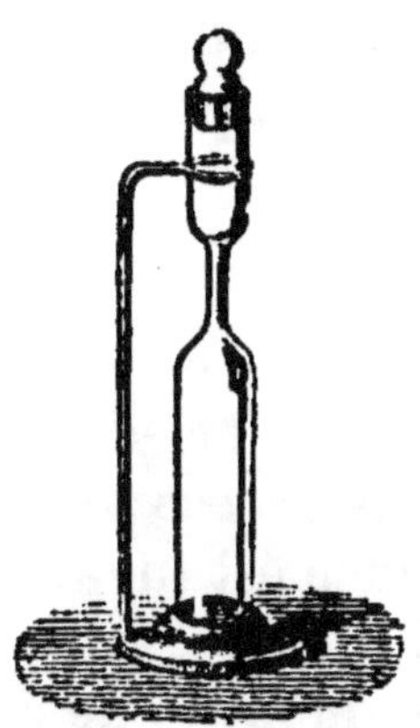

Fig. 18. — Flacon à densité pour les liquides.

On remplit le flacon du liquide, soit de l'alcool. Celui-ci est versé dans l'entonnoir; on le fait descendre dans le gros tube en chauffant, ou en animant le tube d'un mouvement de fronde, ou bien encore en introduisant dans le tube capillaire et le réservoir un tube fin qui laisse remonter l'air quand le liquide descend.

On laisse le tube sur un petit support, et on règle le niveau du liquide à un point marqué.

On reporte le tube sur la balance; pour que l'équilibre subsiste, il faut retirer une partie du poids : il ne reste plus sur la balance que 31 grammes.

L'alcool remplissant le flacon a donc pour poids :

$$P = 50 - 31 = 19 \text{ grammes.}$$

On vide le flacon, on le nettoie plusieurs fois de suite à l'eau distillée et finalement on le remplit d'eau distillée jusqu'au même niveau et avec les mêmes précautions que précédemment. On le porte sur la balance à côté du poids de 50 grammes; il faut retirer des poids pour amener l'équilibre. On ne laisse plus sur la balance que $26^{gr},25$.

Le poids d'eau remplissant le flacon est donc :

$$P' = 50 - 26,25 = 23,75.$$

Et la densité de l'alcool est le quotient du poids de l'alcool par le poids du même volume d'eau, ou :

$$\frac{19}{23,75} = 0,8.$$

30 Précautions à prendre dans la mesure des volumes. — Le poids d'une substance est invariable quelle que soit la température ; mais il n'en est pas de même du volume qui augmente avec la quantité de chaleur. Lors donc qu'on mesure un volume ou que l'on pèse un volume mesuré, il faudrait indiquer à quelle température était le liquide. C'est à 4° que l'eau a sa plus grande densité ; rigoureusement c'est à 4° qu'il faudrait prendre les volumes d'eau. L'erreur n'est pas grande en les prenant à 10, 15 ou 20°, c'est-à-dire à la température ordinaire. Mais si l'on voulait des densités rigoureusement exactes, il faudrait se conformer à cette condition ou bien corriger les résultats obtenus d'après la température de l'expérience.

Nous ne parlons pas ici de la densité des gaz, parce que les volumes des gaz dépendent de la pression et de la température. Disons seulement que pour les gaz on prend l'air ou l'hydrogène au lieu de l'eau comme terme de comparaison.

Exercices.

3. Quel est le poids d'un bloc de pierre qui mesure $1^m,10$ de long, $0^m,80$ de large et $0^m,70$ de haut ? La densité de la pierre est de 2,5 ?

4. Un cube de cuivre jaune mesure 27 millimètres d'arête ; il pèse $169^{gr},27$: quelle est la densité du laiton ?

Questionnaire.

Comment peut-on montrer que les corps solides ou liquides n'ont pas le même poids sous le même volume ?

Comment définit-on le poids spécifique d'un corps ?

Quels sont les deux nombres qu'il faut avoir pour connaître le poids spécifique d'un corps?

Comment trouve-t-on facilement le poids spécifique d'un corps solide, s'il a une forme géométrique, s'il a une forme quelconque?

Comment trouve-t-on la densité d'un liquide donné?

Devoir.

Montrer par deux exemples qu'on peut distinguer deux corps de même volume par leur différence de poids et indiquer l'utilité de connaître pour chaque corps le poids de l'unité de volume.

CHAPITRE V

PRESSIONS DES LIQUIDES

31. Propriétés des liquides. —Les liquides, dont l'eau offre le type le plus commun, sont des corps dont les parties présentent entre elles si peu d'adhérence qu'elles roulent facilement les unes sur les autres et que le moindre effort suffit pour les diviser. En petite masse, sur un corps solide qu'ils ne mouillent pas, ils prennent la forme sphérique, c'est ce que l'on remarque pour le mercure versé sur le verre, la porcelaine ou le bois, et aussi pour l'eau répandue sur une surface graissée ou couverte de poussière. En quantité un peu considérable, les liquides se moulent dans le vase qui les contient et ils en prennent la forme.

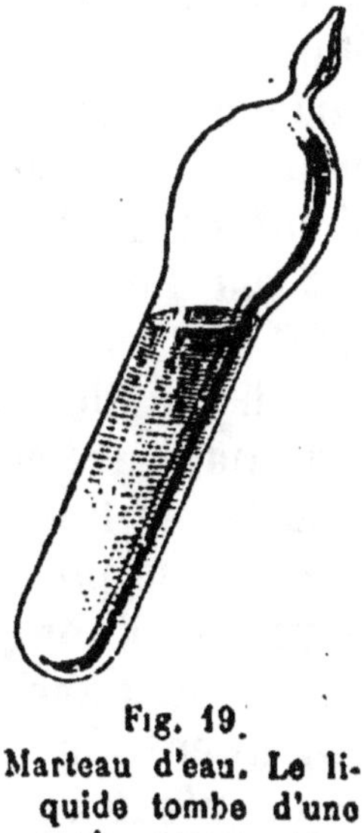

Fig. 19.
Marteau d'eau. Le liquide tombe d'une seule masse avec choc quand on retourne le tube.

Les liquides tombent ou coulent quand ils ne sont pas soutenus. Dans leur chute à l'air, ils se divisent en particules plus ou moins fines, quelquefois même en une sorte de poussière comme dans les cascades. Dans le vide, ils tombent en une seule masse et produisent un choc comme les solides, témoin ce qui se passe quand on retourne vivement le marteau d'eau (fig. 19).

Les liquides présentent bien des différences d'aspect, de couleur, de consistance et de poids, depuis l'alcool jusqu'au mercure, depuis l'éther jusqu'aux sirops. Mais ils ont deux propriétés communes, la mobilité de leurs molécules et leur presque complète incompressibilité; on ne peut pas, en effet, diminuer sensiblement le volume d'un liquide en soumettant sa surface à une très forte pression.

L'étude des liquides et de leurs conditions d'équilibre constitue l'*hydrostatique*. Nous en étudierons les principaux principes en nous aidant des résultats de l'expérience.

32. Surface libre d'un liquide au repos. — L'expérience démontre qu'un liquide contenu dans un vase et l'eau d'un étang ou d'un lac, offrent une surface horizontale, autrement dit, une surface perpendiculaire au fil à plomb. Le fait est facile à vérifier; il suffit de suspendre un fil à plomb au-dessus d'un vase contenant de l'eau noircie qui réfléchit la lumière (fig. 20); en quelque position que l'on se place, l'image du fil apparaît exactement dans le prolongement du fil lui-même; or ce résultat ne peut être obtenu que si la surface de l'eau qui fait miroir, est perpendiculaire au fil.

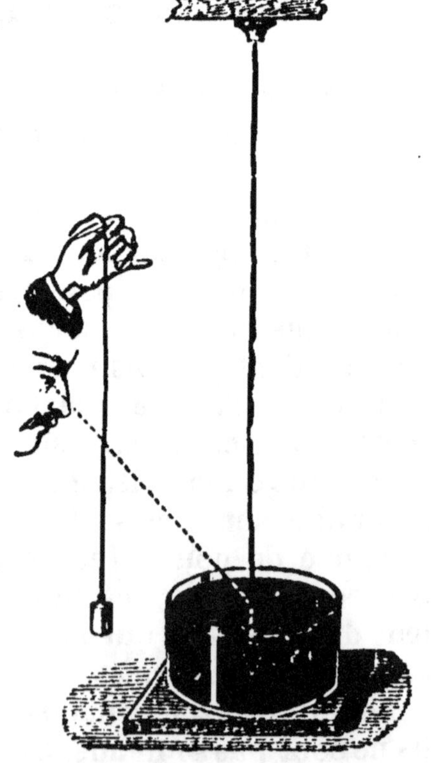

Fig. 20. — On voit l'image du fil à plomb dans le prolongement du fil.

Incline-t-on un vase qui contient un liquide, la surface du liquide reste horizontale (fig. 21), c'est pour cela que si l'on penche un vase incomplètement rempli d'eau, le niveau de l'eau finit par arriver au bord du vase, et pour une inclinaison plus grande, l'eau s'écoule et tombe.

33. Pressions exercées par un liquide. — Puisque les liquides sont pesants, la première couche à partir du niveau, si mince on la suppose, presse de son poids sur la seconde, les deux premières, sur la troisième, et ainsi de suite.

Fig. 21. — Le liquide coule d'un vase incliné dès que sa surface cesse d'être horizontale.

Une couche quelconque prise dans le liquide doit donc supporter de haut en bas une pression mesurable; et comme elle est en équilibre, il faut qu'une pression contraire et égale agisse aussi sur elle.

Pour mettre ces pressions en évidence, on prend un cylindre de verre, ouvert à ses deux bouts et dont le bord inférieur est bien rodé de manière qu'un plan de verre puisse s'y appliquer et le fermer exactement (fig. 22). On tient, à l'aide d'une ficelle, cet **obturateur** de verre contre le tube, puis on descend l'appareil dans l'eau : on constate alors qu'on peut lâcher la ficelle sans que l'obturateur se détache.

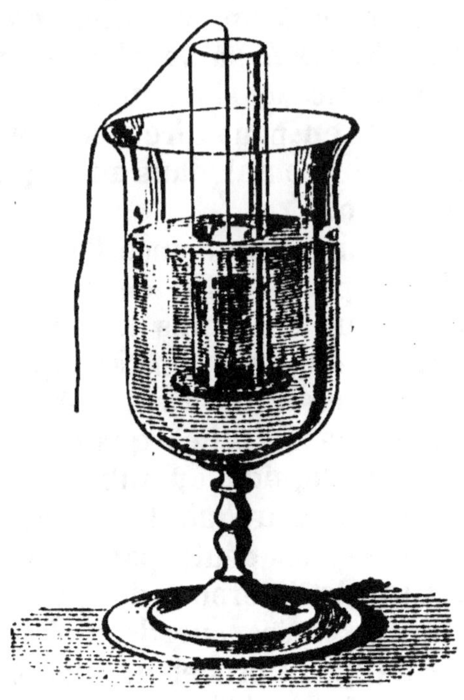

Fig 22. — L'obturateur est pressé contre le tube par le liquide.

L'obturateur est donc pressé contre le bord du vase par le liquide.

Si l'on veut estimer cette pression, il faut chercher l'effort à exercer sur l'obturateur pour qu'il se détache. On verse alors dans le tube de l'eau colorée, et quand le niveau de cette eau est arrivé à être le même que le niveau de l'eau dans le vase, l'obturateur tombe.

Au moment où l'obturateur se détache du tube, il reçoit de haut en bas une pression égale au poids d'une colonne de liquide qui a pour base la surface du disque, et pour hauteur la distance du disque au niveau supérieur; telle est donc aussi la valeur de la pression de bas en haut, qui maintenait le disque contre le tube.

Si l'on répète l'expérience en déplaçant latéralement le cylindre de façon que l'obturateur reste sur le même plan horizontal, on constate qu'il faut, pour le détacher, verser au-dessus de lui la même colonne de liquide que dans la première expérience.

On en conclut que *deux surfaces égales prises dans un liquide, sur le même plan horizontal, supportent des pressions égales;* et si les surfaces égales sont toutes deux très petites, on peut dire que tous les éléments d'un même plan horizontal dans un liquide, supportent une égale pression.

Si l'on recommence l'expérience précédente, en enfonçant plus ou moins le tube à obturateur, on constate que pour chaque position, l'obturateur se détache, quand la colonne liquide du tube a le même niveau que le liquide du vase; on peut, par suite, estimer la différence des pressions exercées sur deux éléments égaux pris en des plans

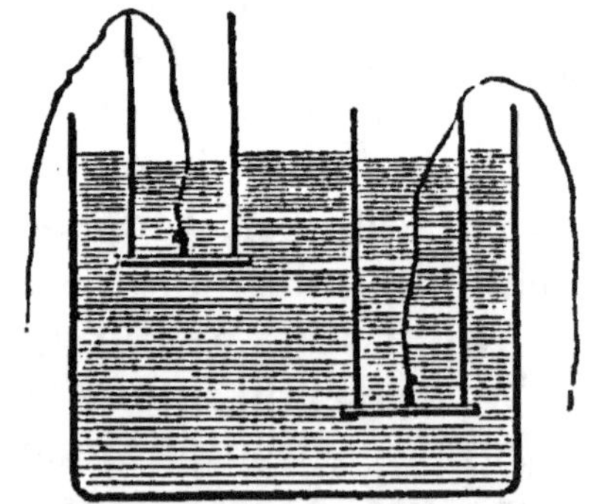

Fig. 23. — Différence de pression sur deux éléments qui sont à des distances inégales du niveau.

horizontaux différents (fig. 23) : si l'obturateur a 10 centimètres carrés de surface, quand il est plongé dans l'eau à 20 centimètres du niveau, sa pression est de 200 grammes (poids de 200^{cc} d'eau), à 12 centimètres du niveau, la pression est de 120 grammes (poids de 120ᶜᶜ d'eau) ; la différence en faveur de la première position est de 80 grammes, c'est-à-dire le poids de la colonne d'eau qui sépare verticalement les deux surfaces considérées.

34. Pressions sur le fond des vases.

— Les liquides exercent, sur le fond des vases qui les contiennent, des pressions que les expériences précédentes permettent d'évaluer.

La pression exercée sur le fond d'un vase, par un liquide, est le poids d'une colonne de ce liquide, ayant pour base la surface du fond et pour hauteur la distance verticale du fond au niveau supérieur du liquide. Supposons que dans l'expérience précédente l'obturateur ait une surface d'un centimètre carré, et qu'il soit placé à 24 centimètres du niveau supérieur et à 1 centimètre du fond ; il supportera une pression de haut en bas, équivalente au poids de 24 centimètres cubes d'eau ou à 24 grammes ; un élément égal du fond, qui est plus bas d'un centimètre, supportera une pression plus grande, d'un gramme, autrement dit 25 grammes ; il en sera de même pour chaque centimètre carré de la surface du fond. La pression sur le fond sera donc autant de fois 25 grammes qu'il y a de centimètres carrés ; cette pression totale sera donc bien le poids de la colonne liquide, ayant même surface que le fond et une hauteur égale à la distance verticale du fond au niveau du liquide.

Ainsi dans un vase dont le fond a 4 décimètres carrés de surface, si l'on met une hauteur d'eau de 1 décimètre, la pression sur le fond sera le poids d'une colonne d'eau de 4 décimètres cubes, autrement dit 4 kilogrammes.

Et si l'on appelle S la surface en centimètres carrés, H la hauteur en centimètres, D la densité du liquide, la pression aura pour expression SHD.

Cet énoncé fait prévoir que *la pression sur le fond est indépendante de la forme du vase;* on le prouve en effet expérimentalement avec l'appareil de Masson et avec celui de Haldat.

L'appareil de Masson se compose d'un trépied portant un anneau M formant écrou et dans lequel on peut visser successivement trois vases A, B, C de formes différentes. Ces vases ont le bout rodé et peuvent être fermés par un obturateur en verre. On pose le vase cylindrique A sur le trépied; on passe dedans la ficelle de l'obtu-

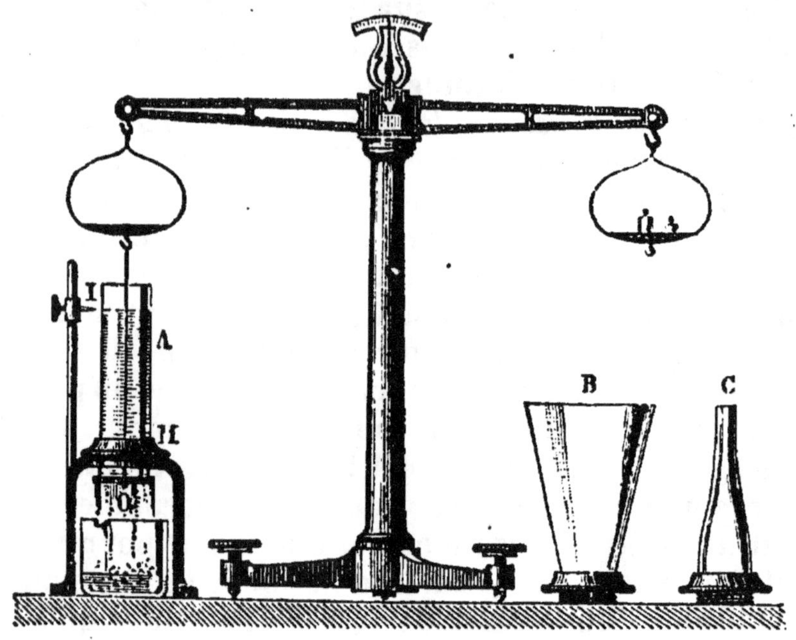

Fig. 24. — Appareil de Masson.
La pression produite par une égale hauteur d'eau est la même dans trois vases qui ont même fond.

rateur et on l'attache à l'un des plateaux d'une balance dont l'autre plateau porte un poids notablement supérieur à celui de l'obturateur. On verse peu à peu de l'eau dans le vase cylindrique, et on marque par une pointe le niveau où est arrivé le liquide quand l'obturateur se détache (fig. 24). On recommence l'expérience successivement avec chacun des vases B et C, sans toucher à la pointe I ni aux poids du plateau, et on remarque que l'obturateur se détache encore au moment où le niveau du liquide arrive à la pointe. La pression sur le fond est donc bien la même dans les trois cas, malgré que les quantités de liquide contenues dans les vases soient différentes.

L'appareil de Haldat, employé pour la même vérification, se compose d'un tube de fer deux fois recourbé à angle droit (fig. 25) ; l'une des branches est en verre, l'autre porte une garniture de cuivre où l'on peut visser successivement trois vases différents ayant même fond. On met du mercure dans le tube coudé, et on marque

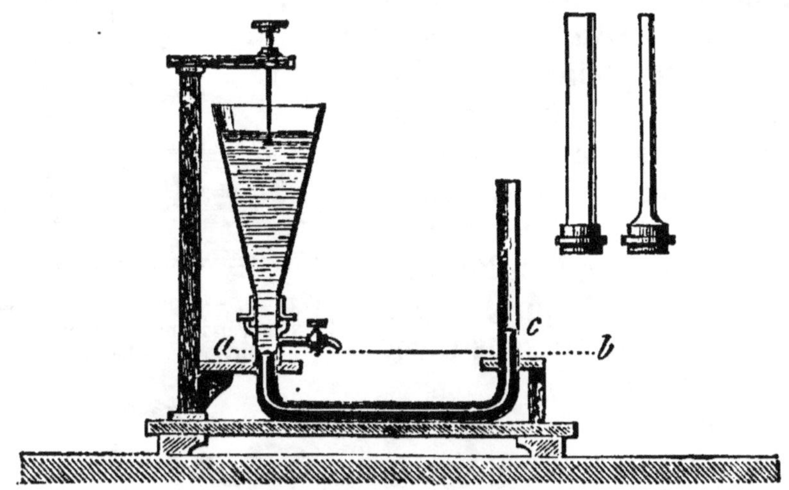

Fig 25. — Appareil de Haldat

son niveau sur la branche de droite. A gauche, on a vissé le premier vase; on y met de l'eau jusqu'à un niveau marqué par une pointe. Le mercure monte dans la branche de droite jusqu'à un point que l'on marque. On vide l'eau du vase par un robinet que porte l'appareil, puis on remplace le premier vase par le second et on y met de l'eau jusqu'à la pointe; on constate alors que le mercure est monté de l'autre côté comme la première fois. Il en est encore de même avec le troisième vase. On peut donc dire que le fond du vase et la hauteur du liquide ne changeant pas, la pression sur le fond est la même pour les vases élargis ou rétrécis que pour le vase cylindrique.

35. Pressions latérales. — Les liquides pressent aussi bien sur les parois que sur le fond du vase. La preuve la plus simple, c'est l'écoulement du liquide par une ouverture latérale : plus cette ouverture est loin du niveau supérieur du liquide, plus le jet va tomber loin du vase.

On met encore en évidence la pression latérale avec *l'éprouvette à réaction*. C'est une éprouvette pleine d'eau placée sur un flotteur; elle est munie vers le bas d'un orifice à robinet. Tant que le robinet est fermé, l'appareil reste immobile; aussitôt qu'on l'ouvre et que l'eau s'échappe, l'éprouvette se meut en sens inverse de l'écoulement (fig. 26). Quand le robinet est fermé, la pression exercée sur la portion de paroi qui le porte est contrebalancée par une pression égale s'exerçant sur la paroi opposée; aussitôt que le liquide s'écoule, la première pression sert à l'écoulement, et la seconde fait avancer le vase en sens inverse du jet.

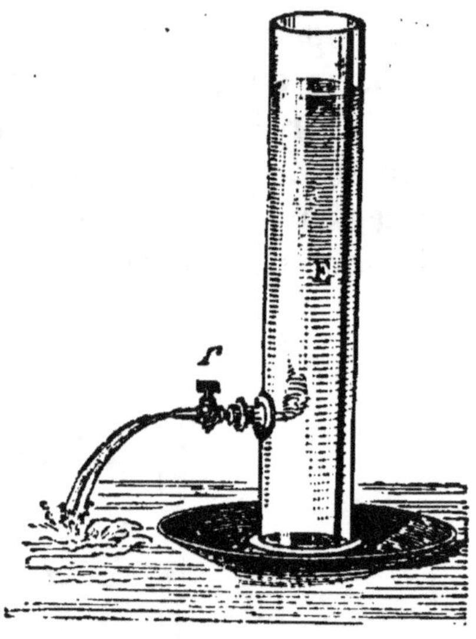

Fig. 26. — Éprouvette à réaction. Le vase rendu mobile marche en sens inverse du jet liquide.

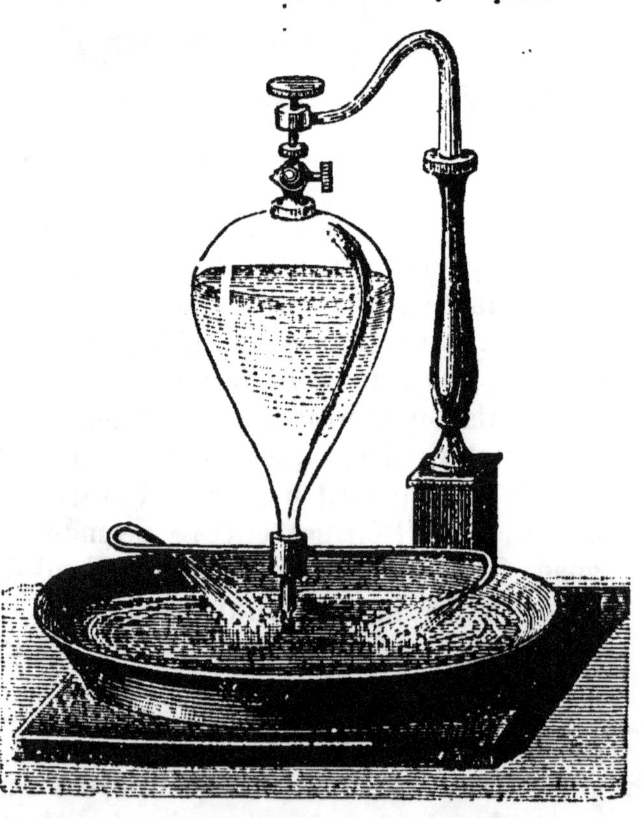

Fig. 27. — Tourniquet hydraulique.

Le tourniquet hydraulique sert à une expérience analogue. C'est un vase rempli d'eau, mobile autour d'un axe vertical et portant à sa partie inférieure un tube dont les deux extrémités sont recourbées (fig. 27). Dès qu'on débouche ces extrémités, l'appareil se met à tourner en sens inverse des jets liquides, par un effet de réaction analogue à celui qui se produit dans l'expérience précédente. Certains appareils d'arrosage des jardins publics sont fondés sur le principe du tourniquet hydraulique.

36. Valeur des pressions laterales. — La pression latérale peut être connue sur une petite surface donnée ; elle est en effet la même que sur un autre élément égal pris sur le même plan horizontal ; elle a donc pour mesure le poids d'une colonne de liquide ayant pour surface la très petite surface considérée, et pour hauteur la distance verticale de cette surface au niveau du liquide.

Pour une paroi plane d'une certaine étendue, la somme des pressions supportées par les éléments de la surface est le poids d'une colonne de liquide qui a pour base la portion immergée, et pour hauteur la moyenne des distances au niveau supérieur de tous les points, autrement dit, la distance au niveau du centre de la partie immergée.

La pression va en croissant avec la hauteur du liquide au-dessus de la partie considérée ; aussi elle peut devenir très grande sans que la quantité de liquide qui la produit soit considérable. C'est ce que Pascal a montré le premier par l'expérience du crève-tonneau. Un tonneau placé sur une de ses bases est rempli d'eau ; on le surmonte d'un long tube vertical fixé à sa paroi supérieure. On verse de l'eau dans ce tube, et quand la colonne atteint 3 à 4 mètres de hauteur, la pression latérale devient assez forte pour faire disjoindre les douves du tonneau.

37. Exemples numériques. — On se fait une idée de la grandeur des pressions exercées par les liquides par quelques exemples numériques faciles à résoudre.

Ainsi *soit à chercher la pression exercée par une hauteur de mercure de 8 centimètres sur le fond d'un vase rectangulaire qui a 5 centimètres d'un côté et 8 de l'autre.*

La surface du fond est,

$$5 \times 8 = 40 \text{ centimètres carrés.}$$

Le volume du liquide qui presse sur le fond,

$$40 \times 8 = 320 \text{ centimètres cubes}$$

Le poids de ce liquide,

$$320 \times 13,6 = 4352 \text{ grammes}$$

Le fond supporte donc une pression de 4 kilogr. 352.

Autre exemple. — *Soit à chercher l'effort exercé par l'eau contre une porte d'écluse qui a 1ᵐ,20 de largeur, 2 mètres de hauteur et qui plonge dans l'eau verticalement de 1ᵐ,80*

La surface plongée est de

$$1,20 \times 1,80 = 2^{mq},16.$$

La hauteur plongée est 1,80.

La distance depuis le milieu de la partie immergée jusqu'au niveau est de

$$\frac{1,80}{2} = 0,90.$$

Le volume de l'eau qui presse est

$$2,16 \times 0,90 = 1^{mc},9440.$$

La pression sur la vanne est de 1944 kilogrammes.

Exercices à résoudre.

5. Un vase cylindrique a 8 centimètres de diamètre; on y met 12 centimètres de hauteur d'eau, quelle sera la pression sur le fond?

6. Une vanne rectangulaire a 1ᵐ,25 de large et 1ᵐ,80 de hauteur; elle plonge verticalement dans l'eau des deux tiers de sa hauteur; exprimer en kilogrammes la pression qu'elle supporte.

7. Un cylindre qui a 20 centimètres carrés de base et 10 centimètres de hauteur est surmonté d'un tube d'un mètre ayant un demi-centimètre carré de section. Le tout est plein d'eau, quel est le poids de cette eau et quelle est la pression sur le fond?

Questionnaire.

Comment montre-t-on que la surface libre d'un liquide est horizontale?

Comment montre-t-on qu'un disque horizontal plongé dans un liquide est pressé sur ses deux faces?

A quoi est égale la pression exercée par un liquide sur le fond du vase qui le contient?

Comment montre-t-on que les liquides pressent sur les parois des vases?

En quoi consiste le tourniquet hydraulique?

Devoir.

Montrer que l'effort exercé par un liquide sur le fond du vase qui le contient ne dépend pas de la forme du vase, mais seulement de la surface du fond et de la hauteur du liquide.

CHAPITRE VI

CORPS PLONGÉS — PRINCIPE D'ARCHIMÈDE

38. Les liquides exercent des pressions sur les corps plongés. — Si un corps solide est plongé dans un liquide, il éprouve, sur toute sa surface, des pressions de la part du liquide environnant qui agit sur lui comme il agit sur les parois du vase. On s'en assure facilement en descendant dans l'eau, l'ouverture en haut, une boîte de bois assez mal jointe pour n'être pas étanche; on sent, à l'effort qu'il faut faire, la force que le liquide oppose, et on voit l'eau se précipiter par toutes les fissures et pénétrer dans la boîte. Si on répète l'expérience avec une boîte de fer-blanc étanche, il faut la charger de poids si l'on veut la faire tenir sur le liquide et l'y faire plonger jusqu'à son bord.

39. Poussée exercée par le liquide. — Toutes ces pressions exercées par l'eau sur toute la surface d'un corps plongé ont un effet total, on peut les supposer remplacées par une force unique, dirigée verticalement de bas en haut, en sens inverse de la pesanteur ; cette résultante prend le nom de *poussée verticale du liquide.* Il en faut chercher la valeur.

40. Principe d'Archimède. — Archimède est le premier qui ait formulé la valeur de cette pression en un principe qui garde son nom et qu'on énonce de la manière suivante :

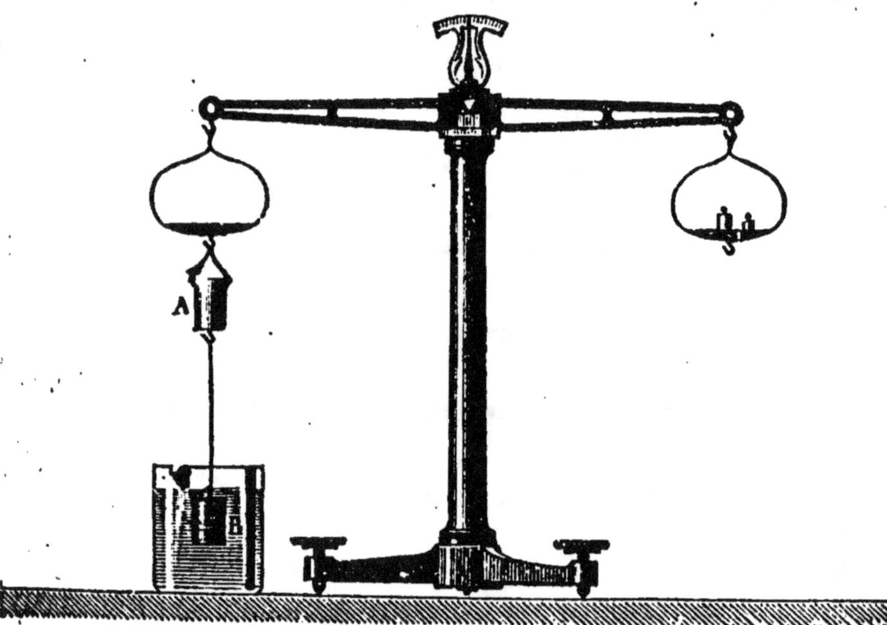

Fig. 28. — Démonstration expérimentale du principe d'Archimède.

Tout corps plongé dans un liquide subit de la part de ce dernier une poussée verticale de bas en haut, égale au poids du volume du liquide déplacé par le corps.

On fait de ce principe une démonstration expérimentale.

41. Démonstration expérimentale du principe d'Archimède. — Il s'agit de prouver deux choses . 1° *qu'un corps plongé dans un liquide subit de la part de celui-ci une poussée verticale de bas en haut ;*

2° que cette poussée est égale au poids du volume de liquide déplacé par le corps.

On se sert à cet effet d'une balance à plateaux suspendus comme l'indique la figure 28. A l'un des plateaux, on suspend un cylindre creux en laiton A, et au-dessous de celui-ci, par un fil, un cylindre plein B ayant exactement le volume du cylindre creux. On tare dans l'autre plateau avec des corps quelconques, de manière à amener le fléau de la balance horizontal. On a préparé un vase d'eau dans lequel le cylindre plein peut plonger. On apporte ce vase sous la balance et on y fait plonger le cylindre. Aussitôt l'équilibre est rompu en faveur de la tare, ce qui montre bien que le corps plongé reçoit une poussée verticale de bas en haut de la part du liquide. Si alors on prend de l'eau dans une pipette et qu'on en verse dans le cylindre creux, l'équilibre se rétablit quand le cylindre creux est rempli, c'est-à-dire quand on y a mis un volume de liquide égal à celui dont le cylindre plein tient la place.

L'expérience répétée avec tout autre liquide que l'eau donne le même résultat.

42. Poids apparent des corps plongés dans l'eau. — Tout corps plongé dans l'eau peut être regardé comme soumis à deux forces verticales contraires : son poids qui le sollicite de haut en bas et qui est appliqué au centre de gravité; la poussée du liquide qui sollicite le corps de bas en haut et qui est appliquée au milieu du liquide déplacé, autrement dit au centre de poussée.

L'une de ces deux forces détruit une partie de l'autre, et le *poids apparent* dans l'eau n'est que la différence entre le poids réel et la poussée : c'est ce qu'on exprime en disant qu'un *corps plongé dans l'eau perd une partie de son poids égale au poids de l'eau qu'il déplace.*

Les deux forces qui sollicitent le corps plongé peuvent présenter *trois* rapports de grandeur :

1° Le poids du corps est plus grand que le poids du

liquide déplacé, le poids l'emporte sur la poussée, le corps tombe au fond du vase : tel est 1 décimètre cube de plomb dont le poids est de 11 kilogrammes et la poussée de 1 kilogramme ;

2° Le poids du corps est égal au poids du liquide déplacé ; alors le corps, mis en n'importe quel point du liquide, y reste parce qu'il est soumis à deux forces verticales égales et opposées ; tel est le cas de 1 décimètre cube d'un mélange convenable de cire et de cinabre (226 parties de l'une et 1 partie de l'autre), dont le poids et la poussée sont tous deux de 1 kilogramme ;

3° Le poids du corps est inférieur au poids du liquide que déplace ce corps lorsqu'il est entièrement plongé ; tel est 1 décimètre cube de liège tenu au fond d'un vase d'eau, son poids est de $0^{kg},240$, la poussée de 1 kilogramme, le corps remonte à la surface du liquide et il *flotte*.

On réalise ces trois cas avec des œufs et de l'eau plus ou moins salée. Plongé dans l'eau pure, un œuf tombe au fond : il pèse plus que l'eau dont il tient la place (fig. 29). Dans de l'eau

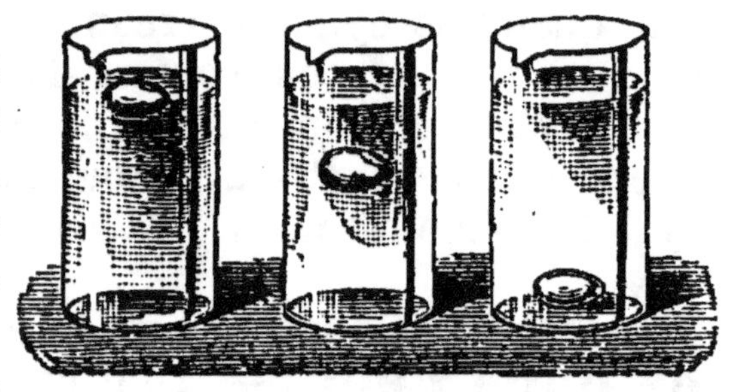

Fig. 29. — Œuf dans l'eau ordinaire et dans l'eau salée.

saturée de sel, un œuf remonte du fond à la surface, parce que le volume d'eau salée égal à celui de l'œuf pèse plus que l'œuf. Enfin dans un mélange convenable d'eau saturée de sel et d'eau ordinaire, un œuf tient où il est placé.

Le **ludion** permet également de réaliser les trois cas précédents. C'est une petite figurine de porcelaine creuse ou surmontée d'une petite boule de verre ouverte à sa partie inférieure. La figurine est lestée de manière à enfoncer presque entièrement dans l'eau. On la place dans une éprouvette presque remplie d'eau et fermée en dessus par une membrane tendue (fig. 30). Si on appuie

sur la membrane, on
voit la figurine descen-
dre : par la pression,
un peu d'eau a pénétré
soit dans la figurine
creuse, soit dans la
boule , le poids du
corps est devenu supé-
rieur à celui de l'eau
déplacée et le poids
l'emporte sur la pous-
sée. Si, au contraire,
on cesse de presser sur
la membrane, la figu-
rine remonte parce
qu'elle a perdu l'excès
de poids que l'eau in-
troduite par pression
lui avait donné.

On fait encore dans
les cours une autre ex-
périence. Dans une
éprouvette où l'on a
versé de l'alcool, on
envoie de l'eau lente-

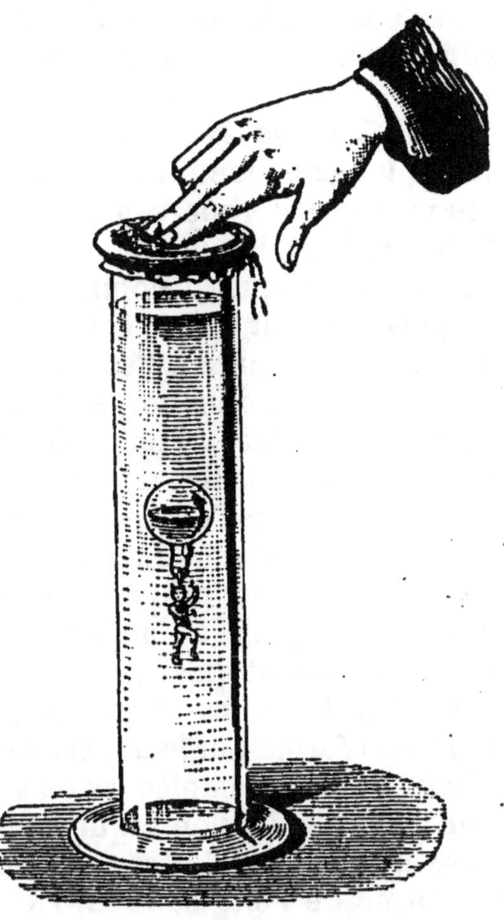

Fig. 30. — Ludion.

ment par un tube effilé plongeant au
fond de l'éprouvette ; les deux liquides
ne se mélangent qu'imparfaitement, et
la plus grande partie de l'alcool reste au-
dessus de l'eau (fig. 31). On laisse alors
tomber dans l'éprouvette une petite
masse d'huile : cette masse traverse
l'alcool parce qu'elle est plus lourde
que ce liquide, mais elle s'arrête dans
une couche d'alcool et d'eau de même
poids qu'elle. De plus, elle y prend la
forme sphérique, son poids est en effet
détruit par la poussée et sa forme n'est

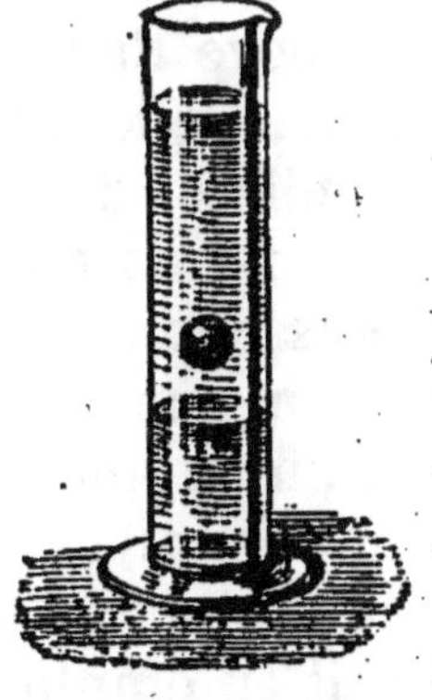

Fig. 31. — Goutte
d'huile dans un mé-
lange d'alcool et
d'eau.

plus détei minée que par l'action mutuelle que les molécules liquides exercent les unes sur les autres.

43. Corps flottants. — Le morceau de liège
tenu plongé au fond d'un vase d'eau supporte une poussée plus grande que son poids ; il remonte et sort partiellement du liquide. A mesure qu'il sort, la poussée
diminue, puisque le volume d'eau déplacée est de plus
en plus petit, et quand cette poussée est égale au poids
du corps l'équilibre a lieu : on dit que le corps *flotte*.

La condition d'un corps flottant est donc que la partie
immergée déplace un poids de liquide égal au poids total
du corps. Une poutre de bois, un bateau, un grand na-
vire flottent sur l'eau parce qu'ils déplacent, sans enfoncer entièrement, un poids d'eau égal à leur poids.
Une aiguille, un grain de sable tombent au fond de
l'eau parce qu'ils en déplacent un petit volume qui ne
pèse pas autant qu'eux.

On fait flotter les corps les plus lourds en leur donnant une forme qui leur permette de déplacer beaucoup
d'eau. Un des exemples les plus frappants est celui d'une
mince feuille de plomb qui tombe au fond de l'eau d'un
vase et qu'on fait flotter sur le même liquide en la pliant
en forme de boîte sans lui rien enlever.

Applications. — La poussée verticale a de nombreuses
applications : elle explique la facilité avec laquelle on
soulève dans l'eau un fardeau qui pèse lourd hors de
l'eau ; elle explique également l'emploi des ceintures
gonflées d'air dont on s'aide pour la natation. Elle
permet de comprendre le jeu de la vessie natatoire des
poissons.

La poussée verticale peut être rendue considérable
si on augmente le volume de l'eau déplacée. On en fait
une application par deux moyens pour soulever des
corps lourds tombés au fond des rivières ou de la mer,
soit en employant de larges bateaux chargés qui se re-
lèvent quand on les décharge et entraînent avec eux le
corps qui leur a été fixé ; soit en attachant au corps lourd

plonge des corps légers comme des vessies que l'on gonfle d'air, qui augmentent considérablement de volume sans augmenter sensiblement de poids, et qui déplacent finalement un poids d'eau supérieur au poids du corps à soulever.

On peut donner une preuve expérimentale de ce dernier fait. On attache à un corps lourd un petit ballon dont l'extrémité ouverte est prolongée par un long tube de caoutchouc, et on met le tout dans l'eau en tenant hors de l'eau le bout du tube. Si par ce tube on souffle de l'air dans le ballon, quand celui-ci a un volume suffisant, qu'il déplace assez d'eau, il remonte au niveau du liquide en entraînant le corps lourd qui lui est attaché.

44. Détermination du volume d'un corps par le principe d'Archimède. — Le principe d'Archimède peut être utilisé pour trouver le volume d'un corps solide de forme quelconque, insoluble dans l'eau ou dans le liquide dont on se sert. En effet, suspendons par un fil fin, au plateau d'une balance, le corps dont nous voulons trouver le volume; faisons sa tare dans l'autre plateau. Puis, quand l'équilibre est établi, apportons un vase d'eau au-dessous du corps et faisons plonger celui-ci dans le liquide. Immédiatement l'équilibre est rompu, et pour le rétablir, il faut ajouter des poids sur le plateau

Fig. 33. — Recherche du volume d'un corps par sa perte de poids dans l'eau.

qui suspend le corps : ces poids expriment le poids de l'eau déplacée par le corps, le nombre de grammes qu'il a fallu ajouter exprime, en centimètres cubes, le volume du corps.

Exercices.

8. Une règle de fer qui a 40 centimètres de long, 6 centimètres de large et 4 centimètres d'épaisseur est plongée dans l'eau; quel est le volume de l'eau déplacée, quelle est la perte apparente du poids de la règle?

9. Un corps est d'abord taré dans l'air; on le plonge ensuite dans l'eau et il faut lui ajouter 450 grammes pour rétablir l'équilibre, quel est son volume?

10. Un bloc cubique de bois a 60 centimètres d'arête; le centimètre cube pèse 0gr,95; dire si le bloc enfoncera dans l'eau ou s'il flottera sur ce liquide.

Questionnaire.

Comment montre-t-on qu'un liquide exerce une pression de bas en haut sur un corps plongé? A quoi est égale cette pression?

Énoncer le principe d'Archimède.

Quels sont les trois cas qui peuvent se présenter pour les corps mis sur l'eau?

Comment fait-on flotter les corps lourds?

Devoir.

Expliquer pourquoi un corps paraît plus léger dans l'eau que dans l'air, pourquoi on tient facilement sur l'eau si l'on a une ceinture gonflée d'air.

CHAPITRE VII

LIQUIDES DANS LES VASES COMMUNIQUANTS

45. Vases communiquants. — Lorsque deux vases communiquent entre eux de manière que le liquide versé dans l'un puisse se répandre dans l'autre, les deux surfaces libres du liquide sont sur un même plan horizontal.

On vérifie ce fait expérimentalement avec différents appareils. Celui des cabinets de physique se compose d'un grand vase que l'on peut faire communiquer par sa partie inférieure avec une série de tubes de forme quelconque (fig. 33). On remplit d'eau le grand vase et on ouvre le robinet de la branche latérale; le liquide monte dans le petit tube et si l'on place l'œil de manière que le rayon visuel rase la surface horizontale du liquide dans le grand vase, on constate que la surface de

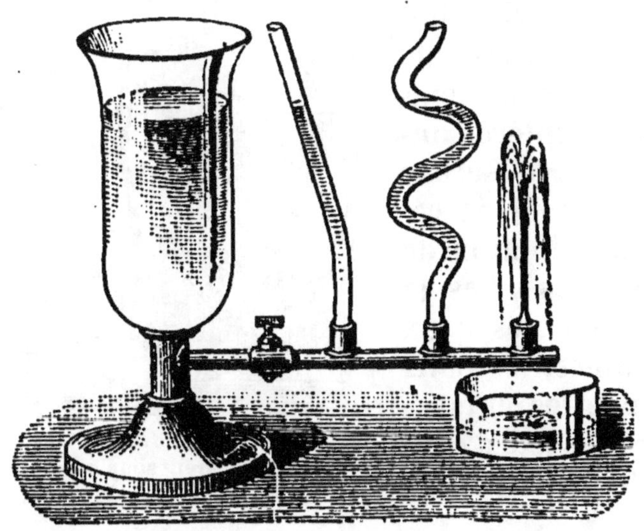

Fig. 33. — Appareil des vases communiquants.

niveau dans le petit tube est sur le prolongement de la première . les deux niveaux sont donc sur le même plan horizontal.

Il est facile de se convaincre qu'il doit en être ainsi. En effet, les vases et les tuyaux qui les mettent en communication, constituent un seul vase d'une forme parfois compliquée, mais renfermant une seule masse liquide soumise aux conditions

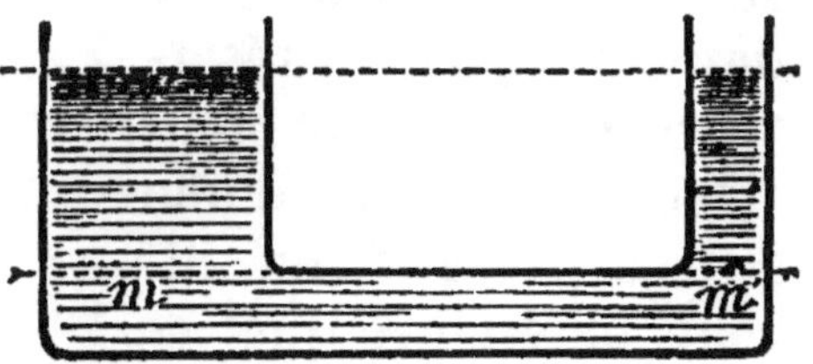

Fig. 34

d'équilibre énoncées dans le chapitre précédent. Tous les points d'un même plan horizontal pris dans cette masse liquide doivent supporter la même pression (fig. 34); or, il faut, pour que cette condition existe, qu'il y ait au-dessus de chacun d'eux une égale hauteur de liquide; les niveaux supérieurs sont donc à une égale distance d'un plan horizontal, conséquemment ils sont sur un même plan horizontal.

Les applications de ce principe sont nombreuses et intéressantes. Nous passerons successivement en revue la distribution de l'eau dans les villes, la distribution des eaux souterraines, les puits artésiens et les puits ordinaires, les jets d'eau, puis le niveau d'eau.

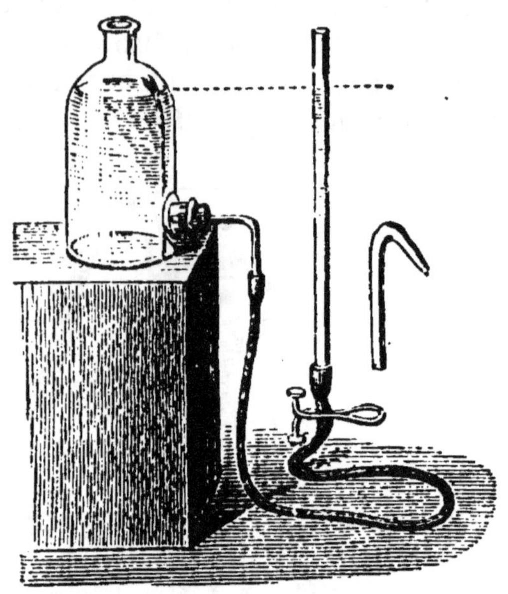

Fig. 35. — Appareil simple pouvant remplacer celui de la figure 33.

46. Distribution de l'eau dans les villes. — Dans la plupart des grandes villes, il y a une distribution d'eau par des bouches le long des trottoirs, dans des bornes-fontaines et dans les différents étages des maisons. L'eau est amenée dans de grands réservoirs établis sur un point élevé : c'est l'eau d'une source prise à un niveau plus élevé que celui du réservoir, et amenée par des canaux, ou bien l'eau d'une rivière, que des pompes foulantes élèvent jusqu'au réservoir.

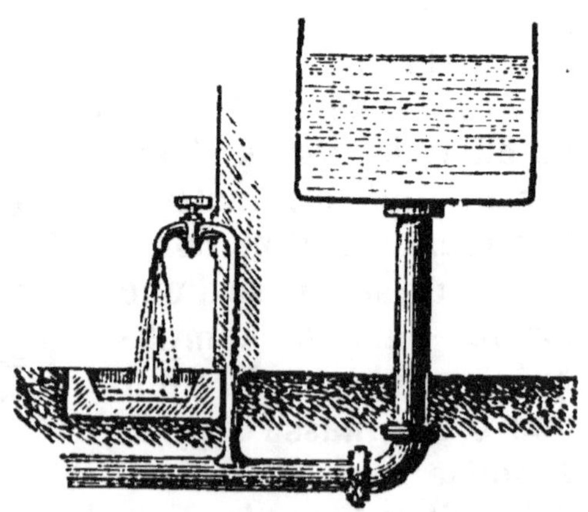

Fig. 36. — Distribution de l'eau provenant d'un réservoir

Du réservoir partent des tuyaux qui se ramifient dans

les rues, et c'est sur eux que sont branchés les tubes allant aux bornes-fontaines ou dans les appartements (fig. 36). Aussitôt qu'on ouvre le robinet qui termine l'un de ces tubes, l'eau s'écoule parce qu'elle tend à remonter aussi haut que le niveau du réservoir.

47. Eaux souterraines. — Puits artésiens. — Puits ordinaires. — On sait que les eaux pluviales qui tombent sur les terrains sablonneux

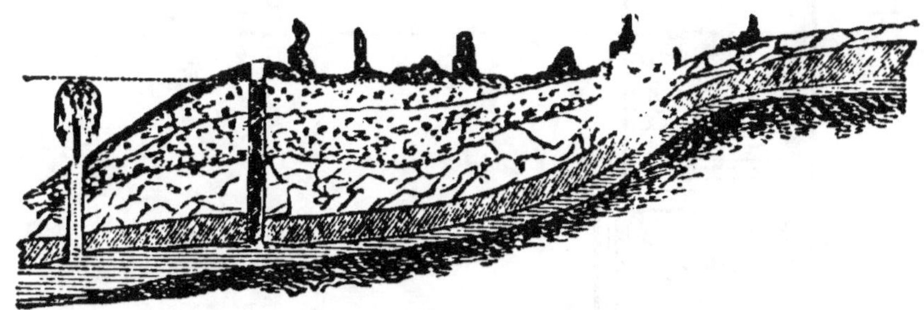

Fig. 37. — Coupe théorique des couches du sol pour montrer la possibilité des puits ordinaires et des puits artésiens.

s'infiltrent dans le sol; elles descendent jusqu'à ce qu'elles rencontrent une couche imperméable formée d'argile, et elles suivent cette dernière dans ses différentes sinuosités. Il peut se faire que l'eau arrêtée par une couche argileuse se trouve limitée aussi en dessus par une couche imperméable : c'est alors une nappe souterraine qui suit dans le sol les inclinaisons des couches qui la limitent (fig. 37).

Si en un point d'une vallée, la couche aquifère provenant des eaux d'un plateau vient affleurer le sol, l'eau s'y écoule d'une manière continue et forme une **source**.

Si en un point du sol tel que A, plus élevé que le niveau supérieur de la couche d'eau, on pratique un puits, on a un puits ordinaire où l'eau garde un niveau presque constant

Si au contraire le point où l'on a creusé le puits est plus bas horizontalement que le niveau supérieur de la couche d'eau, on a un puits jaillissant ou **puits artésien**. (On le nomme ainsi parce que les premiers ont été

creusés dans l'Artois.) Les puits de Passy et de Grenelle,
à Paris, sont dans ce cas; ils débitent des eaux qui proviennent des plateaux de l'Yonne; ils sont remarquables
par leur profondeur, qui dépasse 500 mètres.

48. Jet d'eau. — Si un tuyau de conduite venant
d'un réservoir d'eau un peu élevé se termine par un ajutage vertical ouvert, l'eau s'élance en forme de jet et
retombe en gerbe (fig. 38). Théoriquement, le jet d'eau

Fig. 38. — Jet d'eau.

devrait remonter jusqu'au niveau du réservoir qui l'ali-
mente; mais diverses causes limitent sa hauteur : c'est
d'abord le frottement de l'eau sortant par un tube étroit,
puis la résistance de l'air sur un jet qui se divise, puis
enfin le choc des gouttelettes liquides qui en retombant
amoindrissent la vitesse de celles qui s'élèvent.

On fait très facilement un jet d'eau dans une cour ou

dans un jardin en mettant l'ajutage qui le termine en communication par un tube à robinet avec la conduite des eaux de la ville, ou bien avec un réservoir placé dans la partie supérieure de la maison.

49. Niveau d'eau. — Le niveau d'eau est un tube de fer-blanc recourbé à ses deux extrémités, à angle droit, et terminé à chaque bout par deux fioles de verre. L'appareil est posé en son milieu sur un pied à trois branches. On y verse un liquide coloré de manière à remplir aux deux tiers les deux fioles. Alors, d'après le principe des vases communiquants, un observateur n'a qu'à se placer de façon à apercevoir les deux surfaces de niveau sur le prolongement l'une de l'autre, pour mener dans l'espace une ligne horizontale (fig. 39).

Cet appareil sert fréquemment pour déterminer la différence de niveau de deux points éloignés de 40 à 50 mètres au plus. On place le niveau sur son pied à trois branches, entre les deux points. Un aide, porteur d'une règle divisée appelée *mire*, munie d'une plaque appelée *voyant* peinte de deux couleurs, va se placer d'abord au point A (fig. 40). Sur les indications de l'opérateur placé près de l'appareil et qui vise les deux surfaces de niveau, l'aide monte le voyant de

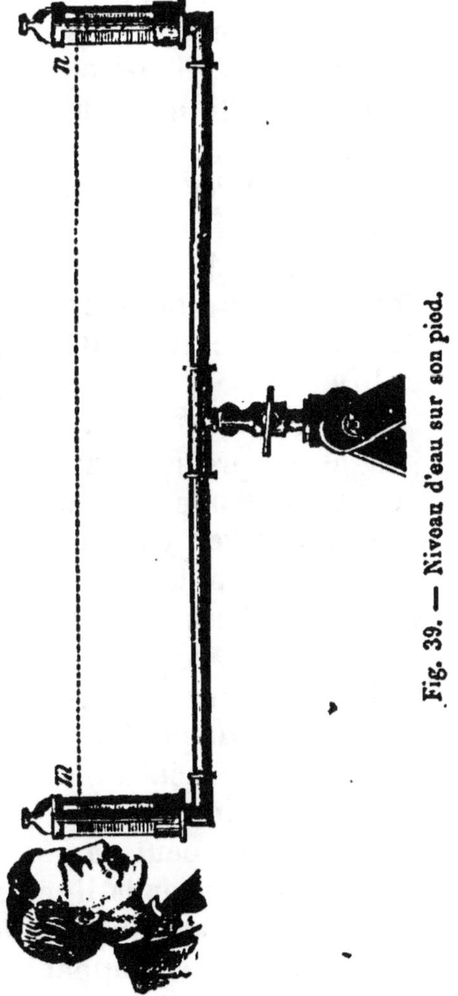

Fig. 39. — Niveau d'eau sur son pied.

la mire et le fixe quand le milieu se trouve sur la ligne horizontale visée par l'opérateur. L'aide lit sur la mire la hauteur AC. Puis il se transporte au point B, tandis que l'opérateur vient se placer de l'autre côté de l'appareil. En B, l'aide met le voyant au point sur les indications de l'opérateur et il lit la hauteur BD. L'inspection de la figure montre que la distance verticale des deux points A et B est donnée par la différence des deux lectures AC et BD.

Le niveau d'eau n'est pas assez précis pour donner en une seule opération avec exactitude la différence verticale de deux points éloignés de 100 à 200 mètres au plus; le niveau dans chaque fiole présente un ménisque d'une certaine épaisseur, et on ne peut pas être sûr de mener la ligne horizontale qui joint exactement les surfaces du liquide dans les deux fioles. Aussi on a remplacé cet appareil par un plus exact pour les grands nivellements.

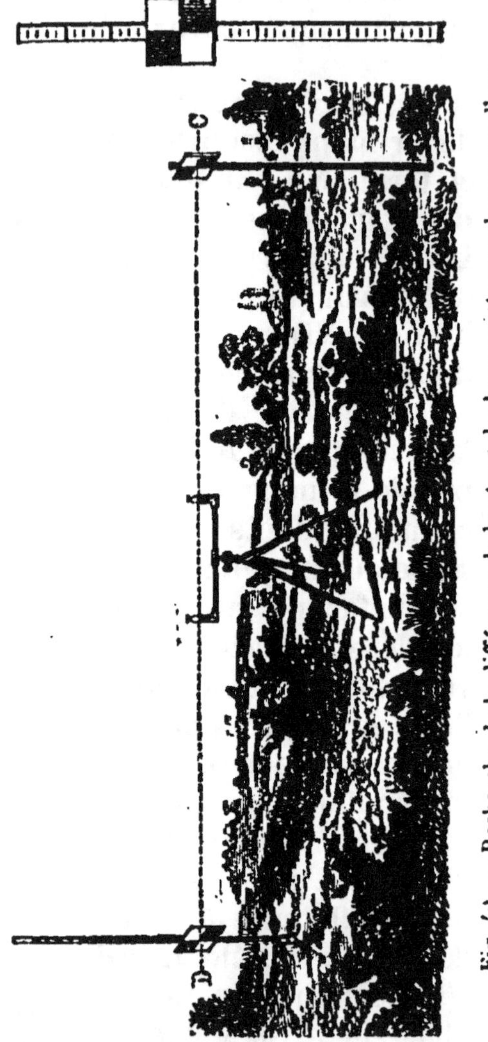

Fig. 40. — Recherche de la différence de hauteur de deux points avec le niveau d'eau.

Exercices.

11. Dans un grand vase on prend un élément horizontal de 2^{cm} de surface; il est situé à une distance de 27^{cm} du niveau supérieur; dire quelle est la pression qu'il reçoit du liquide.

12. A quoi est égale la pression exercée sur un disque de liquide ayant 4^{cm} de surface, si le niveau horizontal supérieur du liquide est à une distance de 4^m,50 ?

Questionnaire.

Qu'arrive-t-il quand un liquide est dans deux vases qui communiquent ?

Comment peut-on faire un jet d'eau ?

Comment est construit le niveau d'eau et à quoi peut-on l'employer ?

Que deviennent les eaux qui s'infiltrent dans le sol ?

Quelle est la différence entre un puits ordinaire et un puits artésien.

Devoir.

Décrire le niveau d'eau, la mire dont il doit être accompagné et dire comment un opérateur doit s'y prendre avec son aide pour trouver la différence de hauteur de deux points.

CHAPITRE VIII

PROPRIÉTÉS GÉNÉRALES DES GAZ. — PRESSION ATMOSPHÉRIQUE

50. Propriétés des gaz. — Les gaz comme les liquides prennent la forme des vases qui les contiennent, mais ils diffèrent des liquides en ce qu'ils n'ont pas de volume fixe et qu'ils remplissent toujours tout l'espace qui leur est offert. Les liquides ont un volume qui

Fig. 41. — La vessie à demi-pleine d'air se gonfle quand on enlève l'air autour d'elle.

leur est propre et qu'on ne peut faire varier notablement, même quand on les soumet à une forte pression. Les gaz, au contraire, diminuent de volume quand on les comprime; ils augmentent indéfiniment de volume quand l'espace qu'on leur offre est de plus en plus grand. Ils ont donc comme les liquides une très grande mobilité dans les éléments qui les forment; mais ils ont de plus que les liquides, cette importante propriété d'être **expansibles.**

Expansibilité des gaz. — Si une masse de gaz est

abandonnée à elle-même dans un espace vide, elle augmente de volume jusqu'à ce qu'elle rencontre des parois résistantes qui l'empêchent de s'étendre davantage. On le prouve très facilement en plaçant sous une cloche, dont on retire peu à peu l'air pour l'y laisser ensuite rentrer, soit une vessie à robinet à peine gonflée, soit un petit ballon d'enfant contenant un peu d'air et fermé (fig. 41). Aussitôt qu'on retire l'air de la cloche, on voit la vessie ou le ballon grossir. c'est que l'air contenu dans le ballon ou la vessie presse contre les parois et les distend en augmentant de volume Laisse-t-on rentrer l'air dans la cloche, immédiatement le gaz de la vessie ou du ballon reprend son premier volume.

Les gaz sont éminemment **compressibles**, puisqu'on peut diminuer notablement le volume qu'ils occupent, ainsi qu'on le prouve avec le briquet à air (fig. 4). Mais à mesure qu'un gaz diminue de volume, il presse davantage contre les parois qui le limitent : cette force que le gaz exerce ainsi sur les corps qui le contiennent s'appelle la **force élastique** du gaz.

51. Les gaz sont pesants. — Les gaz sont comme les liquides des corps pesants. Et c'est un fait bien remarquable dans l'histoire des sciences, que malgré l'énergie des effets de l'air, par les vents et les ouragans déracinant les arbres, les anciens n'aient pas pu parvenir à prouver la pesanteur de l'air. C'est en effet à Galilée qu'on doit la première démonstration de cette propriété commune à tous les corps.

Pour la démontrer, on prend un grand ballon de dix litres, muni d'un robinet (fig. 42).

Fig. 42. — Grand ballon servant à montrer que l'air est pesant.

On en extrait l'air avec la machine pneumatique ; on le ferme et on le suspend à l'un des plateaux d'une balance, après avoir mis 15 à 20 grammes sur ce plateau. On fait la tare dans l'autre plateau Lorsque l'équilibre est établi, on ouvre le robinet du ballon ; on entend siffler l'air qui rentre dans le ballon et l'on voit celui-ci augmenter de poids et faire pencher la balance de son côté On enlève alors des poids du plateau qui suspend le ballon, et quand l'équilibre est rétabli, les poids enlevés représentent le poids de l'air rentré dans le ballon Ce poids varie suivant l'expérience de 10 à 12 grammes. Si l'on connaît le volume du ballon et qu'on ait enlevé tout l'air, on en peut déduire le poids du litre d'air, et trouver approximativement que l'air pèse 773 fois moins que l'eau.

52. Les gaz transmettent les pressions. — Les gaz transmettent les pressions qu'ils reçoivent, absolument comme les liquides : si l'on exerce une pression en un point d'une masse gazeuse, elle est transmise dans tous les sens proportionnellement à la surface pressée. On le démontre facilement avec un flacon à trois tubulures, garnies l'une et l'autre de tubes en S qui plongent à des hauteurs différentes dans le flacon (fig. 43). Le tube du milieu contient du mercure, les deux autres de l'eau colorée. On verse un peu de mercure dans le premier : le liquide presse le gaz, et cette pression est transmise aux deux autres tubes, également, comme l'indique l'élévation du liquide qu'ils contiennent.

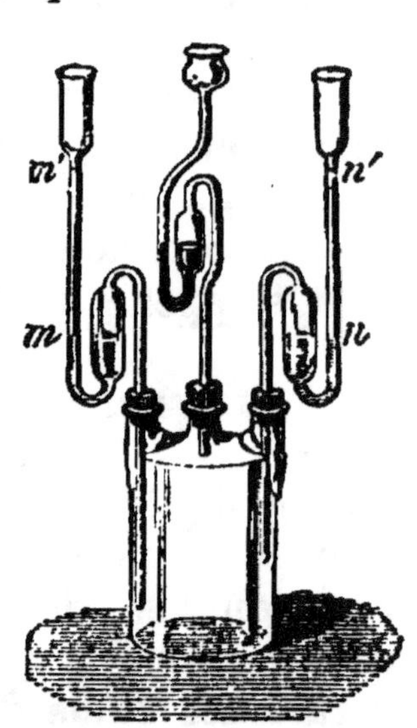

Fig 43 — Flacon pour montrer que les gaz transmettent les pressions en tous les points de leur masse

On prouve que si une pression exercée sur une petite surface, est transmise à une surface plus grande, elle est multipliée, comme dans le cas de la presse hydraulique. Sur un sac de caoutchouc ou une vessie, on place une planchette à dessin, et sur la planchette un poids de 10 ou 20 kilogrammes; à l'orifice du sac est fixé un tube de petit diamètre. Il suffit de souffler légèrement dans le petit tube pour que le poids soit immédiatement soulevé; si en effet la surface par laquelle la planchette appuie sur le sac est 400 fois plus grande que la surface du petit tube, une pression de 50 grammes exercée dans celui-ci est suffisante pour soulever un poids de 20 kilogrammes.

Puisque les gaz sont pesants, on peut leur appliquer les mêmes principes qu'aux liquides, en ce qui concerne les pressions aux différents points de leur masse : tous les points d'un même plan horizontal supportent une égale pression; deux surfaces égales prises à des hauteurs différentes, ont des pressions inégales; mais, dans ce dernier cas, à cause du faible poids du gaz, on peut regarder comme égales les pressions supportées par des points dont la différence de hauteur verticale n'est pas considérable.

53. Pression atmosphérique. — L'atmosphère est la couche d'air qui enveloppe la terre; set différentes couches pressent les unes sur les autres, es ces pressions doivent avoir leur plus grande valeur à la surface du sol. A cause du principe de l'égalité de pression en tous les points d'une même surface horizontale, il suffira donc que l'air d'une chambre communique par une ouverture avec l'air extérieur, pour qu'on soit en droit d'affirmer que la pression sur un élément plan de l'air de la chambre est la même qu'à l'air libre, la même que celle d'une colonne d'air dont la hauteur atteindrait les limites de l'atmosphère : c'est cette pression exercée par l'air sur les corps qu'on nomme la **pression atmosphérique.**

La pression atmosphérique n'est pas généralement apparente, parce qu'elle s'exerce en tous sens et qu'une lame plongée dans l'air supporte sur ses deux faces des pressions égales et opposées qui se font équilibre ; il faut recourir à quelques expériences pour la mettre en évidence ; d'une manière générale, on retire l'air d'un corps creux qui est limité par une paroi mobile, et l'on voit cette paroi se mouvoir sous l'effet de la pression.

54. Expériences qui prouvent la pression atmosphérique. — Parmi les nombreuses expériences que l'on peut faire, nous en citerons trois principales, l'une prouvant la pression de haut en bas, la seconde la pression de bas en haut, la troisième la pression en tous sens.

1° *Crève-vessie.* — Le crève-vessie est un manchon de verre dont le bord inférieur est bien rodé (fig. 44). On couvre son bord supérieur d'une vessie, ou mieux encore d'un morceau de petit ballon que l'on tend et que l'on fixe solidement avec une ficelle. On place le manchon sur la platine de la machine pneumatique et on retire l'air. On voit alors la membrane s'incurver du côté du manchon comme si elle était pressée par un grand poids ; et à un moment donné elle se déchire et éclate ; alors l'air rentre brusquement en produisant une détonation. Au commencement de l'expérience, la membrane était plane, parce qu'elle était également pressée sur ses deux faces ; à mesure que l'on a enlevé l'air, la pression supérieure est devenue prédominante et a produit le phénomène observé.

Fig. 44. — Crève-vessie.

Fig. 45 — Verre plein d'eau fermé d'une feuille de papier et renversé

2° *Expérience du verre plein renversé.* — On remplit d'eau un verre à bord droit ou une carafe ; on pose sur le vase plein une feuille de papier, de manière qu'il n'y ait pas d'air entre elle et le liquide (fig. 45). On tient cette feuille appuyée contre le vase et on retourne celui-ci. On cesse de tenir la feuille de papier et l'eau du vase ne tombe pas. C'est que la feuille est poussée de bas en haut par la pression atmosphérique, et maintient le liquide dans le vase.

3° *Hémisphères de Magdebourg*. — Les hémisphères, imaginés par Otto de Guericke de Magdebourg en 1670, sont creux· l'un porte un anneau, l'autre un conduit avec robinet ; ils peuvent être rapprochés par leurs bords entre lesquels on interpose un cuir enduit de suif pour assurer leur fermeture (fig 46). On les place sur la machine pneumatique ; on en extrait l'air et on ferme le robinet. On ne peut plus alors les séparer l'un de l'autre à moins d'un très grand effort. Tant qu'ils étaient pleins d'air on les séparait très facilement, et c'est ce que l'on peut encore faire si on y laisse rentrer l'air. Vides, ils sont pressés fortement l'un contre l'autre par la pression atmosphérique.

Fig. 46. — Hémisphères de Magdebourg.

55. Expérience de Torricelli. — On croit que c'est Galilée qui a le premier songé à la pression atmosphérique ; mais c'est son élève Torricelli qui en a démontré la réalité par sa célèbre expérience de 1644.

On répète cette expérience avec un tube d'un mètre fermé par un bout. On remplit complètement ce tube de mercure sec ; on le ferme avec le doigt ; on le retourne pour le plonger verticalement dans une cuvette de mercure quand on débouche le tube, on voit le mercure descendre un peu dans le tube et s'arrêter (fig. 47). La colonne qui reste dans le tube a une hauteur d'environ

76 centimètres, au-dessus du niveau de la cuvette, à Paris et dans tous les lieux peu élevés.

Si l'on incline un peu le tube, le niveau supérieur du mercure reste dans le même plan horizontal, et quand l'inclinaison du tube est assez grande pour que son sommet soit à une distance verticale du niveau de la cuvette inférieure à 76 centimètres, le tube se remplit entièrement.

C'est Pascal qui a expliqué cette expérience, et montré qu'on en rend parfaitement compte, en donnant pour cause à l'ascension du mercure, une pression exercée par l'atmosphère sur la surface du liquide de la cuvette. Considérons en effet deux éléments d'égale surface pris dans le plan horizontal qui forme le niveau du liquide de la cuvette, l'un dans le tube, l'autre au dehors; ils supportent des pressions égales. La pression du premier, c'est le poids de la colonne de mercure soulevée dans le tube. La pression du second, c'est le poids de la colonne d'air agissant sur lui. La pression exercée par l'atmosphère sur une surface donnée, est donc

Fig 47. — Tube de Torricelli sur sa cuvette.

égale au poids de la colonne de mercure ayant cette surface pour base, et pour hauteur celle du mercure dans le tube de Torricelli.

Expérience de Pascal. — S'il est vrai que la colonne soulevée dans le tube de Torricelli est l'effet de la pression de l'atmosphère, avec un autre liquide, la hauteur devra varier et devenir plus grande si le liquide est moins dense.

Soit en effet 13,6 la densité du mercure, 0,76 la hauteur de la colonne, d la densité d'un autre liquide, h la hauteur de la nouvelle colonne.

Pour que ces deux colonnes de liquide se fassent équilibre, il faut qu'elles aient même poids.

Comme le mercure pèse 13,6 fois plus que l'eau à hauteur égale il faut que la colonne d'eau soulevée soit 13,6 fois plus haute que la colonne de mercure, ou

$$13,6 \times 0,76 = 10^m33.$$

Avec un autre liquide moins dense, comme l'alcool, la colonne serait encore plus grande. Les vérifications en ont été faites par Pascal avec l'eau et avec le vin dans des tubes d'au moins 12 mètres de hauteur.

On peut donc dire que les deux expériences de Torricelli et de Pascal sont des preuves frappantes de la pression atmosphérique et permettent de la mesurer.

56. Valeur de la pression atmosphérique. — Nous venons de dire que la pression exercée par l'atmosphère est la même que celle d'une colonne de mercure dont la hauteur est donnée par le tube de Torricelli.

Si la hauteur est de 76 centimètres, la surface de 1 centimètre carré, le volume du mercure sera de 76 centimètres cubes, le poids de la colonne $76 \times 13,6 = 1033$ grammes.

On peut donc dire qu'*ordinairement* la pression atmosphérique équivaut à un poids de 1033 grammes par centimètre carré, ou de 10333 kilogrammes par mètre carré.

Cette quantité est souvent prise pour unité de pression; et on l'appelle une **atmosphère**. Alors une pression de 10 atmosphères est représentée par un poids de 10 kilogrammes 333 par centimètre carré.

Il est plus simple de rapporter les pressions à l'unité des autres forces, c'est-à-dire au kilogramme, et de dire une pression de 4, 6, 8 kilogrammes, plutôt qu'une pression de n, n' atmosphères. Quand on ne tient pas à une très grande approximation, une atmosphère peut être prise égale à 1 kilogramme, sous-entendu par centimètre carré; elle en diffère en effet de très peu.

En physique, on évalue souvent les pressions par la hauteur de mercure qui leur correspond : c'est ainsi qu'on dit une pression de 5, 10, 30 centimètres, pour dire une pression qui fait équilibre à une hauteur de mercure de 5, 10, 30 centimètres. Il est d'ailleurs facile dans tous les cas de connaître, par un calcul élémentaire, la valeur en kilogrammes d'une pression indiquée, soit en atmosphères, soit en hauteur de mercure.

57. Variation de la pression atmosphérique avec la hauteur. — S'il est vrai que les gaz en équilibre ressemblent aux liquides, la différence de pression entre deux points situés sur la même verticale doit être égale au poids de la colonne d'air comprise entre ces deux points. La pression doit donc diminuer à mesure qu'on s'élève dans l'atmosphère.

L'expérience en a été faite pour la première fois en 1648, sur les indications de Pascal, par son beau-frère Périer, entre Clermont-Ferrand et le Puy-de-Dôme. A mesure que l'expérimentateur gravissait la montagne, le mercure baissait dans le tube ; ce fut le contraire à la descente, et le liquide reprit la hauteur exacte qu'il avait au départ. Pendant l'opération, un tube resté en place à Clermont-Ferrand n'avait pas varié.

Une expérience fut faite par Pascal à Paris, au bas et au haut de la tour Saint-Jacques ; et elle confirma la première.

C'est bien là une des preuves les plus manifestes de la pesanteur de l'air, et de l'existence de la pression atmosphérique.

58. Baromètres. — L'observation suivie d'un tube de Torricelli qu'on laisse dans un même lieu, montre que la pression atmosphérique varie constamment.

On donne le nom de **baromètres** aux instruments spécialement construits pour indiquer et mesurer ces variations.

Il y a deux groupes de baromètres : les baromètres à mercure fondés sur l'expérience de Torricelli ; les baromètres métalliques fondés sur l'élasticité des métaux : ces derniers sont gradués d'après les premiers.

On emploie toujours le mercure dans les baromètres
à liquide, parce qu'il peut être obtenu très pur, qu'il
n'émet pas à la température ordinaire de vapeurs pouvant troubler le vide qui existe au-dessus de la colonne,
et qu'en raison de sa grande densité il n'en faut qu'une
colonne d'environ 76 centimètres pour équilibrer la pression atmosphérique.

**59. Construction du baromètre à cu
vette.** — On construit encore le baromètre à cuvette
comme le montaient Torricelli et Pascal, mais on prend
les précautions nécessaires pour éliminer les causes qui
pourraient nuire à l'exactitude de l'appareil.

Fig. 48. — Ébullition du mercure dans le baromètre.

La condition essentielle pour qu'un baromètre soit bon,
c'est qu'au-dessus de la colonne de liquide il existe un
vide complet. Il ne suffit pas pour cela de remplir le tube
avec du mercure pur et sec, car il resterait des bulles
d'air adhérentes au verre, et quand on redresserait le
tube, ces bulles se rendraient dans la chambre barométrique et produiraient sur la colonne mercurielle une
pression anormale.

Pour chasser l'humidité et les bulles d'air, quand on a
rempli le tube après l'avoir au préalable bien lavé et des-
séché, on le dispose, l'extrémité ouverte en haut, sur
une grille inclinée (fig. 48) et on le chauffe progressivement sur toute sa longueur avec des charbons allumés
posés sur la grille, ou bien on le chauffe peu à peu, en
commençant par l'extrémité inférieure, et en le tenant

incliné au-dessus d'un fourneau rempli de charbons allumés. Il faut faire bouillir le mercure successivement du bas au haut; à cet effet, le tube porte à son bout ouvert, une ampoule qui retient le liquide soulevé par l'ébullition. L'opération terminée, le mercure doit présenter une surface miroitante sur toute la longueur du tube. On le laisse refroidir, puis on sépare la boule du tube. On ferme exactement l'ouverture avec le doigt, on renverse l'instrument dans une cuvette en partie pleine de mercure purifié, et on le fixe contre une planchette verticale.

On peut d'ailleurs s'assurer que l'instrument est bien construit et qu'il ne reste aucune bulle d'air dans la chambre barométrique, il suffit d'incliner lentement le tube, le mercure va choquer la paroi supérieure et on entend un bruit sec. Si le choc était amorti, que le tube incliné ne soit pas rigoureusement plein, c'est qu'il resterait de l'air dans le tube; il faudrait recommencer le remplissage.

Si l'on voulait s'astreindre à mesurer directement à chaque observation la différence verticale des deux niveaux du mercure, il n'y aurait pas besoin de graduation. Mais l'appareil serait bien peu commode; aussi préfère-t-on appuyer le tube contre une planche divisée en centimètres et en millimètres, et dont le zéro de la graduation correspond exactement au niveau du liquide de la cuvette; il suffit alors, pour connaître la pression atmosphérique, de lire le chiffre de la graduation vis-à-vis duquel se trouve le niveau du liquide dans le tube.

Exercices.

13. Exprimer en kilogrammes la valeur de la pression atmosphérique sur une table de 2 mètres de long et de 0,80 de large, un jour où le baromètre marque 760^{mm}.

14. On suppose qu'on a enlevé tout l'air d'un crève-vessie dont le diamètre est de 12 centimètres, à quel poids équivaut la pression qui s'exerce sur la vessie?

15. On veut répéter l'expérience de Torricelli avec un liquide dont la densité est de 0,9, quelle sera la longueur de la colonne soulevée?

Questionnaire.

Quelles sont les propriétés caractéristiques des gaz? comment prouve-t-on que les gaz sont compressibles?

Comment montre-t-on que l'air est pesant?

Quelles sont les expériences qui prouvent que l'air presse sur tous les corps?

Comment répète-t-on l'expérience de Torricelli avec le mercure? Quelle longueur du tube faudrait-il pour la faire avec l'eau?

Qu'est-ce qu'un baromètre?

Quelle est ordinairement la valeur de la pression atmosphérique sur un centimètre carré, sur un mètre carré?

Devoir.

Dire pourquoi l'eau remplit complètement un vase renversé sur une cuve et dont l'extrémité ouverte reste plongée, pourquoi l'eau monte dans un tube ouvert dont un bout plonge dans le liquide quand on aspire l'air par l'autre bout.

CHAPITRE IX

APPAREILS A PRODUIRE LE MOUVEMENT DES LIQUIDES PAR LA PRESSION ATMOSPHÉRIQUE

I. — POMPES

59. Destination générale des pompes. —Une pompe est un appareil destiné à élever l'eau d'un réservoir inférieur (puits, citerne, mare, rivière, etc.) dans un réservoir placé plus haut, ou à la répandre dans l'air avec une certaine vitesse. Le moteur employé peut être quelconque : c'est la force musculaire de l'homme ou celle des animaux, ou le vent, ou la vapeur.

On distingue trois types simples de pompes : les *pompes aspirantes* qui élèvent l'eau d'un puits; les *pompes foulantes* qui projettent l'eau avec une grande vitesse, et les *pompes aspirantes et foulantes* qui peuvent produire les deux effets.

60. Pompe aspirante. — La pompe aspirante
se compose d'un corps de pompe dans lequel se meut un
piston percé d'une ouverture garnie d'une soupape s'ou
vrant de bas en haut (fig. 49). Ce
corps de pompe est relié inférieurement à un long tuyau dit d'*aspiration*, qui plonge dans l'eau du
puits ou du réservoir, et dont le
haut porte une soupape s'ouvrant
de bas en haut.

Le piston étant d'abord au bas
de sa course, on le soulève, il fait
le vide au-dessous de lui; l'air du
tuyau d'aspiration se répand en
partie dans le corps de pompe; son
volume augmentant, sa pression
diminue; par suite l'atmosphère
qui exerce sa pression à la surface
de l'eau du réservoir fait monter
cette eau dans le tuyau d'aspiration. Aussitôt qu'on cesse de sou-

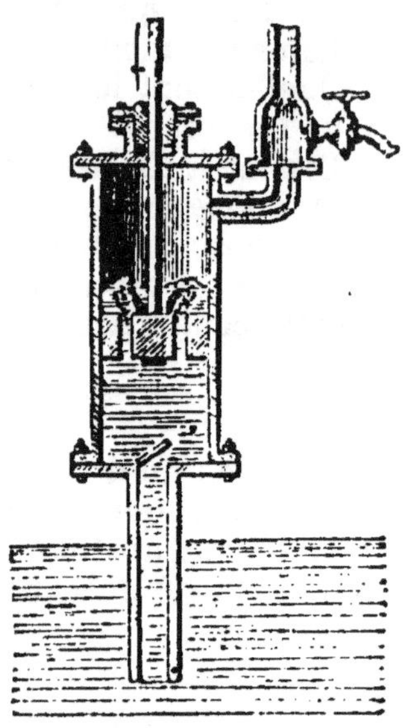

Fig. 49. — Coupe de la
pompe aspirante.

lever le piston, la soupape inférieure retombe, mais l'eau
soulevée dans le tuyau d'aspiration y reste. Si le piston
redescend, il comprime au-dessous de lui l'air, qui s'é-
chappe par la soupape supérieure. A un second mouvement du piston l'eau s'élève encore dans le tuyau d'aspiration; elle vient bientôt dans le corps de pompe; le
piston en redescendant la fait passer au-dessus de lui,
et en remontant il la pousse au tuyau de déversement où
elle s'écoule.

**61. Conditions auxquelles une pompe
doit satisfaire.** — Comme c'est la pression atmosphérique qui fait monter l'eau jusqu'au corps de pompe,
celui-ci doit être à moins de $10^m,33$ du niveau de l'eau
dans le réservoir. Dans la pratique, on ne donne pas au
tuyau d'aspiration plus de 8 mètres. Il faut, en effet,
remarquer que le piston ne ferme jamais complètement

le cylindre et que, pendant son ascension, il ne fait pas au-dessous de lui un vide complet; de plus, l'air dissous dans l'eau se dégage dans la pompe et peut former en dessous du piston une sorte de coussin élastique qui contrebalance en partie l'effet de la pression extérieure.

En résulte-t-il qu'on ne puisse pas élever l'eau à plus de 10 mètres avec une pompe? Théoriquement, rien ne limite la hauteur à laquelle il est possible d'élever l'eau une fois qu'elle a été amenée sur la face supérieure. du piston. Au lieu que le tuyau d'écoulement débouche dans l'air à la partie supérieure du corps de pompe, on peut le prolonger par un tuyau vertical. Alors quand le piston monte, il pousse le liquide dans ce tuyau, à la hauteur que l'on veut. La pompe aspirante simple est ainsi transformée en une pompe *élévatoire*.

Quand la pompe est en activité, elle est entièrement pleine d'eau depuis le niveau dans le puits jusqu'à l'extrémité supérieure du tuyau d'écoulement. Le piston est pressé sur ses deux faces, la force à exercer pour soulever le piston est exprimée par le *poids d'une colonne d'eau ayant pour surface la section du piston et pour hauteur la distance verticale du niveau de l'eau dans le puits, au niveau de l'écoulement.*

Veut-on exprimer cette pression en kilogrammes, on exprime la surface en décimètres carrés et la hauteur en décimètres.

On voit facilement que l'effort à faire grandit avec la hauteur à laquelle on veut élever l'eau. Aussi quand il s'agit de tirer de l'eau d'un puits profond, avec une pompe aspirante élévatoire, faut-il munir la tige du piston de leviers convenables si l'on veut pouvoir manœuvrer la pompe avec un faible effort appliqué à l'extrémité du levier.

62. Pompe foulante. — Dans la pompe foulante, le piston est plein; le corps de pompe est en partie immergé dans l'eau à soulever; le tuyau d'écoulement est fixé latéralement à la base du corps de pompe (fig. 50);

à sa jonction est une soupape S qui s'ouvre du dedans au dehors; enfin une soupape S' s'ouvrant du dehors en dedans ferme l'ouverture inférieure du corps de pompe.

Quand on soulève le piston, l'eau presse la soupape S' et remplit le corps de pompe. Quand on le redescend, l'eau est directement comprimée, elle ouvre la soupape S et monte dans le tuyau latéral d'écoulement.

Si l'abaissement du piston est rapide, que le tuyau d'échappement ait un faible diamètre par rapport au corps de pompe, comme l'eau ne peut diminuer de volume par la compression, elle acquiert une grande vitesse et sort alors sous forme d'un jet que l'on peut lancer plus ou moins loin.

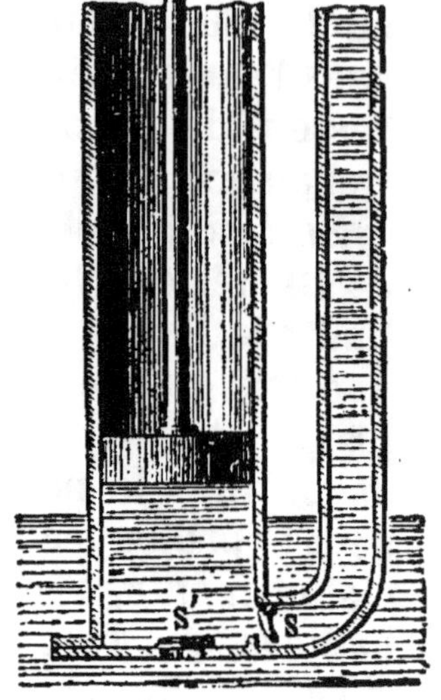

Fig. 50. — Coupe de la pompe foulante.

63. Pompe aspirante et foulante.

— Si, comme dans la figure 51, la pompe foulante est munie d'un tuyau d'aspiration plongeant dans un puits, elle est à la fois aspirante et foulante. Pendant l'ascension du piston, elle aspire l'eau du puits ou du réservoir inférieur; pendant la descente, elle refoule cette eau par le tuyau d'écoulement.

64. Écoulement continu.

— Avec les dispositions ci-dessus décrites, le mouvement de l'eau est intermittent; ce n'est en effet que pendant la descente

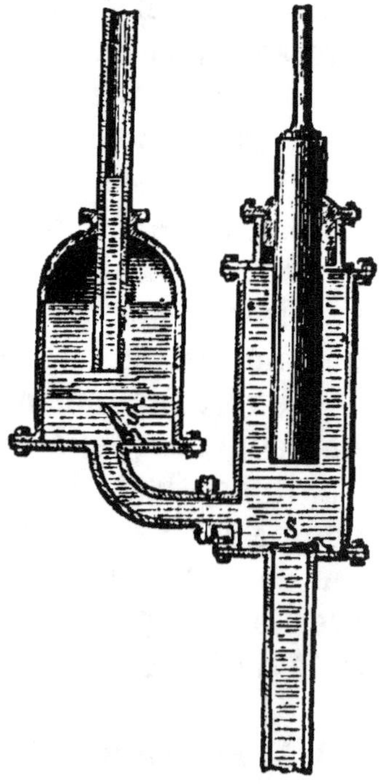

Fig. 51. — Coupe de la pompe aspirante et foulante avec chambre à air.

du piston, c'est-à-dire pendant la moitié de la manœuvre, que l'eau est chassée hors de l'appareil. On réalise un écoulement continu en employant une *chambre à air*.

Le tuyau par lequel l'eau sort du corps de pompe ouvre dans une chambre fermée complètement et contenant de l'air à sa partie supérieure. Le tuyau d'échappement de l'eau débouche à la partie inférieure de cette chambre. Chaque fois qu'il arrive de l'eau de la pompe dans cette chambre, le liquide tend à sortir par le tuyau d'échappement; mais s'il arrive plus vite qu'il ne peut partir, il comprime l'air qui occupe la partie supérieure de la chambre. L'instant d'après, pendant que le piston de la pompe descend et qu'il ne chasse plus d'eau dans le réservoir à air, l'air comprimé·tend à reprendre son volume primitif et chasse l'eau par le tuyau de sortie : l'écoulement est continu.,

65. Pompe à incendie. — La pompe à incendie est formée par deux pompes foulantes accouplées

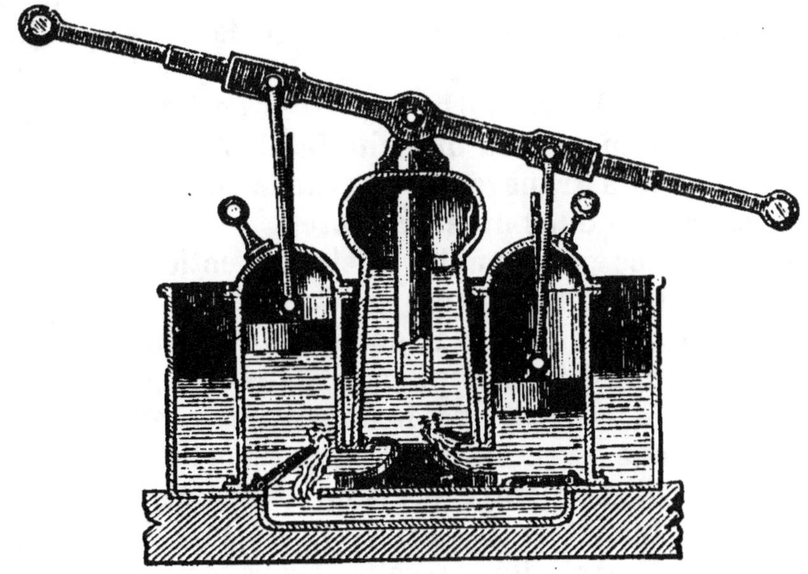

Fig. 52. — Coupe de la pompe à incendie.

qui chassent l'eau tour à tour dans une chambre à air où plonge le tuyau par lequel l'eau s'écoulera au de hors. Le tout plonge dans une bâche que l'on maintient pleine d'eau. Les tiges des deux pistons s'articulent à un même levier tournant autour d'un point fixe (fig. 52). On munit habituellement les deux extrémités de ce levier de barres transversales pour que plusieurs personnes puissent simultanément y exercer un effort. Pendant qu'un des pistons descend, l'autre monte, de sorte qu'il arrive sans cesse de l'eau dans le réservoir à air ; et comme le tuyau d'écoulement est terminé par une lance conique, pour peu que la vitesse de la manœuvre soit un peu rapide, on arrive à comprimer beaucoup l'air du réservoir et à donner au jet liquide qui sort une très grande force.

Il existe bien d'autres systèmes de pompes, les unes oscillantes, les autres rotatives ; leur description nous entraînerait hors des limites d'un cours de physique.

II. — SIPHON

66. Siphon. — Le siphon est un appareil destiné à transvaser les liquides sans déranger le vase qui les contient, en les faisant passer par-dessus les bords du vase. C'est un tube recourbé à deux branches inégales, en verre ou en métal. La branche la plus courte plonge dans le liquide à transvaser, la grande branche débouche dans l'air ou dans un autre vase.

On commence par remplir le siphon entièrement du liquide ; on dit alors qu'il est *amorcé*. Le moyen le plus simple, quand le siphon est constitué par un tube de petit diamètre, c'est de le plonger dans un grand vase d'eau où il se remplit, de boucher l'extrémité de la grande branche avec le doigt, pour sortir l'appareil plein. L'expérience montre que si on débouche la grande branche, en tenant le siphon vertical, tout le liquide s'écoule par l'extrémité de cette branche ; la colonne liquide contenue dans le siphon ne se partage pas en deux tronçons, elle garde une continuité parfaite.

Si, tenant la grande branche d'un siphon plein bou-

chée avec le doigt, on plonge la petite branche dans un
liquide, aussitôt que l'on débouchera la grande branche,
le liquide s'écoulera par le siphon, d'un mouvement
continu, jusqu'à ce que l'extrémité de la petite branche
ne plonge plus, ou jusqu'à ce que le niveau du liquide
dans le vase où plonge
la grande branche soit
venu sur le même plan
horizontal que celui du
liquide où plonge la pe-
tite branche.

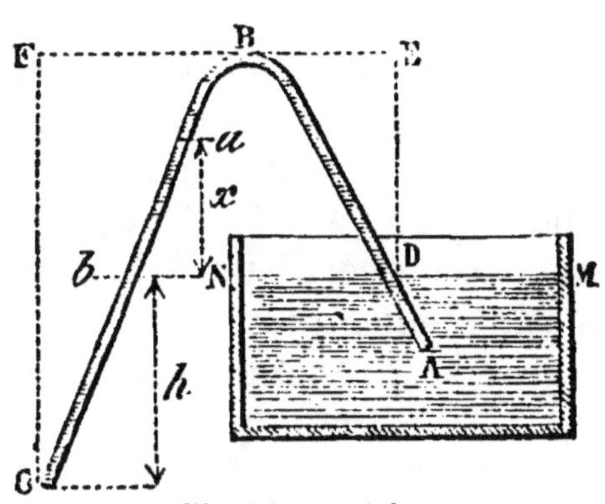

Fig. 53. — Siphon.

Pour expliquer l'écou-
lement, considérons le
siphon amorcé ABC (fig.
53) et cherchons les pressions que supporte, de
gauche à droite, et de
droite à gauche, une molécule liquide prise en B.

Si le tube était fermé en B et comprenait seulement
la branche AB, la molécule liquide de B supporterait de
moins qu'une molécule prise sur le niveau de D une colonne verticale de liquide de hauteur DE; elle supporterait donc une pression égale à la pression atmosphérique,
diminuée du poids d'une colonne liquide égale à DE.

Si la branche CB existait seule, fermée en B, la molécule B supporterait la pression atmosphérique comme
en C, moins le poids d'une colonne de liquide de hauteur
CF. Dans le siphon, la molécule de liquide B supporte
ces deux pressions. Il est facile de voir que l'une l'emporte sur l'autre, que la molécule B doit obéir à la résultante des deux forces qui agissent sur elle et marcher
dans le sens de la plus grande force.

Si DE égale un mètre, CF deux mètres, et qu'on exprime
la valeur de la pression atmosphérique en colonne d'eau,
$10^m,33$, on écrira :

Pression de droite à gauche

$$10^m,33 - 1^m = 9^m,33 \text{ de hauteur d'eau.}$$

Pression de gauche à droite

$$10^m,33 - 2^m = 8^m,33 \text{ de hauteur d'eau.}$$

La tranche liquide B s'avancera donc de droite à gauche, les tranches qui la remplaceront successivement s'avanceront aussi à sa suite, et l'écoulement aura lieu.

67. Moyens d'amorcer le siphon. — Quand c'est l'eau que l'on veut transvaser, on peut plonger la petite branche dans le vase, et aspirer avec la bouche par l'extrémité de la grande. Mais quand on opère sur des liquides corrosifs ou vénéneux, on se sert d'un siphon dont la grande branche porte un tube latéral (fig. 54). Alors on plonge la petite branche dans le vase, on ferme l'extrémité de la grande et on aspire avec la bouche par l'extrémité du tube latéral. Quand le liquide remplit la plus grande partie de la grande branche, on débouche et l'écoulement se produit.

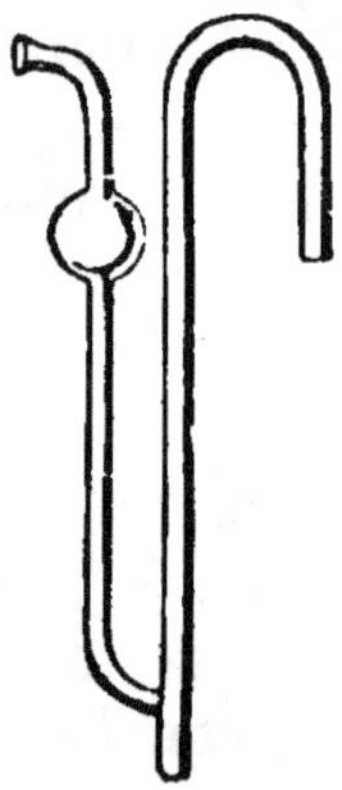

Lorsque le siphon est un tube à grande section, l'aspiration faite avec la bouche ne suffirait pas à faire monter le liquide. Alors

Fig. 54. — Siphon à branche latérale.

on dispose sur la branche latérale une petite pompe à l'aide de laquelle on peut aspirer l'air du siphon mis en place. C'est ainsi que sont construits les siphons des tonneliers.

Enfin, quand il s'agit d'amorcer un siphon que l'on plonge dans une tourie pour en tirer facilement du liquide, on monte le siphon dans un bouchon qui porte un second tube; on place le bouchon dans le col de la tourie, puis on souffle par le petit tube; le liquide monte dans le siphon par l'effet de la pression produite, et l'écoulement a lieu. Cette dernière disposition (fig. 55) devrait toujours être employée quand il s'agit des liquides très facilement inflammables; le siphon muni d'un robinet inférieur resterait amorcé, et un petit bout de tuyau de caoutchouc, avec un fragment de baguette de verre, suffiraient pour fermer le vase.

Dans les fabriques d'acide sulfurique, on se sert, pour transvaser l'acide, de·siphons en platine que l'on amorce d'une façon particulière. L'appareil porte à l'extrémité inférieure de la grande branche un robinet, puis, près de la coudure, deux ouvertures dont une à entonnoir (fig. 56). On plonge la petite branche dans l'acide. On ferme le robinet de la grande, puis on la remplit d'acide par l'une des ouvertures supérieures, tandis que l'autre sert à la sortie de l'air.

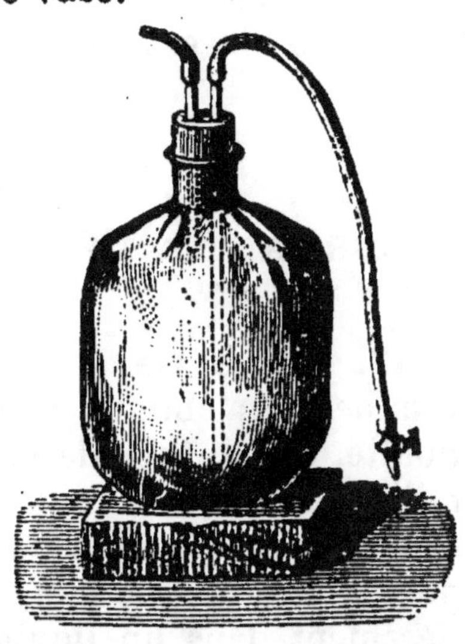

Fig. 55. — Siphon à demeure sur une tourie.

On bouche ces deux ouvertures, puis on ouvre le robinet de la grande branche. L'acide qu'elle contient s'écoule; il se forme un vide que remplit l'air de la petite branche, et la pression atmosphérique fait monter l'acide dans la petite branche, avec

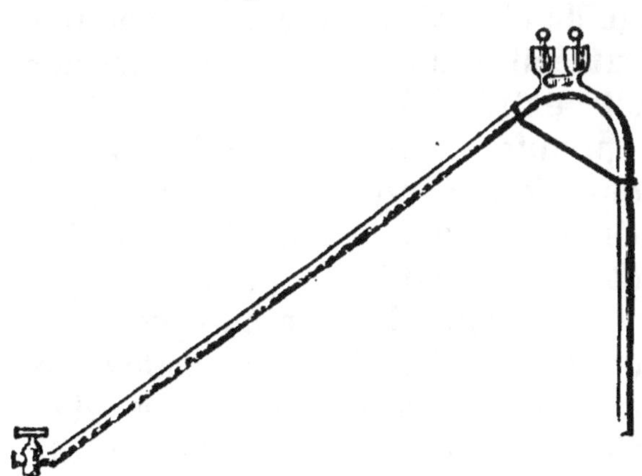

Fig. 56. — Siphon des fabriques d'acide sulfurique.

assez de force pour déterminer l'écoulement, si les dimensions relatives des deux branches ont été bien calculées.

Le siphon est très employé, surtout quand il s'agit de séparer un liquide du dépôt qui s'y est formé et qui s'y répandrait à nouveau au moindre mouvement du vase Il donne lieu, dans les cours, à l'expérience du *vase de Tantale* qui se vide quand son niveau est arrivé à un certain point. Il explique les phénomènes que présentent certaines sources naturelles intermittentes.

III. — APPAREILS DIVERS
SERVANT A L'ÉCOULEMENT DES LIQUIDES.

68. Pipette. — La pipette dont on se sert constamment en chimie, pour verser les liquides goutte à goutte, est un tube de verre ordinairement renflé en son milieu et terminé à la partie inférieure en pointe effilée. Pour la remplir on peut la plonger presque entièrement dans un liquide, boucher avec le doigt l'extrémité supérieure et la sortir du liquide ; ou bien on peut aussi placer la pointe dans le liquide et aspirer avec la bouche par l'extrémité supérieure, puis fermer cette extrémité avec le doigt. Dans le premier mode de remplissage, le liquide est monté dans la pipette au même niveau que dans le vase. En bouchant l'extrémité avec le doigt, on a enfermé de l'air au-dessus du liquide et, quand on a soulevé le tube, un peu du liquide s'est écoulé ; l'air emprisonné s'est dilaté, il a diminué de pression, et il est resté dans le tube une colonne de liquide telle que la pression de l'air emprisonné,

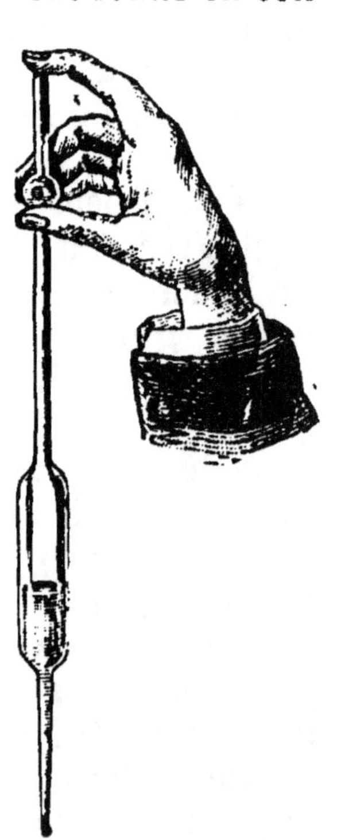

Fig. 57. — Pipette.

augmentée de la colonne liquide, fasse équilibre à la pression atmosphérique (fig. 57). Alors la tranche liquide de l'orifice s'est trouvée également pressée en dessus et en dessous, et l'écoulement a cessé. Pour faire écouler le liquide, il suffit de déboucher légèrement l'orifice supérieur de la pipette, un peu d'air rentre et vient augmenter la pression interne. On arrête l'écoulement en fermant de nouveau l'orifice; et l'on peut avec quelque habitude faire écouler. le liquide goutte à goutte.

La bouteille et l'entonnoir magiques des prestidigitateurs fonctionnent d'une façon analogue.

69. Vase de Mariotte. — On a souvent besoin d'obtenir un écoulement constant d'un liquide et même de pouvoir à volonté augmenter ou diminuer la force de l'écoulement. On n'y peut parvenir avec un vase ordinaire plein d'eau et écoulant son liquide par une tubulure latérale inférieure; car dans ce cas la force de l'écoulement varie avec la hauteur du niveau au-dessus de l'orifice et diminue à mesure que le vase se vide. On y réussit avec le *vase de Mariotte*.

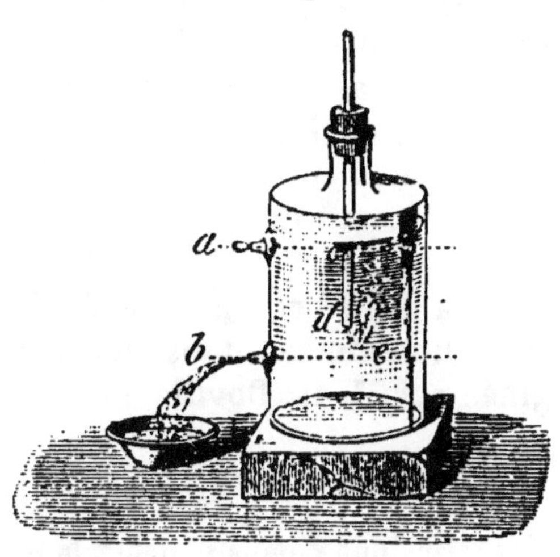

Fig. 58. — Écoulement constant réalisé par le vase de Mariotte.

C'est un flacon ordinaire portant des ouvertures latérales (fig. 58). On le remplit d'eau et on le ferme avec un bouchon traversé d'un tube ouvert aux deux bouts. Si le tube plonge jusqu'en *d* et qu'on ouvre l'orifice *a*, il ne s'écoule que le liquide contenu dans le tube jusqu'au niveau horizontal qui passe par *a*; à ce moment, en effet, la tranche *c* supporte une pression égale à la pression atmosphérique, tout comme la tranche *a*; cette dernière est également pressée du dehors au dedans et du dedans au dehors; elle reste en place. Il est entendu que l'ouverture *a* doit être de petit diamètre. Mais ce premier résultat est plus curieux qu'utile

Si l'ouverture a est bouchée, et qu'on débouche l'ouverture b, le liquide du tube s'écoule d'abord, puis de l'air pénètre par le tube dans le flacon, et à partir de ce moment l'écoulement devient constant aussi longtemps que le niveau du liquide ne s'est pas abaissé au-dessous du tube. Le liquide s'écoule d'autant plus vite qu'il y a plus de distance verticale entre l'orifice b et l'extrémité inférieure du tube; l'écoulement a en effet lieu par la pression de la colonne de; la tranche e supporte la pression atmosphérique comme la tranche b, mais en plus de celle-ci elle supporte le poids de la colonne de qui règle l'écoulement.

Avec cet appareil, on peut diminuer à volonté la vitesse de sortie du liquide, sans altérer en rien la constance de l'écoulement : il suffit d'enfoncer un peu plus le tube; quand il est tout près du niveau be, le liquide s'écoule goutte à goutte.

On a utilisé ce vase de Mariotte dans plusieurs appareils, notamment dans une grande lampe à alcool imaginée par M. H. Deville.

Exercioes.

14. Dans une pompe foulante, le piston a une surface de 80 centimètres carrés; on veut élever l'eau à une hauteur de 3 mètres. Quel effort faudra-t-il exercer pour abaisser le piston?

15. Dans une pompe aspirante dont le corps de pompe a $1^m,20$ de hauteur, le tuyau d'aspiration 8 mètres de long, le piston une surface de 80 centimètres carrés, quel effort faut-il exercer pour soulever le piston?

16. Dans une pompe foulante on veut élever l'eau à 15 mètres de hauteur. Quelle pression par centimètre carré faut-il exercer sur le piston ?

17. Un siphon a l'une de ses branches de $1^m,20$, l'autre de 60 centimètres; il est amorcé avec de l'eau. On demande la différence des pressions qui s'exercent sur la molécule liquide de la coudure du tube.

18. On a un siphon dont la petite branche a 4 centimètres et la grande $56^c,4$; on l'amorce avec de l'eau et on plonge la petite branche dans du mercure. On demande si le mercure s'écoulera à la suite de l'eau. La densité du mercure est 13,6.

Questionnaire.

1. Qu'est-ce qu'une pompe et quels sont les trois types de pompes ?

Quelle est la plus grande hauteur à laquelle une pompe simple peut élever l'eau ?

A quoi sert la pompe foulante et comment est-elle disposée ?

Comment s'arrange-t-on pour tirer l'eau d'un puits et pour l'élever ensuite à une certaine hauteur, à plus de 10 mètres du niveau de l'eau dans le puits ?

Comment est montée la pompe à incendie ?

2. Qu'est-ce qu'un siphon ? — Comment amorce-t-on un siphon ? — Quels sont les principaux usages de cet appareil ?

3. Qu'est-ce qu'une pipette ? — A quoi peut-elle servir ? — Comment peut-on réaliser un écoulement constant à l'aide du vase de Mariotte ?

Devoirs.

1. Quelles sont les conditions que doit remplir une pompe aspirante ? — A quelle hauteur peut-on élever l'eau avec cet appareil ?

2. Comment peut-on faire écouler le liquide d'une tourie de verre ou de terre sans incliner le vase, soit en une seule fois, soit à diverses reprises ?

CHAPITRE X

PRINCIPE D'ARCHIMÈDE APPLIQUÉ AUX GAZ. — AÉROSTATS

70. Le principe d'Archimède s'applique aux gaz. — Les gaz comme les liquides sont pesants, comme eux ils exercent des pressions sur les corps qui y sont plongés. Le principe d'Archimède, comme tous les principes d'hydrostatique, doit être vrai pour les gaz comme pour les liquides. On peut donc dire que *tout corps plongé dans l'air ou dans un gaz quelconque éprouve de la part du gaz une poussée de bas en haut égale au poids du gaz dont le corps tient la place.* La démonstration théorique est de tous points analogue à celle que l'on donne pour les liquides. La preuve expérimentale est faite par le baroscope.

71. Baroscope. — Le baroscope est un fléau de balance qui porte à l'une de ses extrémités une grosse boule creuse, à l'autre une petite boule pleine (fig. 59); les deux boules se font équilibre dans l'air. On place l'appareil sous la cloche de la machine pneumatique, et aussitôt qu'on commence à faire le vide, on voit le fléau pencher du côté de la grosse sphère creuse. Cette grosse boule est donc plus lourde que la petite, et si dans l'air elle ne le paraît pas plus,

Fig. 59. — Baroscope.

c'est qu'elle subit une poussée plus grande eu égard à son plus grand volume.

72. Corrections des pesées. — La poussée verticale de bas en haut que subissent les corps dans l'air équivaut à une perte de poids. Lors donc que l'on pèse un corps dans l'air on n'a que son *poids apparent;* le poids *absolu,* celui que le corps aurait dans le vide, est plus grand de tout le poids de l'air déplacé.

Pour les solides et les liquides dont la densité est très grande par rapport à l'air, on prend habituellement le poids apparent pour le poids réel, sauf pourtant dans quelques recherches de grande précision. Mais pour les gaz, c'est différent, il y a lieu de tenir compte du poids de l'air déplacé : c'est pour ne l'avoir pas fait qu'Aristote a mal interprété l'expérience à l'aide de laquelle il avait cherché à déterminer le poids de l'air.

Aristote avait pesé une vessie vide; puis après l'avoir remplie d'air, il l'avait rapportée sur la balance et il n'avait pas constaté la plus légère augmentation de poids. Il en avait conclu que l'air introduit dans la vessie n'avait pas de poids. Aujourd'hui nous savons que l'air est pesant, que chaque litre introduit dans la vessie pèse 1^{gr},3, et que si la vessie n'augmente pas de poids apparent, c'est que le poids de l'air qu'elle déplace lorsqu'elle est gonflée fait exactement équilibre au poids du gaz qui la remplit.

73. Aérostats. — Un corps placé dans l'atmosphère est soumis à deux forces opposées : son poids, qui tend à le faire descendre, et le poids d'un égal volume d'air, qui tend à le faire monter. Si le poids total du corps est plus petit que la poussée qu'il subit de la part de l'air, la résultante des deux forces est dirigée de bas en haut, l'appareil monte : tel est le principe des *aérostats.*

Fig. 60. — Aérostat avec tous ses agrès.

Ce sont les frères Montgolfier, d'Annonay, qui ont les premiers songé à utiliser l'air chaud pour faire monter un ballon dans l'air. Ils fabriquèrent un grand ballon sphérique de 12 mètres de diamètre, ouvert à la partie inférieure, dont l'enveloppe en toile mince doublée de papier n'était que peu perméable aux gaz et n'avait qu'un faible poids. Ils le remplirent d'air chaud et de fumée en brûlant de la paille au-dessous de son ouverture inférieure; le ballon gonflé par l'air dilaté qui y arrivait déplaça bientôt un volume d'air d'un poids supérieur au sien et il s'éleva à plus de 1000 mètres. Cette remarquable expérience fut faite le 5 juin 1783, près d'Annonay. Et les ballons ainsi construits furent appelés *montgolfières*.

Les montgolfières se refroidissaient vite et redescen-daient assez promptement. Pour maintenir la chaleur du gaz dilaté qui les gonflait, il fallait suspendre un réchaud au-dessous de l'ouverture : c'était une cause fréquente d'incendie. La substitution du gaz hydrogène à la fumée et à l'air chaud, proposée par le physicien Charles, fut donc un très grand progrès, puisqu'elle permettait de s'élever sans accident probable à une plus grande hau-teur et de se maintenir plus longtemps dans l'atmosphère.

Aujourd'hui on gonfle à l'hydrogène les ballons avec lesquels on veut s'élever très haut, et au gaz d'éclairage ceux que l'on destine aux ascensions ordinaires.

Un aérostat se compose d'une enveloppe de taffetas vernie au caoutchouc, remplie d'un gaz plus léger que l'air (fig. 60). Autour de l'enveloppe, presque sphérique quand elle est gonflée, est un filet auquel est accrochée la nacelle où se placent les voyageurs. Le ballon n'est qu'incomplètement fermé ; il est prolongé en dessous par un tube qui ouvre à l'air ou qui porte une soupape pou-vant s'ouvrir d'elle-même quand la pression intérieure dépasse la pression extérieure.

74. Force ascensionnelle. — La force as-censionnelle d'un ballon, avec laquelle il est poussé de bas en haut, est la différence entre le poids de l'air dé-placé et le poids total de l'appareil. Un exemple numé-rique peut en donner une idée.

1 mètre cube d'hydrogène pèse environ   90 gr.
1 mètre cube d'air   —   1293 gr.
La différence est d'environ.........   1200 gr.

Donc, si un ballon jauge 400 mètres cubes et qu'il soit rempli d'hydrogène, le poids de l'air déplacé l'emporte sur le poids du gaz de

$$400 \times 1200 = 480 \text{ kilogrammes.}$$

Si les poids réunis de l'enveloppe, de la nacelle et des aéronautes sont de 450 kilogrammes, le poids total de l'appareil sera inférieur de 30 kilogrammes au poids de l'air déplacé.

Avec le gaz d'éclairage, dont le poids est d'environ 800 grammes par mètre cube, le même ballon ne donnerait, pour la différence entre le poids de l'air et le poids du gaz, que

$$400 \times 493 = 197 \text{ kilogrammes.}$$

Les poids réunis de l'enveloppe, de la nacelle et des voyageurs ne pourraient donc pas être supérieurs à 190 kilogrammes si l'on voulait garder une faible force ascensionnelle.

Et, si l'on voulait la même force ascensionnelle que dans le cas précédent, il faudrait donner au ballon un volume bien plus considérable.

75. Manœuvre du ballon. — On a calculé, d'après les dimensions que le ballon gonflé peut prendre, le poids total qu'il peut enlever; on sait le poids de l'enveloppe, de tous les agrès, de la nacelle et de ce qu'elle doit contenir. On réduit à quelques kilogrammes la force ascensionnelle en mettant dans la nacelle des sacs de sable fin qui constituent le *lest;* alors le ballon gonflé et devenu libre s'élève lentement dans l'atmosphère.

L'aéronaute juge qu'il monte en consultant le baromètre, qui baisse à mesure que le ballon traverse des couches d'air de moindre densité. Quand le ballon est arrivé dans une couche d'air où sa force ascensionnelle est nulle, c'est-à-dire quand le poids de l'air déplacé est égal au poids de l'appareil, si l'aéronaute veut s'élever encore, il lui faut diminuer le poids du ballon; c'est à quoi sert le lest que l'on jette par petite quantité à la fois; le ballon allégé du lest jeté hors de la nacelle monte à nouveau. Pour descendre, au contraire, il faut ouvrir la soupape supérieure du ballon; une partie du gaz s'échappe, le ballon diminue de volume, il déplace moins d'air et il descend.

La manœuvre devient particulièrement difficile lorsqu'on veut atterrir à la descente. On laisse pendre de la nacelle une corde qui porte une ancre destinée à s'accrocher au sol ou à un objet résistant. Mais le ballon est souvent entraîné par le vent, et le danger est grand de le voir lancé contre les arbres et déchiré par les obstacles qu'il rencontre.

76. Utilité des ascensions aérostatiques. — On a fait bien des ascensions aérostatiques, les unes pour sortir d'une ville assiégée, les autres à des hauteurs peu élevées pour étudier les phénomènes météorologiques, d'autres enfin à des hauteurs de 7000 à 9000 mètres pour étudier les régions élevées de l'atmosphère. Parmi ces dernières on cite celle de Gay-Lussac, en 1804, où le ballon atteignit 7000 mètres, celle de Tissandier et de ses deux malheureux compagnons, et celle de Glaisher et Coxwell où la hauteur atteinte dépassa 9000 mètres.

Exercices.

19. Un ballon de 120 mètres cubes est gonflé d'hydrogène, quel est le poids du gaz? — Si l'enveloppe et les agrès pèsent 110 kilogrammes, quel est le poids total du ballon? — Quel est le poids de l'air déplacé?

20. Un ballon de 120 mètres cubes est gonflé au gaz d'éclairage; l'enveloppe pèse 10 kilogrammes; quel poids ce ballon pourra-t-il enlever, si on lui laisse une force ascensionnelle de 10 kilogrammes? Le mètre cube de gaz pèse 780 grammes.

Questionnaire.

Quelles conditions doit remplir un corps pour s'élever dans l'air? — Pourquoi gonfle-t-on les ballons à l'hydrogène? — Comment étaient gonflées les premières mongolfières, quels dangers présentaient ces premiers aérostats?

Devoir.

Raconter la première expérience des frères Mongolfier, dire pourquoi un ballon gonflé d'air chaud s'élève dans l'air, comment on gonfle aujourd'hui les ballons; à quoi servent les ascensions en ballon

CHAPITRE XI

CHALEUR. — DILATATIONS. — THERMOMÈTRES

77. Les effets de la chaleur. — Tout le monde sait ce qu'on appelle corps *chauds;* l'expérience nous a appris à les distinguer par la sensation particulière que nous ressentons en leur présence ou par leur contact. La *chaleur* est la cause qui produit en nous cette sensation. On étudie, en physique, les effets de la chaleur, les phénomènes qu'elle produit, les lois de ces phénomènes et leurs principales applications.

La chaleur a deux effets très apparents sur les corps :

1° *Elle augmente leurs dimensions,* autrement dit, *elle les dilate ;*

2° *Elle change leur état* en transformant les solides en liquides et ceux-ci en vapeur; ainsi l'eau solide sous forme de glace devient liquide quand elle est chauffée; et l'eau liquide passe elle-même en vapeur sous l'action de la chaleur.

On démontre expérimentalement que la chaleur dilate tous les corps, les solides, les liquides et les gaz.

78. Dilatation des solides. — Pour montrer aisément qu'un corps solide augmente de volume quand on le chauffe, on répète l'expérience de S'Gravesande. On prend un anneau en métal supporté horizontalement et dans lequel peut passer une boule métallique (fig. 61). Si l'on chauffe cette boule sur une lampe à alcool et qu'on la pose ensuite sur l'anneau, on remarque qu'elle s'arrête sur l'anneau ; elle ne passe plus au travers comme auparavant ; elle a donc augmenté de volume par l'échauffement. On l'abandonne sur l'anneau; elle se refroidit, et elle ne tarde pas à tomber en traversant l'anneau; en se refroidissant, elle retourne peu à peu à son volume primitif.

Si l'on prenait un anneau, un tout petit peu moins grand d'ouverture que le précédent, et que la boule arrête sur lui, en chauffant l'anneau sans chauffer la boule, on constaterait que celle-ci peut passer au travers de l'anneau chauffé : l'anneau s'agrandit donc par l'action de la chaleur.

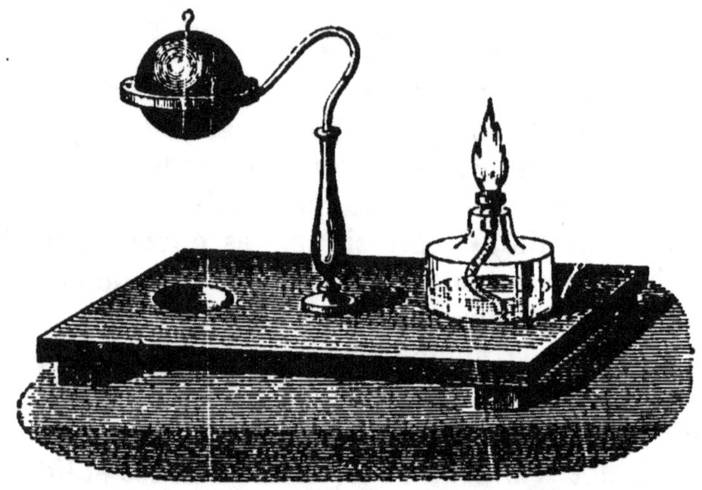

Fig. 61. — Anneau de S'Gravesande.

Les corps solides en tiges ou en barres ont une de leurs dimensions très grande par rapport aux deux autres; lorsqu'on les chauffe, la dilatation, à peu près insensible sur la largeur et l'épaisseur, peut être mise en évidence sur la longueur. Le moyen le plus simple consiste à prendre une barre posée horizontalement contre deux supports fixes qui appuient contre ses extrémités (fig. 62), à la chauffer quelque

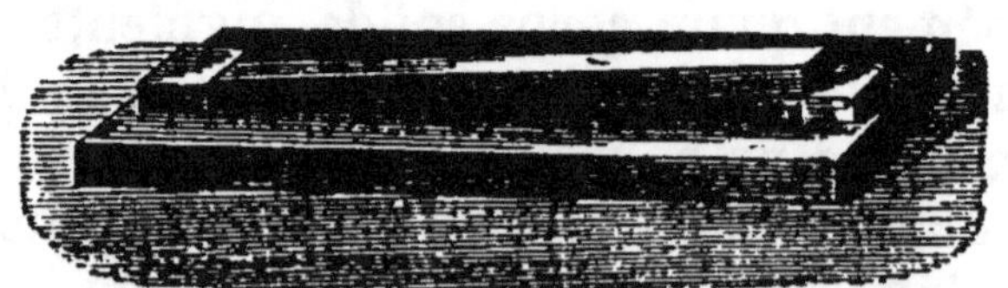

Fig. 62. — Effet de la dilatation sur une barre chauffée.

temps dans un foyer et à la rapporter dans l'espace où elle tenait auparavant; elle n'y peut plus rentrer, son allongement est manifeste.

Pour rendre l'allongement plus sensible, on se sert du

pyromètre à cadran (fig. 63). Une tige métallique, tenue horizontalement, est serrée fortement dans une borne B par une vis de pression; elle passe librement dans une

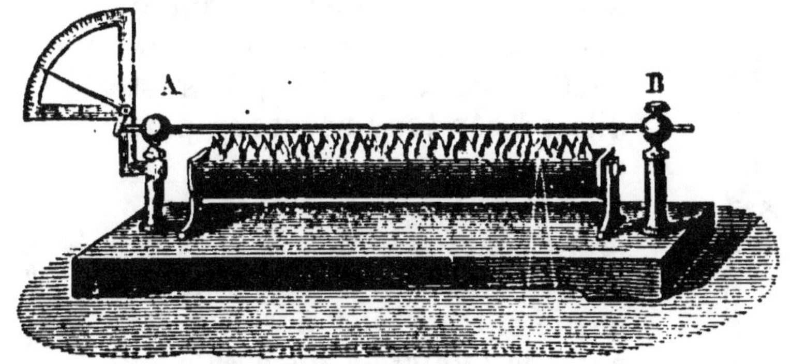

Fig. 63. — Pyromètre à cadran.

borne A. Son extrémité libre va buter contre la petite branche d'un levier coudé, dont la grande branche en aiguille, d'abord horizontale, s'élèvera sur un cadran quand la petite branche sera poussée de droite à gauche. Une lampe à alcool est disposée sous la tige et sert à la chauffer. Aussitôt que la lampe est allumée, on voit l'extrémité de l'aiguille monter sur le cadran; c'est que la tige s'est allongée, et par son extrémité libre elle a poussé la courte branche du levier. L'allongement est rendu d'autant plus sensible que l'aiguille est plus longue par rapport à l'autre branche. Aussitôt qu'on cesse de chauffer la barre, l'aiguille redescend sur le cadran et elle revient à son point de départ quand la barre est refroidie.

79. Dilatation des liquides. — Pour montrer que les liquides se dilatent par l'action de la chaleur, on remplit un ballon d'eau colorée; on le ferme bien avec un bouchon portant un tube ouvert aux deux bouts et dont une extrémité affleure le bouchon; le liquide monte dans le tube jusqu'à un niveau que l'on marque (fig. 64). On plonge ensuite le ballon dans un vase d'eau bouillante. On voit le liquide baisser d'abord dans le tube jusqu'en B et remonter ensuite beaucoup plus haut qu'il n'était. On constate ainsi que le vase s'est dilaté le premier ; sa capacité s'est agrandie et la même quantité de liquide y a occupé une hauteur moins grande ; mais le liquide a bientôt subi l'action de la chaleur, il s'est dilaté à son tour beaucoup plus que le vase.

Comme les liquides sont toujours contenus dans des vases qui se dilatent plus ou moins par la chaleur, il y aura lieu de noter la *dilatation apparente* du liquide, et de chercher aussi la *dilatation absolue*, c'est-à-dire celle qu'il subirait dans un vase ne changeant pas de volume.

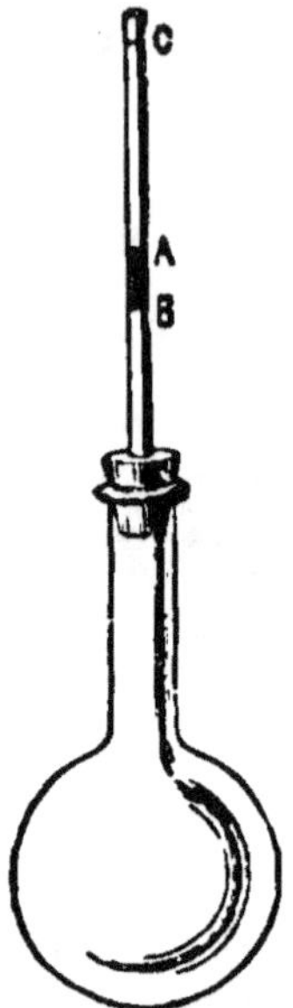

Fig. 64. — Dilatation des liquides.

80. Dilatation des gaz.

— Les gaz se dilatent bien plus que les liquides par la chaleur ; on le prouve facilement par les expériences suivantes. A un ballon (fig. 65), on a soudé un tube en S dans la coudure duquel on met un liquide coloré dont on marque les deux niveaux. Si on tient le ballon à la main, on voit aussitôt le liquide baisser dans l'une des branches et monter dans l'autre ; la chaleur communiquée par la main a

Fig. 65.

Fig. 66. — Jet d'eau produit par la dilatation d'un gaz.

suffi pour produire une augmentation sensible du volume du gaz.

On rend le changement de volume d'un gaz chauffé très saisissant en prenant un ballon d'un litre, mis en communication avec l'un des tubes d'un flacon à deux tubulures plein d'eau, dont le second tube plonge dans le liquide et se termine en haut par une pointe effilée (fig. 66). On chauffe le ballon sur un bec de gaz et l'on voit se produire un jet d'eau qui s'élève à plus d'un mètre au-dessus du flacon : le gaz dilaté par la chaleur a pressé sur le liquide et l'a fait sortir par le tube effilé.

81. Idée de la température. — On dit ordinairement qu'un corps chaud est à une *température élevée*, que sa *température s'élève* s'il s'échauffe, que la *température baisse* si le corps se refroidit ; mais il est difficile de donner de cette expression courante une définition simple et précise. Nos sens nous donnent bien sur l'état des corps quelques indications, mais ils ne peuvent nous servir toujours, ni nous renseigner exactement dans tous les cas. Les indications du toucher sont incertaines et changent suivant notre état ; elles ont d'ailleurs une limite puisqu'elles ne peuvent nous servir quand le corps est trop chaud, car il y aurait brûlure. Nous plongeons la main droite dans de l'eau chaude, la main gauche dans de l'eau froide, puis nous les mettons toutes les deux dans un vase d'eau tiède ; la main gauche nous fera juger que ce dernier liquide est chaud, la main droite au contraire nous conduira à dire qu'il est froid. Il faut donc renoncer à l'emploi des sens pour caractériser l'état des corps au point de vue de la chaleur.

On s'adresse au plus simple des effets que la chaleur peut produire, à la dilatation. Si un corps se refroidit, son volume diminue ; s'il s'échauffe, son volume augmente ; s'il ne s'échauffe, ni ne se refroidit, s'il reste par conséquent dans le même état calorifique, son volume reste invariable. C'est pour caractériser ce dernier état, pour indiquer que le corps ne devient ni plus chaud ni moins chaud que l'on dit que *sa température est invariable*.

Deux corps sont à la même température quand, en les mettant en présence ou au contact, leurs volumes respectifs restent identiquement les mêmes pour chacun; ni l'un ni l'autre ne gagnent ou ne perdent de chaleur puisque leur volume est invariable.

La *température* est donc l'état d'un corps au point de vue de la chaleur; elle n'est caractérisée nettement que par le volume qu'occupe le corps et qui peut augmenter ou diminuer si la chaleur elle-même augmente ou diminue.

82. Thermomètres. — Choix du corps thermométrique. — Le *thermomètre* est un instrument qui sert à évaluer les températures par les changements de volume qu'éprouve un corps convenablement choisi. On a recours aux liquides, et particulièrement au mercure et à l'alcool, pour les thermomètres usuels. Voici les raisons de ce choix. Les variations de longueur ou de volume des solides sont très promptes, mais très faibles. Malgré cela, on pourrait employer les solides comme corps thermométriques s'ils reprenaient toujours le même volume quand on les ramène à la même température; mais il n'en est pas absolument ainsi, et les thermomètres que fournissent les solides ne sont pas toujours comparables à eux-mêmes.

Les gaz se dilatent beaucoup; leur grande dilatation permet de négliger l'influence due à la variation de volume de l'enveloppe qui les renferme. Mais leur changement de volume peut tenir aussi bien à un changement dans leur pression qu'au plus ou moins de chaleur qu'ils ont pu recevoir. Il faut donc laisser le thermomètre à gaz aux physiciens qui savent le manier; il vaut mieux s'en tenir aux liquides pour les appareils communs. On emploie habituellement le mercure ou l'alcool rougi par l'orseille.

83. Construction du thermomètre à mercure. — Pour construire un thermomètre à mercure, on choisit un tube capillaire de cristal dont la capacité intérieure soit bien cylindrique. On souffle à l'une des extrémités du tube un réservoir cylindrique ou sphérique, à l'autre extrémité une ampoule.

Le *remplissage* présente quelques difficultés à cause de la finesse du tube. On commence par chauffer avec une lampe à alcool le réservoir et l'ampoule; l'air qui s'y trouve se dilate et sort en partie. On plonge l'extrémité effilée dans du mercure pur et un peu chaud. (fig. 67). L'air se refroidit, il se contracte et la pression

Fig. 67. — Remplissage du thermomètre.

atmosphérique fait monter le mercure dans l'ampoule; quand celle-ci est presque pleine, on redresse le tube et une certaine quantité de mercure descend dans le réservoir. On chauffe alors légèrement le réservoir; l'air qu'il contient encore se dilate, soulève le mercure de l'ampoule et s'échappe. Si on laisse refroidir l'appareil, une nouvelle quantité de mercure descend de l'ampoule dans le réservoir. Celui-ci peut être rempli aux trois quarts après quelques opérations analogues à la précédente.

Pour chasser les dernières bulles d'air, on dispose le thermomètre sur une grille inclinée (fig. 68), et on l'entoure de charbons allumés. Le mercure bout, les vapeurs qui se forment dans le réservoir peuvent gagner l'ampoule sans se refroidir; elles entraînent avec elles l'air qui reste. Après quelques minutes d'ébullition, on

redresse le tube, l'appareil se refroidit et le mercure le
remplit complètement. On s'assure qu'il ne reste plus
trace de bulle d'air à la jonction du tube et du réservoir; s'il en était autrement, il faudrait recommencer
l'ébullition.

Fig. 68.

On laisse refroidir le tube, puis on vide le contenu de
l'ampoule. On place alors le thermomètre dans un mélange réfrigérant avec un thermomètre déjà gradué. Si
la colonne de l'appareil en fabrication reste trop haut
dans le tube, c'est que celui-ci contient trop de liquide; il
faut en chasser une partie. Pour cela on chauffe le réservoir jusqu'à ce qu'un peu de mercure arrive dans
l'ampoule; on cesse de chauffer; on retourne le tube
l'ampoule en bas et on fait sortir le liquide qu'elle contient. On répète cette dernière opération, s'il est nécessaire, jusqu'à ce que la quantité de liquide restée dans
le tube soit convenable et qu'elle ne rentre pas entièrement dans le réservoir quand l'appareil sera soumis à la
température la plus basse qu'on veut lui faire marquer.

Quand la course est ainsi réglée, on ferme le tube à
la lampe; mais au moment de le fermer, on chauffe le
réservoir pour que la colonne arrive presque jusqu'en
haut et qu'il ne reste que très peu d'air dans le tube.

**84. Remplissage du thermomètre à
alcool.** — Le *thermomètre à alcool* remplace souvent
le thermomètre à mercure dans les observations usuel-
les. Pour le faire, on prend un tube cylindrique avec un
réservoir à sa partie inférieure et un entonnoir à l'autre

extrémité. On verse dans l'entonnoir de l'alcool coloré en rouge par de l'orseille. On chauffe légèrement le réservoir; l'air qu'il contient se dilate, sort en partie et, quand on laisse refroidir le tube, une petite quantité d'alcool descend dans le réservoir. On chauffe alors celui-ci de manière à vaporiser l'alcool qu'il contient; et si, après quelques instants d'ébullition, on cesse de chauffer, l'alcool de l'entonnoir va remplir tout le réservoir; il ne reste qu'une petite bulle d'air à la partie inférieure du tube capillaire.

Pour chasser cette bulle d'air on attache le thermomètre, en dessous de l'entonnoir, à l'une des extrémités d'une ficelle dont on tient l'autre à main, et l'on fait rapidement tourner l'appareil d'un mouvement de fronde; l'alcool plus lourd que l'air est chassé vers le réservoir, tandis que l'air vient vers l'entonnoir et sort du tube.

On règle la quantité de liquide à laisser dans le thermomètre et on ferme son extrémité à la lampe.

85. Graduation du thermomètre. — Quand un thermomètre est mis en contact avec un corps, ou bien la longueur de la colonne ne change pas et on dit que le thermomètre et le corps ont la même température, ou bien le thermomètre monte ou descend avant que le niveau du liquide de sa tige devienne invariable. Dans les deux cas, si la tige porte une graduation, la division vis-à-vis de laquelle s'arrête la colonne exprime la température des corps.

On peut donc arriver à représenter la température d'un corps par le chiffre de la graduation où s'arrête le liquide d'un thermomètre, une fois que le contact a eu lieu.

Mais pour que les thermomètres placés dans les mêmes circonstances donnent les mêmes indications, pour qu'ils soient comparables, il faut des règles fixes pour la graduation.

On a choisi deux températures fixes, faciles à reproduire, toujours les mêmes partout : celle de la glace fondante; celle de l'eau bouillante sous la pression de 760 millimètres.

L'*échelle centigrade* marque *zéro* à la première, *cent* à la seconde. L'intervalle est de 100 divisions appelées *degrés*. Le degré centigrade est donc la variation de température nécessaire pour faire éprouver à une certaine masse de mercure la centième partie de la dilatation que subit cette masse en passant de la température de la glace fondante jusqu'à celle de l'eau bouillante, sous la pression de 760 millimètres.

86. Détermination des points fixes. —

1° Le point zéro. —

Pour marquer la position du point zéro, on plonge le thermomètre dans de la glace grossièrement concassée et contenue dans un vase percé de trous, pour que l'eau provenant de la fusion puisse s'écouler librement (fig. 69). Au bout de quelque temps le niveau du mercure reste invariable; on fait une petite marque à la cire ou avec un diamant sur la tige, au point où s'est arrêtée la colonne.

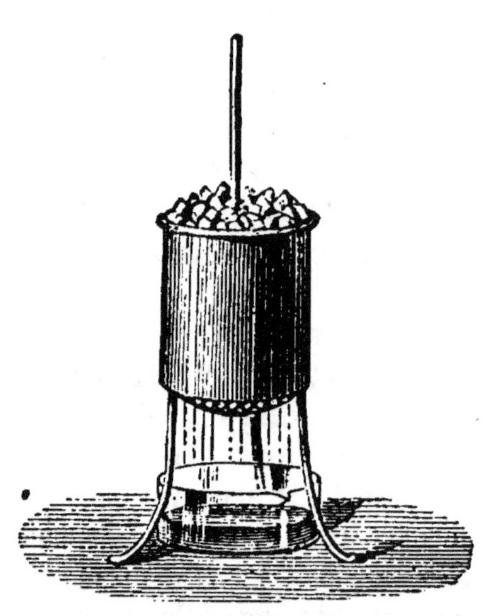

Fig. 69. — Appareil à déterminer le point zéro du thermomètre.

2° Le point 100. —

Pour marquer le point supérieur, on place le thermomètre dans un cylindre de laiton, représenté par la figure 70. C'est un vase dont la partie inférieure contient de l'eau distillée; il est surmonté de deux manchons concentriques communiquant l'un à l'autre par le haut; le manchon extérieur ouvre à l'air par un large tube. Le thermomètre est placé de manière que son réservoir approche du niveau de l'eau sans y plonger.

On place l'appareil sur un foyer; quand l'eau bout, la vapeur monte dans le premier manchon où elle enveloppe le thermomètre; elle redescend dans le second pour sortir à l'extérieur; cette seconde enveloppe de vapeur empêche que la première se refroidisse, de sorte qu'au bout de peu de temps le thermomètre est dans une enceinte à température constante. Quand la colonne de liquide du thermomètre est devenue stationnaire, on marque sur le tube le point où elle s'est arrêtée. C'est le point 100 de la graduation, si la pression barométrique du moment est 760 millimètres.

Pour achever l'appareil, il faut partager en 100 divisions égales l'intervalle compris entre le zéro et le 100, marquer ces divisions et en porter d'égales au-

Fig. 70. — Appareil pour détermine le point 100 du thermomètre.

dessus de 100 et au-dessous du zéro. Ces divisions peuvent être marquées sur une planchette où l'on a d'abord fixé le thermomètre; mais dans les appareils de précision, elles sont marquées sur le tube lui-même. A cet effet on recouvre le tube d'un vernis; avec la machine à diviser on trace les divisions en enlevant le vernis, puis on passe sur le tube une dissolution d'acide fluorhydrique qui attaque le verre suivant les traits où il est mis à nu. On lave le tube, on enlève le vernis, et l'appareil est gradué sur tige.

Si le baromètre ne marquait pas 760 millimètres au

moment où l'on a déterminé la position du point fixe supérieur, ce point ne représenterait pas exactement 100 degrés; alors une correction serait nécessaire. L'erreur est de 1 degré pour 27 millimètres de variation de pression, de sorte que si le baromètre ne marquait que 733 millimètres, c'est 99 degrés qu'il faudrait marquer et non 100 au point où le mercure se serait arrêté dans la vapeur d'eau, et il faudrait alors diviser l'intervalle des deux points fixes en 99 parties égales.

Tel est le thermomètre; quand on s'en sert pour déterminer la température d'un corps, on lit le chiffre vis-à-vis duquel s'arrête la colonne de mercure. Si c'est en dessous du zéro, on désigne la température en faisant précéder le chiffre qui l'exprime du signe — ou en le faisant suivre des mots *au-dessous de zéro*. Dans l'écriture, les degrés s'indiquent par un petit ° placé en exposant : c'est ainsi qu'on écrit 20° (vingt degrés), — 15° (moins quinze degrés ou quinze degrés au-dessous de zéro).

87. Graduation du thermomètre à alcool. — Pour le thermomètre à alcool, on peut bien, comme pour le précédent, déterminer le point zéro; mais on ne peut songer à prendre le même point supérieur puisque l'alcool bout à 78°. Alors on détermine un point supérieur au zéro par comparaison avec un thermomètre à mercure déjà gradué. On place dans un vase d'eau le thermomètre à alcool que l'on veut graduer, avec un bon thermomètre à mercure; on chauffe progressivement l'eau, et à un moment, en modérant la source de chaleur, on maintient la température constante, soit par exemple à 40° du thermomètre à mercure. On marque un point sur la tige du thermomètre à alcool vis-à-vis l'extrémité de sa colonne liquide : c'est le point 40 dans notre exemple. On divise en 40 parties égales la distance de ce point au point zéro et on prolonge la graduation en dessus et en dessous.

88. Diverses échelles thermométriques. — La graduation centigrade que nous venons d'indiquer est la plus employée. Avant elle, on s'est servi de la *graduation Réaumur* dans laquelle le point zéro est le même, mais où l'on marquait 80 dans la vapeur d'eau bouillante; elle n'est plus en usage.

Dans les pays de langue anglaise on emploie un mode de graduation dû à Fahrenheit : on marque 32° dans la glace fondante, 212 dans la vapeur d'eau bouillante; l'intervalle des deux points fixes est donc de

$$212 - 32 \text{ ou } 180 \text{ degrés.}$$

Un degré Fahrenheit représente donc les $\dfrac{100}{180}$ ou les $\dfrac{5}{9}$ d'un degré centigrade.

Il est utile de savoir transformer en degrés centigrades un nombre quelconque de degrés Fahrenheit, et réciproquement. C'est un calcul facile dont voici un exemple : *Soit à chercher quel degré centigrade correspond à 104° Fahrenheit.*

Si l'on jette les yeux sur les deux lignes de la fig. 71, qui représente les deux graduations, on verra qu'il faut chercher le nombre de degrés de l'espace *ad* correspondant au nombre de degrés de l'espace *bc*. Or de *b* en *c* il y a 104 — 32 ou 72 divisions.

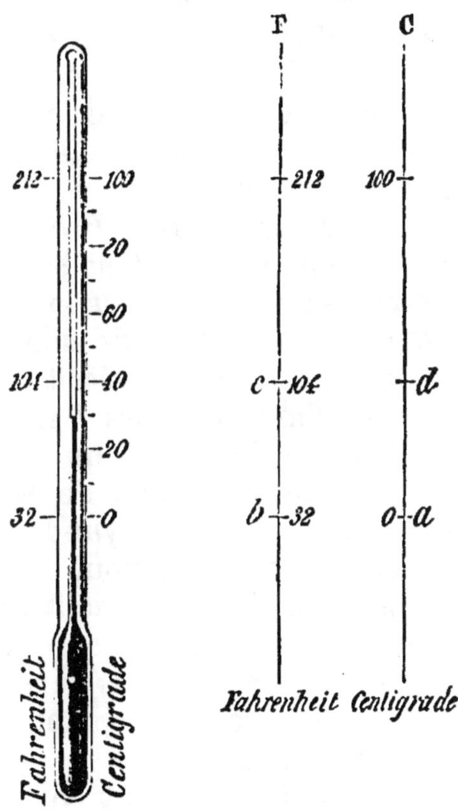

Fig. 71. — Graduation centigrade et graduation Fahrenheit.

Chaque degré Fahrenheit valant $\dfrac{5}{9}$ de degré centigrade, on aura le nombre de degrés cherché en multi-pliant 72 par $\dfrac{5}{9}$.

$$\frac{72 \times 5}{9} = 40°.$$

La réponse est 40° centigrades.

On résoudrait d'une manière analogue les trois autres questions qui peuvent être posées sur cette transformation.

89. Pyromètres. -- On ne peut employer le thermomètre à mercure que de — 30° à + 350°, car le mercure se congèle à — 40° et bout à + 360°. Pour les températures basses, on se sert avec avantage du thermomètre à alcool, car on n'est pas encore parvenu à congeler ce liquide. Mais pour les températures élevées, il faut avoir recours à d'autres instruments qui portent le nom de *pyromètres*.

L'un d'eux, celui de Brongniart, consiste en une barre métallique plongée dans le four dont on cherche la température ; l'extrémité de la barre qui sort du four appuie contre un levier coudé dont la disposition est celle du pyromètre à cadran décrit ci-devant.

Dans l'industrie des terres cuites, on emploie le pyromètre de Wegwood qui est fondé sur le retrait qu'éprouve l'argile quand on la chauffe. On découpe avec un moule de petits cylindres d'argile. On en introduit un dans le four ; au bout de quelque temps on le retire, et on mesure le retrait qu'il a subi en l'introduisant entre deux barres métalliques qui font entre elles un petit angle. On a gradué les barres métalliques et on estime la température par le point où le cylindre d'argile s'arrête entre elles.

Les nombres ainsi obtenus ne donnent la température qu'approximativement.

90. Thermomètre à maxima et à minima. — On a besoin dans plusieurs circonstances de connaître la valeur du maximum et du minimum de la température dans un lieu donné et dans un intervalle de temps connu. On se sert à cet effet de thermomètres qui indiquent d'eux-mêmes la température la plus haute ou la plus basse à laquelle ils ont été portés; on les appelle **thermomètres à maxima** ou **à minima**, suivant qu'ils marquent l'une ou l'autre des températures extrêmes. Leurs formes sont très variées, nous ne décrirons que les plus commodes.

Le *thermomètre à maxima de Negretti* est à mercure; la tige a été légèrement courbée et rétrécie près du réservoir (fig. 72). Pour

Fig. 72. — Thermomètre à maxima de Negretti.

l'observation, on le pose horizontalement, et la température la plus élevée à laquelle l'instrument a été soumis entre deux observations est marquée par l'extrémité de la colonne de mercure, à l'opposé du réservoir. Après une observation, on le tient un moment verticalement, on lui donne de petits chocs et on le remet en place. Voici comment il fonctionne. Quand le mercure se dilate sous l'influence d'une température qui s'élève, il passe dans la tige malgré le rétrécissement et s'avance plus ou moins. Mais si la température vient ensuite à baisser, que le mercure se contracte, celui qui est dans la tige au delà du rétrécissement ne peut rentrer dans le réservoir; il reste dans la tige. Si un instant après la température monte plus haut qu'elle ait encore été, le mercure du réservoir en se dilatant pousse dans la tige une nouvelle quantité de liquide qui y reste et qui indiquera la température la plus élevée à laquelle a été porté l'appareil. Ce thermomètre fonctionne très bien, mais à la condition que le rétrécissement ne soit ni trop large ni trop étroit; trop large il laisserait rentrer le liquide dans le réservoir pendant le refroidissement, trop étroit il ferait obstacle en partie à la dilatation et à l'augmentation de la colonne.

Le *minima* le plus employé est celui de Rutherford (fig. 73). C'est un thermomètre à alcool qui contient dans le liquide un petit

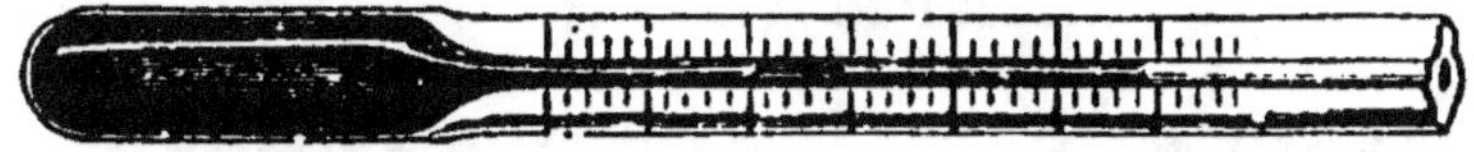

Fig. 73. — Thermomètre à minima de Rutherford.

index d'émail ou de verre, assez fin pour glisser librement dans le tube. Pour le mettre en place, on incline d'abord le tube de manière que l'index noyé dans le liquide vienne au contact de l'extrémité de la colonne; puis on le place horizontalement dans l'endroit où il doit être observé. Quand la température s'élève, l'alcool se dilate, passe librement autour de l'index qui reste en place. Quand au contraire la température s'abaisse, l'extrémité de la colonne liquide presse sur l'index et le fait rétrograder vers le réservoir. La température la plus basse à laquelle l'instrument a été soumis est indiquée par l'extrémité de l'index la plus éloignée du réservoir. Après une observation, on remet le thermomètre en place après l'avoir incliné de manière à faire de nouveau glisser l'index jusqu'à l'extrémité de la colonne.

Exercices.

21. Quand le thermomètre centigrade marque 15 degrés au-dessous de zéro, que marque le thermomètre Fahrenheit?

22. Lorsque le thermomètre Fahrenheit marque 140°, que marque le thermomètre centigrade?

23. A quel degré centigrade correspond le zéro du thermomètre Fahrenheit?

Questionnaire.

Quels sont les effets de la chaleur sur les corps?

Comment montre-t-on que la chaleur dilate les corps solides? — Comment fait-on voir que les liquides augmentent de volume quand on les chauffe?

A l'aide de quelle expérience fait-on voir que la chaleur augmente beaucoup le volume des gaz?

Comment construit-on un thermomètre à alcool? — Quels sont les points fixes de l'échelle et comment les marque-t-on?

Dans quel cas préfère-t-on le thermomètre à alcool ou le thermomètre à mercure?

Devoir.

Comment constate-t-on qu'un corps est plus chaud qu'un autre?
Comment gradue-t-on un thermomètre à alcool?

CHAPITRE XII

CHANGEMENTS D'ÉTAT DES CORPS

91. La chaleur change l'état des corps. — Quand on chauffe un corps, on peut le faire passer par l'un ou l'autre des trois états sous lesquels se présente la matière. Chauffe-t-on un solide, ordinairement il devient liquide; et si l'on donne plus de chaleur le liquide passe à l'état de gaz ou de vapeur. Au contraire que l'on refroidisse suffisamment une vapeur ou un gaz et le corps redevient liquide; il reprendra l'état solide si le refroidissement est assez grand et assez continu.

C'est un fait général qu'un même corps peut se présenter suivant les circonstances sous l'un ou l'autre des trois états et que c'est toujours la chaleur qui est la cause de ces transformations. L'eau nous offre pour le prouver un des exemples les plus frappants. On met un petit morceau de glace dans un tube d'essai; on plonge le tube dans l'eau chaude et la glace fond et devient liquide. Si l'on munit le tube d'essai d'un tube abducteur se rendant à un serpentin refroidi et que l'on continue à chauffer sur une lampe à alcool ou sur un bec de gaz, l'eau provenant de la glace passe en vapeur; mais cette vapeur refroidie par son contact avec le serpentin repasse à l'état d'eau; et si l'on reprend cette eau et qu'on la mette dans un mélange réfrigérant elle se congèle; on a ainsi fait parcourir à l'eau le cycle complet des changements d'état.

Il y a lieu d'étudier les deux transformations générales : *1° le passage d'un corps solide à l'état liquide et le retour inverse d'un liquide en solide; 2° le passage d'un liquide en vapeur et le retour inverse d'une vapeur à l'état liquide.*

Le passage d'un solide à l'état liquide peut s'opérer de deux manières que nous étudierons séparément.

I. — FUSION

92. La plupart des corps, soumis à une élévation de température convenable, passent brusquement de l'état solide à l'état liquide; on dit qu'ils *fondent* et le phénomène porte le nom de **fusion.**

La fusion est donc le passage d'un corps solide à l'état liquide par l'action de la chaleur.

A ne considérer que les corps usuels, on peut établir

des différences très caractéristiques sous le rapport de la fusion. D'abord les uns sont plus faciles à fondre que les autres : ainsi on fond l'étain en feuille, sur une feuille de papier, au-dessus de charbons allumés, le plomb dans une cuiller de fer chauffée sur des charbons; il faut déjà une assez haute température pour fondre le zinc, une plus haute encore pour fondre les autres métaux.

Certains corps comme le charbon et la chaux ne fondent pas quand on les soumet aux plus hautes températures, mais on est porté à penser qu'ils ne résisteraient pas à des sources de chaleur plus puissantes que celles que nous pouvons actuellement produire. D'autres corps, notamment les corps organiques, se décomposent au lieu de fondre : telle est la cellulose, tel est aussi le carbonate de chaux.

Enfin, parmi les corps qui fondent, il y a encore deux catégories. Les uns, comme la glace et les métaux, deviennent nettement et franchement liquides; les autres, comme le verre, passent d'abord par un état intermédiaire : ils deviennent pâteux avant d'être franchement liquides.

En donnant les lois de la fusion, nous ne nous occuperons que des corps où le passage d'un état à l'autre se produit d'une manière nette; l'étude des corps pâteux ne pourrait pas nous conduire à des conclusions générales.

93. Lois de la fusion. — Le phénomène de la fusion présente deux lois :

1° *Pendant tout le temps qu'un corps solide fond, sa température reste invariable;*

2° *Un corps solide commence toujours à fondre à une même température que l'on appelle le point de fusion.*

La première loi ne subit aucune exception. Quelle que soit la puissance du foyer où le corps solide est placé, la fusion totale est plus ou moins accélérée, mais tout le temps que le corps fond, sa température reste la même. C'est précisément cette propriété que nous avons mise à profit pour trouver l'un des points fixes, le point zéro, de l'échelle thermométrique.

Que devient la chaleur fournie en excès à un corps solide qui a commencé à fondre? Elle est employée à effectuer le travail moléculaire du changement d'état.

La seconde loi n'est pas aussi nette. Pour qu'elle soit vérifiée, il est nécessaire de se placer dans les mêmes conditions, d'opérer sur des corps purs et à l'air libre; encore le point de fusion varie-t-il pour le même corps avec quelques circonstances particulières, comme la pression. Mais la constance du point de fusion à l'air libre est assez marquée pour pouvoir servir à constater la pureté d'une substance donnée.

Voici pour un certain nombre de corps usuels les points de fusion observés à l'air libre :

Mercure	—40°	Étain	228°
Acide hypoazotique	— 9	Plomb	334
Eau solide	0	Argent	950
Suif	33	Or	1035
Phosphore	44	Cuivre	1030
Potassium	62	Fonte de fer	1200
Cire	64	Acier	1400
Acide stéarique	70	Fer pur	1500
Soufre	114	Platine	1800

Une particularité très curieuse, c'est que dans le cas des mélanges, soit de métaux entre eux sous forme d'alliages, soit des acides gras solides, le point de fusion est généralement au-dessous de celui du corps le plus fusible qui entre dans le mélange. En voici des exemples :

Alliage **DE DARCET**.
{ 5 de plomb (334°)
  8 de bismuth (247°)
  3 d'étain (228°) }
Point de fusion 95°.

Alliage **D'HERMANN**.
{ 1 de plomb
  1 d'étain
  4 de bismuth }
Point de fusion 94°.

On prouve d'ailleurs très facilement que les deux alliages précédents fondent avant 100° : on en suspend un morceau dans un ballon où l'on fait bouillir de l'eau et l'on voit l'alliage tomber goutte à goutte au fond du vase.

94. Changement de volume pendant la fusion.

— Un corps en fondant subit en général un changement de volume, et le plus souvent le liquide occupe plus de place que le solide dont il provient. C'est ainsi pour la plupart des corps. Pendant la fusion, les morceaux encore solides restent au fond du vase et n'apparaissent pas à la surface du liquide : tel est le cas de la cire et du soufre.

Mais quelques corps, et en particulier la glace, sont plus légers et occupent un plus grand volume à l'état solide qu'à l'état liquide ; aussi ils surnagent pendant leur fusion sur le liquide déjà produit. Tout le monde a pu le remarquer pour la glace. On constate la même particularité pour la fonte de fer, le bismuth, l'antimoine, l'alliage d'Hermann cité plus haut et l'argent.

95. Phénomène du regel.

— On avait remarqué depuis longtemps qu'en pressant fortement deux morceaux de glace l'un contre l'autre on pouvait arriver à les souder en un seul. Tyndall eut l'idée d'employer deux blocs de bois dur portant chacun une cavité en forme de demi-lentille (fig. 74), d'entasser des morceaux de glace entre ces blocs et de mettre le tout sous une forte presse.

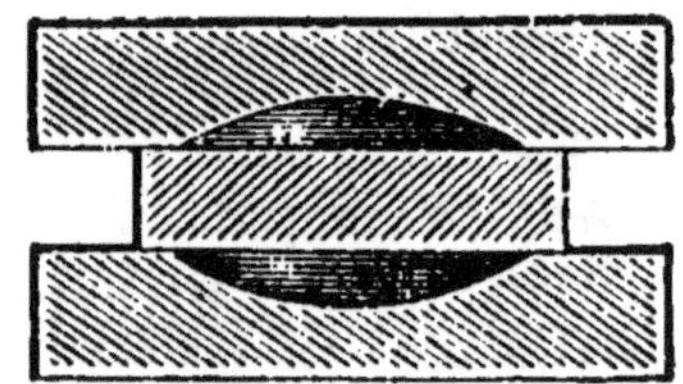

Fig. 74. — Moulage de la glace par pression.

Il en retira une lentille de glace. Sous l'influence de la pression, tous les morceaux avaient fondu, et le tout s'était repris à l'état solide avec la forme du vase quand la pression avait cessé ; il y avait donc eu fusion et ensuite *regel*.

Voici une expérience de Thomson, qu'il est intéressant de répéter. On pose un bloc de glace sur deux supports fixes et sur le bloc un fil de fer aux deux extrémités duquel sont suspendus des poids assez lourds (fig. 75). La pression du fil fait fondre la glace et le fil pénètre peu à peu dans l'intérieur du bloc ; mais en même temps l'eau provenant de la fusion passe au-dessus du fil, elle n'est plus pressée et elle reprend l'état solide. Le fil traverse ainsi tout le bloc, sans le séparer réellement en deux puisque les deux moitiés se ressoudent à mesure que le fil descend.

Explication de la marche des glaciers. — Les expériences précédentes ont permis d'expliquer la marche des glaciers. La neige qui tombe sur les montagnes s'accumule ; elle s'agglomère sous l'effet de la pression ; les couches inférieures subissent une fusion et un regel qui les

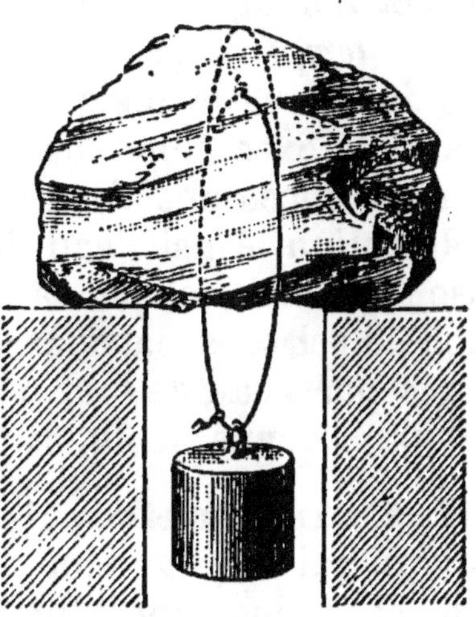

Fig. 75. — Fusion et regel de la glace.

transforme en glace. Ces masses énormes poussées par la pression supérieure se brisent contre les obstacles qui entravent leur mouvement de descente ; mais les morceaux se ressoudent bientôt grâce au regel, et toute la masse paraît descendre dans les vallées, tantôt en se rétrécissant, tantôt en s'élargissant, toujours en se moulant sur les parois qui la renferment, comme pourrait le faire un corps pâteux. La fusion par la pression et le regel donne donc à ces masses de glace l'apparence d'un corps plastique, bien que ce soit réellement un corps dur et cassant.

II. — SOLIDIFICATION

96. Lois de la solidification. — Quand on abaisse suffisamment la température d'un liquide, il reprend l'état solide : c'est le phénomène inverse de la fusion et les lois peuvent en être formulées d'une manière analogue :

1° Pendant tout le temps qu'un liquide se solidifie, sa

température reste invariable ; et elle est la même que pendant la fusion du corps ;

2° Un liquide commence ordinairement à se solidifier a la même température.

Comme pour la fusion, la première de ces lois ne subit aucune exception; mais la seconde en présente.

La présence dans l'eau d'autres substances retarde la solidification. Ainsi l'eau de mer ne se solidifie qu'au-dessous de zéro, et pendant le phénomène de la congélation le sel se sépare de l'eau; de sorte que la glace formée par l'eau de mer n'est pas salée à moins qu'elle n'ait emprisonné quelques cristaux de sel.

97. Congélation de l'eau. — Parmi les corps liquides qui augmentent de volume en se solidifiant, l'eau est le plus important. Si pour une cause quelconque la dilatation du liquide qui se congèle est empêchée, cette dilatation développe une force considérable et a pour effet de briser le vase. On a pu faire briser des vases à parois très fortes comme des canons en les emplissant d'eau, les fermant hermétiquement et les exposant à un froid suffisant pour faire congeler l'eau.

La rupture des vaisseaux qui contiennent l'eau se produit fréquemment dans la nature sur les calcaires poreux que l'on désigne sous le nom de pierres gelives et sur les plantes. L'eau que les calcaires ont absorbée augmente de volume en se solidifiant et provoque la rupture de la pierre. La congélation de l'eau dans les canaux des plantes explique les dégâts que les gelées fortes du printemps produisent sur les végétaux.

III. — DISSOLUTION

98. Dissolution. — Corps solubles. — Dissolvants. — Beaucoup de corps solides passent à l'état liquide quand on les agite dans l'eau ou dans un liquide approprié, ainsi un fragment de sel ordinaire, un morceau de sucre disparaissent dans l'eau et prennent la forme liquide. On dit vulgairement que le sel et le sucre *fondent* dans l'eau; le chimiste dit qu'il se *dissol-vent* et il appelle **dissolvant** le liquide dans lequel un corps solide peut ainsi disparaître.

L'eau est le principal dissolvant des corps solides; elle en dissout en effet un très grand nombre; mais quelques corps ne peuvent perdre la forme solide que dans d'autres liquides. Ainsi la fuchsine, à peine soluble dans l'eau, se dissout très bien dans l'alcool; le coton-poudre disparaît entièrement dans un mélange d'éther et d'alcool, la graisse est soluble dans l'ammoniaque, l'iode dans la benzine, le soufre et le phosphore dans le sulfure de carbone.

99. La dissolution est une sorte de fusion. — Le phénomène de la dissolution est comparable à celui de la fusion; les molécules du corps solide sont en effet aussi complètement séparées les unes des autres, qu'elles le seraient par l'action de la chaleur. De plus, on peut grouper les corps pour la dissolution comme ils le sont pour la fusion; on trouve en effet :

1° Des corps qui se dissolvent
{
en devenant nettement liquides. Ex. : le salpêtre, le sucre, etc.
en devenant pâteux. Ex. : les gommes;
}

2° Des corps qui ne se dissolvent pas
{
faute d'un dissolvant. Ex. : le carbone,
mais qui se décomposent. Ex. : la craie dans un acide.
}

L'analogie cesse là; car les deux lois de la fusion n'ont pas leurs analogues dans la dissolution. Il n'y pas en effet de température fixe pour la dissolution; une même substance, le salpêtre par exemple, se dissout dans l'eau n'importe à quelle température.

Mais si l'on ne peut pas formuler des lois simples et générales pour la dissolution, on peut néanmoins prouver expérimentalement deux faits intéressants : d'une part que la *chaleur favorise la dissolution* et d'autre part, que *certains sels exigent de la chaleur pour se dissoudre.*

100. La chaleur favorise la dissolution. — La quantité d'un corps qui peut se dissoudre dans un poids donné d'eau ou d'un liquide n'est pas illimitée. Quand le liquide a dissous tout ce qu'il peut retenir du solide, à une température donnée, on dit qu'il est *saturé*, et on appelle *coefficient de solubilité* le rapport de ce poids de sel dissous au poids du liquide dissolvant.

L'élévation de la température augmente la solubilité de la plupart des corps. Ainsi le salpêtre se dissout en bien plus grande quantité dans l'eau chaude que dans l'eau froide : 100 grammes d'eau à 20° ne peuvent dissoudre que 30 grammes de salpêtre; si on chauffe l'eau à 100°, elle pourra dissoudre six fois plus du sel solide.

La variation est plus grande encore pour le sulfate de soude, mais entre des limites plus restreintes de température : 100 grammes d'eau qui à zéro degré sont saturés par 12 grammes du sel, peuvent en dissoudre 320 grammes à 33°.

Mais la solubilité du sel marin n'augmente presque pas avec la température, car tandis que 100 grammes d'eau dissolvent 35 grammes de sel à zéro, ils n'en peuvent dissoudre que 40 grammes à 110°.

101. La dissolution peut exiger de la chaleur; mélanges réfrigérants. — Pour certains sels, la quantité de chaleur nécessaire à leur changement d'état est grande; et si leur dissolution est tant soit peu rapide, ils empruntent de la chaleur à l'eau qu'on leur a mélangée et au vase qui les contient. On peut alors les utiliser pour refroidir d'autres corps, et c'est ce qui a fait donner le nom de **mélanges réfrigérants** à leur mélange avec l'eau.

Un exemple frappant est celui de l'azotate d'ammoniaque mélangé à un poids égal d'eau. Le verre qui contient ce mélange se recouvre extérieurement d'une buée qui ruisselle et même se congèle; et si on a mis dans le mélange un peu d'eau contenue dans un tube d'essai, on retrouve cette eau en glace.

Le mélange réfrigérant le plus employé est formé de deux parties de glace pilée et d'une de sel marin, les deux corps étant disposés par couches successives ; l'abaissement de température peut aller jusqu'à — 20°. C'est ce mélange qui est employé par les glaciers pour faire congeler les sirops et fabriquer les glaces et les sorbets.

Dans les laboratoires, on mélange la glace ou la neige avec du chlorure de calcium en poudre et on obtient un froid de — 50°.

Ou bien on mélange de l'acide carbonique solide avec de l'éther et la température peut s'abaisser jusqu'à — 100°.

Dans la **glacière des familles** (fig. 76) on met 3 parties de sulfate de soude et 2 d'acide chlorhydrique pour remplir le vase extérieur : on place le corps à congeler dans le vase central ; on ferme et on tourne la manivelle qui fait mouvoir l'agitateur : en un

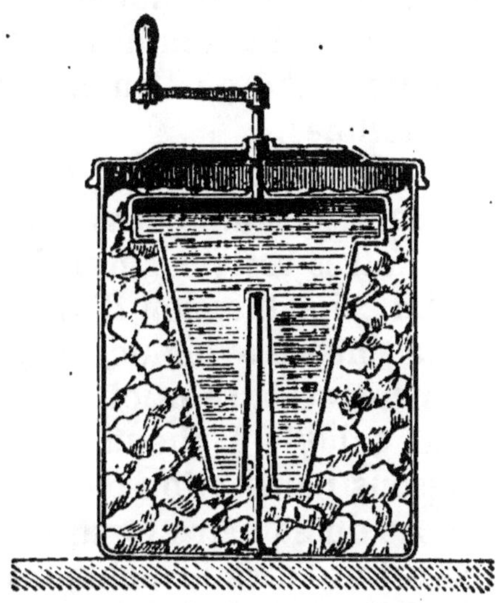

Fig. 76. — Glacière des familles.

quart d'heure, on obtient un petit bloc de glace. Pour retirer ce corps congelé du vase qui le contient, on plonge quelques instants ce vase dans de l'eau chaude ; la chaleur communiquée aux parois fait fondre un peu la glace et le morceau se détache alors avec facilité.

IV. — SOLIDIFICATION DES CORPS DISSOUS

102. Retour à l'état solide d'un corps dissous. — Lorsqu'un corps est dissous dans un liquide, on peut le ramener à l'état solide en enlevant le liquide par évaporation. A mesure qu'une partie du liquide disparaît, celui qui reste contient un plus grand poids du solide par rapport au poids du dissolvant ; la solution est bientôt saturée et le dépôt du solide commence.

L'évaporation du liquide peut avoir lieu à l'air libre dans des vases à large surface; elle est lente alors; lent aussi est le dépôt du solide; mais l'évaporation peut être aidée par l'action de la chaleur, le phénomène est alors beaucoup plus rapide. Dans l'un et dans l'autre cas, dans le premier surtout, le corps solide peut grouper ses parcelles suivant des formes géométriques, et se déposer en **cristaux;** comme il peut prendre aussi l'aspect d'une croûte sèche où l'on ne voit pas à l'œil nu de formes cristallines.

Tous les corps qui deviennent franchement liquides en se dissolvant peuvent prendre des formes cristallines; les autres restent amorphes dans la solidification.

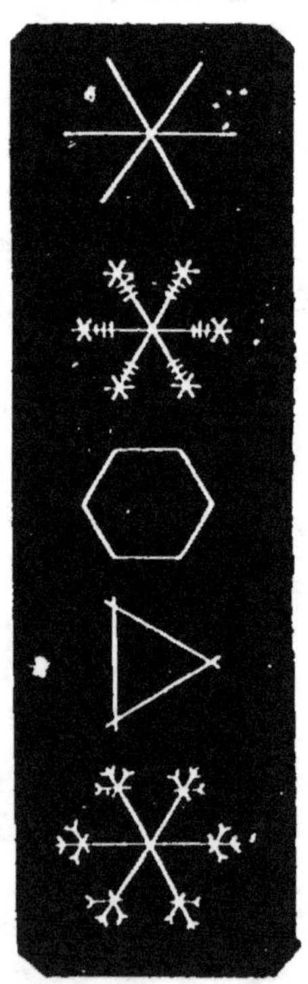

La cristallisation d'un solide dissous peut encore avoir lieu par le refroidissement de la solution, quand le solide, plus soluble à chaud qu'à froid, a été dissous par l'action de la chaleur : c'est le cas du salpêtre lorsqu'on a saturé de ce sel un certain volume d'eau à 100°. A mesure que le liquide diminue de température, le sel se dépose en cristaux; en effet, il faut une moindre quantité de sel pour saturer l'eau à froid qu'à chaud et toute la différence entre ces deux quantités doit se déposer pendant le refroidissement.

103. La glace est un cristal. — L'eau en se congelant cristallise, et certains fragments de glace présentent les formes géométriques d'un prisme hexagonal. On peut en faire la remarque sur la neige quand elle tombe

Fig. 77. — Formes des cristaux de glace.

dans un air calme et qu'on en recueille les flocons sur un corps mauvais conducteur comme du drap noir; on y

peut voir à la loupe de petits prismes hexagonaux (fig. 77) parfaitement symétriques, ou des arborescences très régulières comme celles dont se couvrent les carreaux des appartements quand ils sont pendant l'hiver fortement refroidis par l'air extérieur. On montre d'ailleurs les formes des cristaux de glace en projetant sur un écran blanc, dans une chambre noire, comme l'a indiqué Tyndall, un faisceau de lumière que l'on a fait passer au travers d'une lame de glace à faces parallèles. La glace fond en différents points et les cristaux apparaissent sous une forme étoilée à six branches régulières.

Exercices.

24. On sait qu'un fil de fer d'un mètre de longueur s'allonge de $0^{mm},012$ quand on le chauffe d'un degré; on demande de combien s'allongera un fil de 300 mètres s'il est chauffé de 0° à 80°.

25. Un litre de mercure chauffé d'un degré augmente de $0^{cc},18$; quel sera le volume que prendront 20 litres de mercure chauffé de 0° à 50°?

26. Un litre de gaz chauffé d'un degré augmente de $3^{cc},67$; quel sera, à 100°, le volume d'un gaz qui occupe 10 litres à 0°?

Questionnaire.

Comment peut-on faire passer un corps solide à l'état liquide? — Quels sont les métaux qui fondent le plus facilement? — Quels sont les corps qui augmentent de volume en fondant?

Comment peut-on partager les corps au point de vue de la dissolution? — Quels sont ceux que l'on ne peut pas dissoudre? — Comment montre-t-on que la chaleur favorise la dissolution, que certains corps ont besoin de chaleur pour se dissoudre? — Qu'appelle-t-on mélange réfrigérant? — Citer un mélange réfrigérant très employé.

Devoir.

Quels sont les phénomènes que présentent l'eau quand elle se congèle, et la glace quand elle est comprimée? — Pourquoi les gelées du printemps sont-elles si nuisibles aux plantes?

CHAPITRE XIII

PROPRIÉTÉS GÉNÉRALES DES VAPEURS

104. Production des vapeurs. — Si un liquide comme l'eau ou l'alcool est exposé à l'air dans un vase à large surface, son volume diminue peu à peu; une partie du liquide passe à l'état de gaz invisible et se répand dans l'atmosphère. Et lorsque le liquide est odorant comme l'éther, l'odeur se répand dans toute la salle où l'on fait l'expérience.

La disparition du liquide et sa transformation en gaz est plus rapide quand on fait intervenir la chaleur. De grosses bulles se forment dans toute sa masse et montent à la surface; on dit que le liquide bout, et l'on voit son volume diminuer rapidement.

Dans ces deux cas le liquide a donc changé d'état; il est devenu gazeux. Cette transformation, ce changement d'état porte le nom de **vaporisation**, quelle que soit la manière dont on l'effectue; et on appelle **vapeur** l'état gazeux des corps qui se présentent habituellement sous la forme solide ou liquide. Il faut donc étudier *ce passage de l'état liquide à l'état de gaz* et inversement *le retour de l'état de gaz à l'état liquide,* auquel on donne le nom de **liquéfaction.**

Tous les liquides, à l'exception de ceux qui se décomposent facilement par la chaleur, sont susceptibles de se réduire en vapeur quand on les place dans des conditions convenables. Mais dans tous les cas la conversion d'un liquide en gaz est influencée par l'atmosphère environnante. Il est donc tout naturel, si l'on veut rechercher à quelles lois obéit la vaporisation en général, d'éliminer l'action de l'atmosphère et d'étudier d'abord la formation des vapeurs dans le vide.

105. Formation des vapeurs dans le vide. — Le vide le plus parfait que nous sachions obtenir est le vide barométrique : c'est donc dans la chambre d'un baromètre que nous placerons le liquide sur lequel nous voulons opérer. Nous pouvons employer deux moyens : ou bien, après avoir rempli presque com

plètement le tube barométrique de mercure sec, nous achèverons de le remplir avec une petite colonne du liquide à étudier, pour boucher ensuite le tube, le retourner et le déboucher dans la cuvette; ou bien nous établirons d'abord un baromètre avec un tube large et nous apporterons sous le tube une petite éprouvette D (fig. 78) pleine du liquide voulu. Cette éprouvette retournée sous le tube barométrique laissera échapper le liquide qui montera à la partie supérieure de la colonne mercurielle en vertu de sa moindre densité.

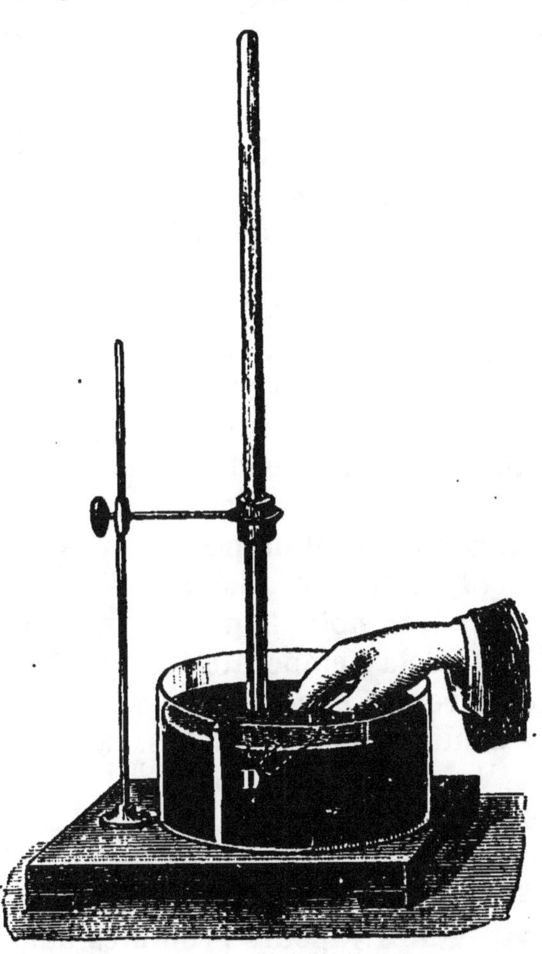

Fig. 78. — Moyen d'introduire un peu de liquide dans un baromètre.

On emploie parfois l'une et l'autre de ces deux manières d'opérer et on dispose sur une large cuvette (fig. 79) quatre baromètres dont l'un reste intact et sert de témoin et dont les autres reçoivent une petite quantité d'eau, l'alcool, d'éther.

Aussitôt qu'un de ces liquides arrive dans la chambre

barométrique, il se résout en vapeur et fait déprimer la colonne de mercure. Cette différence de niveau entre le baromètre où l'on a introduit le liquide et le baromètre témoin est due à la pression exercée par la vapeur produite. On peut donc formuler ainsi le résultat de cette expérience : *Un liquide se vaporise instantanément dans le vide et sa vapeur possède une force élastique ou une tension comme un gaz.* Avec les trois liquides précédents, la force élastique de la vapeur est très différente : faible pour l'eau, un peu plus grande pour l'alcool, cette force élastique est très notable pour l'éther à la température ordinaire; en général elle est d'autant plus grande que le liquide est plus volatil.

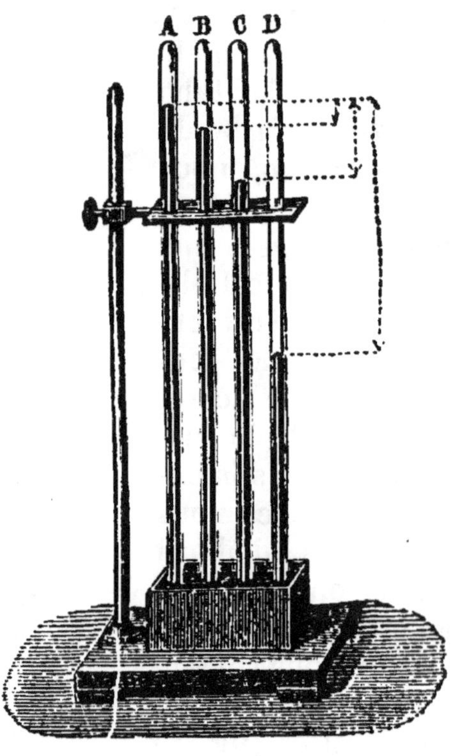

Fig. 79.

A, tube barométrique ;
B, baromètre contenant un peu d'eau ;
C,   —   —   —   d'alcool ;
D,   —   —   —   d'éther.

106. Force élastique ou tension maxima.

— Les vapeurs produites dans le vide ont, comme les gaz, une force élastique; mais il y a une différence très notable entre les vapeurs et les gaz. Quand on introduit dans un baromètre successivement plusieurs bulles d'air, le niveau du liquide s'abaisse à chaque fois, la force élastique du gaz peut donc augmenter indéfiniment. Mais quand on introduit successivement plusieurs gouttes d'éther, les premières se vaporisent complètement et la force élastique de la vapeur s'accroît; mais bientôt les nouvelles gouttes introduites restent liquides et le niveau du mercure cesse de s'abaisser; la force élastique de la vapeur ne s'accroît plus; elle a atteint la plus grande valeur qu'elle peut prendre dans les conditions de l'expérience, et la vaporisation cesse de se produire. La vapeur d'un liquide a donc, dans les conditions de l'expérience, une force élastique qu'elle ne peut dépasser : c'est la *force élastique* ou la *tension maxima*. Cette force élastique augmente avec la température ainsi qu'on peut s'en assurer en promenant une lampe à alcool le long du tube contenant de la vapeur d'éther ; on voit la colonne de mercure se déprimer rapidement, pour reprendre sa première hauteur par le refroidissement.

Ainsi, quand un liquide est placé dans le vide, il se transforme en vapeur entièrement s'il est en petite quantité; mais si le liquide est en excès, la vaporisation s'arrête dès que la vapeur a atteint une force élastique maximum qui dépend de la température.

107. Modes de formation des vapeurs.

— Un liquide peut passer en vapeur de deux manières : ou bien le passage est lent et ne s'effectue que par la surface libre du liquide : celui-ci diminue peu à peu et disparaît dans l'air en vapeurs invisibles, c'est le phénomène de l'**évaporation**; ou bien, si l'on place le liquide sur une source de chaleur, on voit à un moment donné de grosses bulles se former au fond et sur les parois du vase, s'élever dans le liquide et venir crever à la surface en produisant un bouillonnement tumultueux dans toute la masse du liquide : c'est le phénomène de l'**ébullition**.

I. — ÉVAPORATION

108. Conditions qui favorisent l'évaporation.

— Si l'on abandonne à l'air sur des soucoupes un peu d'eau, un peu d'alcool, un peu d'éther, ce dernier liquide est vite disparu, le second est plus longtemps à disparaître, et l'eau elle-même diminue peu à peu et se répand en gaz invisible dans l'atmosphère. Si l'on avait couvert d'une cloche chacune des soucoupes et limité ainsi l'espace dans lequel pouvait se répandre la vapeur, l'évaporation se serait d'abord produite, mais elle n'aurait pas tardé à s'arrêter; quand la cloche aurait contenu la vapeur du liquide avec la force élastique maximum que cette vapeur peut prendre à la température de l'expérience, l'espace aurait été saturé et la production de vapeur se serait arrêtée. Mais quand l'atmosphère au-dessus du liquide est illimitée ou se renouvelle sans cesse, la production de vapeur est continue.

La rapidité de l'évaporation dépend de plusieurs conditions : de l'étendue de la surface du liquide, de la température, de l'agitation de l'air ambiant, de la quantité de vapeur existant déjà dans l'atmosphère.

Étendue de la surface. — Puisque la production de la vapeur a lieu par la surface du liquide, plus cette surface est grande, plus est grande aussi la quantité de liquide évaporé dans un temps donné. On sait fort bien que pour faire sécher du linge mouillé on l'étale le plus possible plutôt que de le laisser en tas. On met à profit l'influence de la grandeur de la surface évaporatoire pour extraire le sel soit des eaux de la mer, soit des sources salées. L'eau de la mer ne contient environ que 2.5 % de sel; il faut l'amener à peu près à 25 % pour que le sel se dépose. On fait arriver l'eau de la mer dans une suite de bassins de faible profondeur mais d'une étendue de deux ou trois cents hectares, et après un court séjour dans ces **marais salants**, l'eau s'est assez évaporée pour laisser déposer le sel que l'on rassemble et que l'on enlève.

Les eaux des sources salées sont comme l'eau de la mer très peu chargées de sel; on dépenserait trop de combustible pour les faire évaporer tout d'abord par la chaleur. On les répand sur des tas de fagots où elles s'évaporent à l'air libre et sans frais parce qu'elles sont répandues sur une très grande surface.

Élévation de la température. — Plus un liquide à évaporer est chaud, plus est grande la tension maximum de sa vapeur, par conséquent plus il donne de vapeurs dans le même temps et plus son évaporation est rapide. On met journellement à profit cette influence pour évaporer rapidement les liquides dans les laboratoires; on place les liquides dans de larges capsules que l'on chauffe. Pendant l'été, le sol et les plantes se dessèchent promptement aux rayons du soleil; l'évaporation par les feuilles est très active, si active même que la plante se fane si on ne l'abrite pas ou si on ne lui rend pas par un arrosage l'eau qu'elle perd par l'évaporation. Dans les fabriques de papier et de tissus, on sèche ceux-ci en un instant en les faisant passer sur des cylindres creux chauffés par un courant de vapeur d'eau qui circule dans leur intérieur.

Influence de la quantité de vapeur existant déjà dans l'air. — L'évaporation est d'autant plus rapide que l'air en contact avec le liquide contient moins de vapeurs, et lorsqu'il s'agit de l'eau, que l'air est plus sec. Si l'atmosphère est près d'être saturée, l'évaporation est lente, presque nulle; elle devient au contraire très active si l'atmosphère est sèche. C'est un fait d'expérience qu'on ne peut sécher facilement les lessives quand l'air est humide. Cette influence se fait aussi sentir sur la transpiration cutanée, et le malaise que l'on éprouve dans un air très humide et que l'on indique en disant à tort que le temps est lourd en est la conséquence.

Agitation de l'air. — Le mouvement de l'air active l'évaporation. Si l'air était calme et ne se renouvelait pas, il se formerait au-dessus du liquide une couche saturée et l'évaporation serait arrêtée. L'agitation de l'air enlève cette couche à mesure qu'elle se sature et amène au-dessus du liquide, d'une façon continue, de l'air qui ne contient pas encore de vapeur. On sait d'ailleurs que les vents secs et chauds sèchent promptement les corps humides. Et on tient compte de cette circonstance aussi bien que des précédentes pour opérer rapidement la dessiccation des corps auxquels il faut enlever de l'eau.

II. — ÉBULLITION

109. Ébullition. — L'ébullition est la production continue de vapeur en grosses bulles dans toute la masse du liquide. On la produit d'ordinaire par l'action de la chaleur : on met sur le feu un vase contenant de l'eau; si le vase est de verre on voit les premières bulles de vapeur se former au contact de la partie chauffée, puis monter et se détruire dans le liquide, tant que la température de tout le liquide n'est pas suffisante pour que la force élastique des bulles de vapeur devienne égale à la pression de l'atmosphère. Chaque bulle qui monte rencontre des couches d'eau moins chaudes qu'elle et dont elle prend la température; elle se condense en se refroidissant, et le liquide environnant se précipite et se choque pour remplir le vide que la bulle a laissé. Quand ce phénomène se produit à beaucoup de points du liquide, la succession des chocs donne naissance au **chant** de l'eau qui va bouillir. Enfin quand les bulles de vapeur peuvent exister au milieu du liquide, c'est-à-dire quand leur tension maximum est devenue égale à la pression de l'atmosphère, elles arrivent jusqu'à la surface sans se condenser et le liquide est en pleine ébullition.

110. Lois de l'ébullition. — On démontre aisément que *la température de la vapeur est constante immédiatement au-dessus du liquide pendant toute la durée de l'ébullition.* On fait bouillir pendant quelque temps un liquide et on observe un thermomètre plongé dans la vapeur : le thermomètre reste invariable, quelle que soit la puissance du foyer. Nous avons d'ailleurs fait usage de cette loi pour déterminer le point 100 du thermomètre

On démontre aussi qu'*un liquide ne commence à bouillir qu'à une température suffisante pour que la force élastique maximum de sa vapeur soit au moins égale à la pression que le liquide supporte.* Dans un tube recourbé dont la petite branche est fermée et la grande ouverte, **on** met du mercure pour remplir la petite branche; on y ajoute ensuite un peu d'eau que l'on fait passer en inclinant convenablement le tube, au haut de la petite branche. Ce tube, passé dans un bouchon, est placé dans un ballon qui contient de l'eau et que l'on chauffe sur un fourneau (fig. 80).

Quand l'eau du ballon approche de l'ébullition, on voit l'eau du tube se vaporiser et le mercure baisser dans la petite branche; et quand l'eau du ballon bout, les deux niveaux du mercure dans les deux branches du tube sont sur un même plan horizontal. La vapeur d'eau de la petite branche, au contact de laquelle il reste du liquide, a pris la force élastique maximum correspondante à sa température; elle est au même degré que l'eau du ballon et elle fait équilibre à la pression de l'atmosphère.

Fig. 80. — Force élastique de la vapeur d'eau à l'ébullition.

On peut donc dire que *la force élastique de la vapeur d'un liquide qui bout est égale à la pression que le liquide supporte.*

Il résulte de cette loi que si on diminue la pression exercée au-dessus du liquide, l'ébullition doit être facilitée, avoir lieu plus tôt, à une température moins élevée, puisque la force élastique à donner à la vapeur est moins grande; et au contraire que si on augmente la pression au-dessus du liquide, l'ébullition est retardée et ne se produit qu'à une température plus élevée. Nous pouvons vérifier ces deux conséquences par l'expérience.

111. Influence de la pression sur l'ébullition. — 1° Augmentation de la pression, marmite de Papin. — On sait que la

force élastique maximum de la vapeur d'eau augmente rapidement avec la température, qu'elle est de 2 atmosphères à 121°, de 3 atmosphères à 135°, de 4 atmosphères à 145°. Si donc on fait supporter à l'eau une pression de 2, 3, 4 atmosphères, il faudra élever sa température à 121°, à 135° ou à 145° pour produire l'ébullition; si même on augmente assez la pression, on pourra empêcher l'eau de bouillir. C'est ce

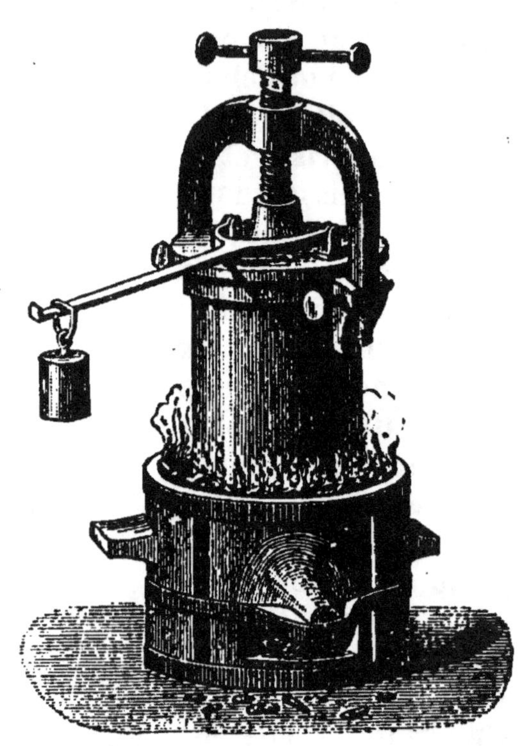

Fig. 81. — Marmite de Papin.

qu'on réalise avec la *marmite de Papin*. Cet appareil est une chaudière de cuivre à parois très fortes dont le couvercle, percé seulement d'une petite ouverture, est fixé très solidement contre le vase au moyen d'une vis (fig. 81). Sur la petite ouverture du couvercle appuie un cône pressé par un levier à l'extrémité duquel est un poids : c'est une soupape de sûreté destinée à éviter que la pression dans l'intérieur de l'appareil n'atteigne une puissance capable de faire éclater la chaudière; la longueur du levier et le poids sont calculés de manière que la vapeur puisse soulever le cône et sortir, avant que sa pression ait une valeur trop grande.

On a mis de l'eau dans la chaudière avant de la fermer; on la place sur le feu et on la chauffe; il n'en sort pas de vapeur, bien que la température soit élevée beaucoup au-dessus de 100°.

L'eau ne bout pas tant que la soupape reste fermée; car le liquide subit une pression plus grande que la tension de sa vapeur, puisqu'à celle-ci s'ajoute la pression de l'air intérieur. Mais si on soulève la soupape, il sort un jet de vapeur avec bruit par l'orifice, parce que la pression intérieure diminue et que l'ébullition se produit violemment.

On a pu, avec un appareil très résistant, faire fondre de l'étain dans l'eau et par conséquent porter ce liquide à 235°. Dans l'industrie on emploie cette marmite plus ou moins modifiée sous le nom d'autoclave pour faire agir l'eau sur des substances qui ne seraient pas attaquées à 100°; c'est ainsi, pour ne citer qu'un exemple, qu'on extrait la gélatine des os.

2° Diminution de la pression. — *Ébullition dans le vide.* — *Ballon de Franklin.* — Si l'on place sous la cloche de la machine pneumatique un vase de verre contenant de l'eau à 20° et qu'on fasse le vide, l'eau commencera à bouillir quand la pression sous le récipient ne sera plus que de 17^{mm},4; c'est en effet la valeur de la force élastique de la vapeur d'eau à 20° : l'ébullition de l'eau sera aussi complète que si le vase était porté à 100° sous la pression ordinaire.

On peut démontrer, sans qu'il soit besoin d'une machine pneumatique, que la diminution de la pression permet à l'eau de bouillir plus facilement.

On remplit aux quatre cinquièmes un ballon d'eau; on y fait bouillir le liquide au moins dix minutes pour que la vapeur, en se dégageant, entraîne tout l'air, puis on ferme le ballon avec un bon bouchon et on le laisse refroidir en le posant renversé sur un support (fig. 82). Si alors on verse de l'eau froide sur le dôme du ballon, on voit reprendre l'ébullition du liquide comme si celui-ci était chauffé. Pendant que l'ébullition a lieu, on l'arrête instantanément en versant de l'eau chaude sur le ballon.

Voici comment on peut expliquer ce curieux phénomène. Il n'y a, dans le ballon, que de l'eau et de la vapeur d'eau; lorsqu'on verse un liquide froid sur le haut du ballon, ce liquide refroidit un peu l'espace plein de vapeur d'eau; sous l'action de ce refroidissement, une partie de la vapeur d'eau se condense; c'est comme si un vide partiel s'était produit au-dessus du liquide; la pression diminue et l'ébullition peut avoir lieu à nouveau. Cette expérience dure jusqu'à ce que le ballon soit à la température ambiante; et à ce moment on peut encore y produire l'ébullition en versant sur le dôme un liquide comme l'éther, qui provoque un refroidissement. Mais le phénomène cesse tout à fait quand le liquide est à la même température que la vapeur dont il est surmonté.

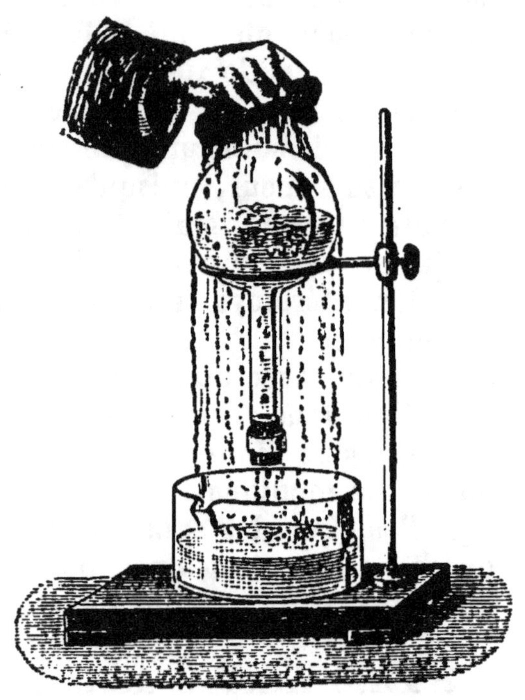

Fig. 82. — Ballon de Franklin.

112. Mesure des hauteurs par la température d'ébullition de l'eau.

— L'eau, à l'air libre, bout à 100° quand la pression est de 760^{mm}; si la pression est plus faible, l'eau bout à une température un peu plus basse. Quand on connaît la température à laquelle a lieu l'ébullition de l'eau dans un endroit quelconque, si l'on cherche, sur les tables des forces élastiques de la vapeur d'eau, la tension maximum qui correspond à la température donnée, cette tension exprime exactement la pression atmosphérique au point où l'on est. On peut donc, avec les tables de Regnault, et en connaissant la température à laquelle l'eau entre en ébullition, trouver la pression atmosphérique aussi exactement qu'on l'aurait avec un baromètre; on peut, par suite, déterminer la hauteur à laquelle on s'est élevé. Pour opérer avec quelque exactitude, il faut avoir un thermomètre particulier qui donne les dixièmes de degré vers le point 100, et un vase d'eau pour y placer ce thermomètre. L'opération à faire est très simple : on met de l'eau dans le vase (fig. 83); on y place le thermomètre; à l'aide d'une lampe à alcool on fait bouillir l'eau; on observe le thermomètre, et quand il est devenu stationnaire on lit la température qu'il marque. En consultant les tables de Regnault, on lit en face

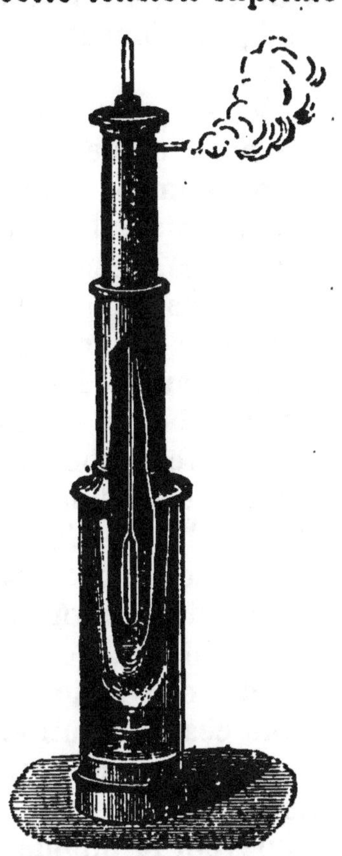

Fig. 83. — Appareil portatif pour trouver le point d'ébullition de l'eau.

de cette température la force élastique maximum de la vapeur d'eau qui donne la pression ; et par cette dernière on a l'un des éléments de la recherche de l'altitude du lieu de l'observation. Sur le mont Blanc, dont la hauteur est de 4,800 mètres, la température d'ébullition est 84°,5.

113. Influences diverses sur l'ébullition. — Quand on laisse refroidir l'eau contenue dans un ballon après l'avoir fait bouillir assez de temps pour que tout l'air et les gaz dissous dans l'eau aient pu être entraînés et qu'on chauffe à nouveau ce liquide, on constate qu'il faut élever sa température à plus de 100° pour y produire à nouveau l'ébullition. On en conclut que l'air adhérent aux parois du vase et l'air dissous dans le liquide jouent un rôle dans l'ébullition ordinaire et la favorisent.

Cette action de l'air explique pourquoi l'ébullition est plus rapide dans certains vases que dans d'autres : le phénomène commence d'autant plus tôt que le vase retient mieux l'air sur ses parois internes; et quand l'air est chassé à peu près complètement par une longue ébullition, les bulles de vapeurs qui se produisent se dégagent par soubresauts, en même temps que la température s'élève. Si l'on a fait bouillir quelque temps de l'eau dans un ballon et qu'on le retire du feu, l'ébullition cesse; elle reprend spontanément si on laisse tomber dans le liquide de la limaille de fer, parce que ce dernier corps y introduit de l'air qu'il retenait à sa surface.

Les substances salines en dissolution dans l'eau en retardent plus ou moins l'ébullition; c'est ainsi qu'une eau saturée de carbonate de potasse ne bout qu'à 135° et une eau saturée de chlorure de calcium à 179°. Et dans ces dissolutions plus denses que l'eau, contenant moins d'air dissous, les bulles de vapeurs qui se forment ne montent pas aussi facilement que dans l'eau; elles soulèvent le liquide qui retombe derrière elles, et il en résulte un mouvement tumultueux.

C'est ce qui se présente surtout avec l'acide sulfurique; les bulles formées au fond du vase contre la partie chauffée soulèvent le liquide visqueux dont elles rompent difficilement la cohésion; le liquide retombe brusquement et peut briser le vase si celui-ci est de verre. On évite cet inconvénient en introduisant dans le liquide des fils de platine ou des fragments de ponce sulfurique qui rendent l'ébullition régulière quand le chauffage est lui-même très régulier.

114. Températures d'ébullition des principaux liquides. — D'après tout ce que nous venons de dire des influences diverses qui agissent sur l'ébullition, on voit que pour connaître la température à laquelle un liquide bout sous la pression ordinaire de 760^{mm}, il est indispensable d'employer un liquide très pur, ne contenant pas de solide en dissolution, et de prendre la température, non dans le liquide lui-même, mais dans la vapeur près du liquide, en préservant celle-ci du refroidissement comme on le fait pour le point 100 du thermomètre : c'est avec ces précautions qu'ont été déterminés les nombres suivants qui donnent les points d'ébullition des liquides usuels sous la pression de 760^{mm} :

Acide sulfureux........	— 10°	Benzine	80°,3
Éther.................	35	Acide nitrique concentré.	86
Sulfure de carbone	46	Eau..................	100
Chloroforme	60.4	Essence de térébenthine.	159
Alcool méthylique......	66.8	Mercure...............	357
— de vin pur......	78.3	Soufre	419

115. Bain-marie. — La constance de la température d'ébullition tant que la pression ne change pas est appliquée pour maintenir un corps à une température invariable. Si on ne doit pas le chauffer à plus de 100°, on emploie l'eau. Ce liquide est contenu dans un vase extérieur où l'on plonge le vase contenant le corps à chauffer. Cette disposition porte le nom de *bain-marie* ; elle est d'un fréquent usage ; le pot à colle des menuisiers en est un exemple des plus communs.

Si l'on remplace l'eau par un liquide dont le point d'ébullition est plus élevé, on pourra chauffer un corps à plus de 100°, mais sans dépasser la température d'ébullition du premier liquide.

116. La vaporisation exige de la chaleur. — Quel que soit le moyen que l'on emploie pour faire passer un liquide en vapeur, il faut toujours de la chaleur pour produire le changement d'état. Dans le cas de l'ébullition ou d'une évaporation très rapide, cette chaleur est empruntée à un foyer et la dépense de chaleur est évidente ; le phénomène est analogue dans toute évaporation ; et si l'on isole le liquide de tout autre corps, la chaleur est empruntée au liquide lui-même qui se re-froidit notablement, et parfois même assez pour se con-geler.

Alcarazas. — L'évaporation de l'eau à l'air libre refroi-dit aussi le liquide, si elle est assez rapide. C'est ainsi que les alcarazas, sortes de vases poreux, maintiennent l'eau très fraîche en été. Le liquide vient suinter à leur sur-face ; il s'évapore rapidement et il emprunte de la cha-leur à toute la masse, dont la température s'abaisse.

Évaporation de la sueur. — Le froid produit par l'éva-poration de la sueur est un phénomène analogue : de la chaleur est empruntée au corps en quantité d'autant plus grande que la surface évaporatoire est plus étendue ou que l'agitation de l'air est plus grande ; aussi recom-mande-t-on de ne pas se mettre sur un courant d'air quand on est en sueur, et de remplacer par des vête-ments secs les habits mouillés ; ces préceptes hygiéniques ont pour but d'empêcher le refroidissement dû à l'éva-poration du liquide qui couvre le corps.

117. Distillation. — La distillation consiste à isoler un liquide des substances fixes ou des matières sa-lines qu'il peut avoir dissoutes, ou à séparer l'un de l'autre des liquides inégalement volatils.

Lorsqu'on porte à l'ébullition de l'eau contenant un sel en dissolution, la vapeur qui se dégage est toujours exempte de matières étrangères ; si donc on refroidit assez cette vapeur pour la condenser, on obtiendra de l'eau parfaitement pure. Faire bouillir un liquide pour condenser sa vapeur, c'est pratiquer une **distillation**.

Quand le liquide est très volatil, comme l'éther ou l'alcool, que sa vapeur se produit à une température peu élevée, l'appareil à employer est très simple ; c'est une cornue en communication avec une allonge qui se rend elle-même dans un ballon (fig. 84) : les vapeurs sont refroidies par leur contact avec les parois de l'allonge et elles arrivent liquides dans le ballon. Ou bien c'est une cornue prolongée par un tube droit entouré d'un manchon dans lequel circule constamment de l'eau froide.

Mais pour l'eau et la plupart des liquides, il faut

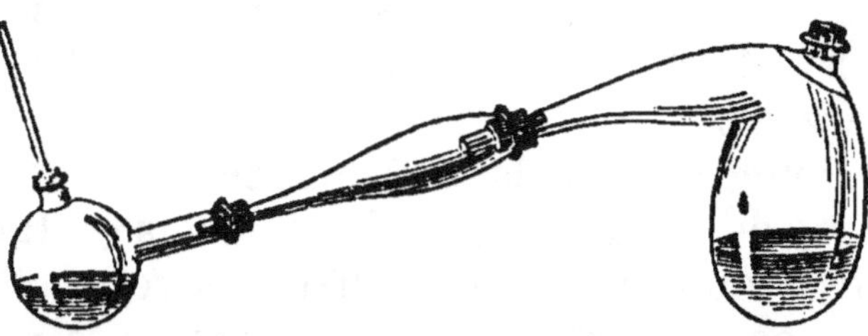

Fig. 84. — Appareil employé pour distiller les liquides volatils dans les laboratoires.

un refroidissement plus grand et on emploie l'**alambic.**

L'alambic se compose de trois parties : une chaudière en cuivre (*a*) appelée cucurbite où l'on met le liquide à distiller (fig. 85); un *chapiteau* (*b*) avec lequel on ferme la

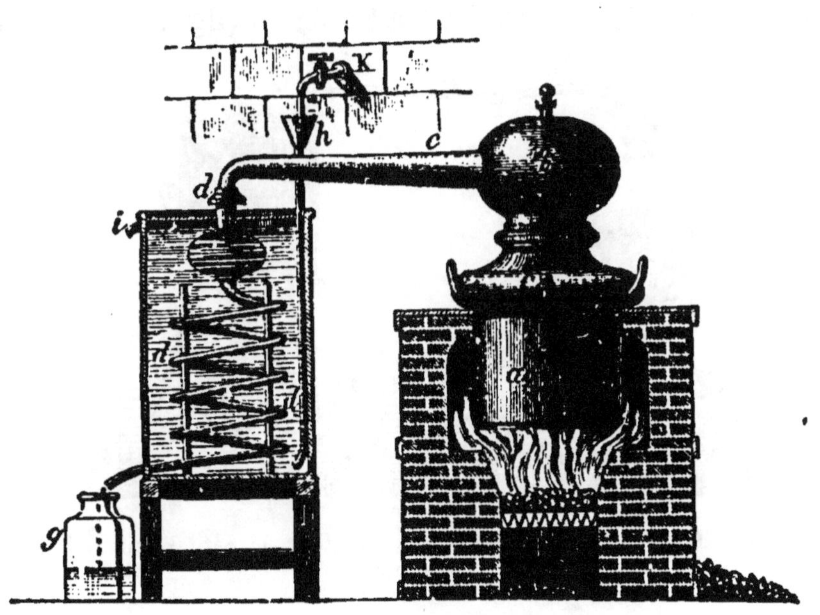

Fig. 85. — Alambic.

chaudière et qui communique par un tube (*c*) avec un autre tube contourné en spirale et désigné sous le nom de *serpentin*. Ce dernier plonge dans un vase plein d'eau qui

8

constitue le réfrigérant. On chauffe la chaudière; les vapeurs formées se condensent en partie contre la paroi supérieure du chapiteau et retombent, les autres vont dans le serpentin qui est toujours refroidi; elles se condensent, et le liquide qui en provient est recueilli dans un vase.

Pour assurer la réfrigération, un tube amène sans cesse de l'eau froide au fond du vase entourant le serpentin; l'eau qui s'est échauffée s'élève, et elle s'écoule peu à peu par une ouverture pratiquée à la partie supérieure du réfrigérant; de cette manière le serpentin est toujours entouré d'eau froide et la condensation des vapeurs est continue.

C'est avec un appareil de ce genre qu'on produit l'eau distillée, c'est-à-dire l'eau chimiquement pure.

Dans les laboratoires, quand on veut connaître rapidement la quantité d'alcool contenue dans un vin, on emploie un petit appareil dû à Salleron (fig. 86); c'est un

Fig. 86. — Appareil Salleron pour distiller de petites quantités de liquide.

petit alambic portatif, avec sa chaudière, son serpentin et son réfrigérant, très bien approprié à l'usage auquel il est destiné.

On a souvent à séparer les uns des autres des liquides inégalement volatils; on y parvient par la méthode des *distillations fractionnées.* On chauffe progressivement le mélange, le liquide le plus volatil se vaporise en plus grande quantité que les autres; la température reste un moment constante et les vapeurs que l'on recueille alors sont formées en grande partie du liquide le plus volatil. Si l'on recommence une deuxième distillation sur le liquide ainsi recueilli, on obtient un produit plus pur. C'est ainsi qu'on sépare les uns des autres les différents carbures d'hydrogène liquides (benzine et huiles diverses) contenus dans le goudron des usines à gaz. C'est aussi par une marche analogue que l'on extrayait autrefois l'eau-de-vie du vin; la première distillation opérée sur le vin donnait un mélange d'alcool et d'eau, ne contenant pas plus de 25 à 30 pour cent d'alcool; une seconde opération pratiquée sur le produit retiré de la première donnait l'alcool à 54 pour cent, c'est-à-dire l'eau-de-vie.

L'industrie opère aujourd'hui par *distillation continue*, et elle produit en une seule opération, dans de grands appareils convenablement disposés, l'alcool marquant 90° à l'alcoomètre de Gay-Lussac.

Exercices.

27. Sachant qu'un litre de vapeur d'eau à 100° pèse 58 centigrammes; trouver le volume qu'occupe un litre d'eau quand on le réduit en vapeur à l'ébullition.

28. On remplit de vapeur à 120°, douze fois par minute, un cylindre de 0^m,60 de diamètre et de 1 mètre de hauteur; on demande combien il faudra de litres de vapeur dans une journée de 10 heures, et combien il faudra de litres d'eau, si un litre de vapeur à 120° pèse 0^{gr},55.

Questionnaire.

Comment peut-on faire passer un liquide en vapeurs?

Comment montre-t-on qu'un liquide passe instantanément en vapeurs dans le vide?

Qu'appelle-t-on force élastique d'une vapeur?

La force élastique d'une vapeur grandit-elle quand la température augmente?

Quelles sont les conditions qui favorisent et accélèrent l'évaporation?

Dans quelles conditions faut-il mettre le linge mouillé pour le sécher rapidement?

Comment se produit l'ébullition?

Qu'arrive-t-il quand on fait chauffer de l'eau dans un vase fermé?

Ne peut-on pas faire bouillir de l'eau sans la chauffer?

L'eau ne bout-elle pas plus tôt au sommet d'une montagne que lans la plaine?

Comment fait-on passer une vapeur à l'état liquide?

Devoirs.

1. Indiquer les conditions qui favorisent l'évaporation d'un liquide et citer pour chacune d'elles une ou plusieurs applications.

2. Comment montre-t-on qu'un liquide qui bout garde la même température et quelles sont les applications de ce fait?

CHAPITRE XIV

VAPEUR D'EAU DE L'AIR

118. Présence de la vapeur d'eau dans l'air. — Il existe toujours de la vapeur d'eau dans l'atmosphère; elle y est invisible et ne trouble la transparence de l'air que lorsqu'elle se condense. On la met en évidence, soit en l'absorbant par des substances qui changent d'aspect ou qui augmentent de poids, soit en la faisant déposer en buée ou en gouttelettes sur un corps refroidi. Tout le monde sait que certains jours le sel de cuisine absorbe assez de vapeur d'eau à l'air pour mouiller les vases de bois dans lesquels on le conserve N'importe à quel moment, si l'on abandonne à l'air sur une soucoupe bien sèche un fragment de chlorure de calcium ou de potasse, on le voit s'humecter et devenir liquide grâce à la vapeur d'eau qu'il a prise à l'atmosphère.

Le degré d'humidité de l'air ne dépend pas du poids absolu de vapeur qui y est contenue. En effet, l'air est à son maximum d'humidité quand il est saturé de vapeur;

or à mesure que la température s'élève, il faut un poids plus grand de vapeur pour saturer le même espace. Le poids de vapeur qui sature un volume d'air à basse température le rend à peine humide si la température est plus élevée. Un exemple numérique rend ce fait très saisissant : un mètre cube d'air saturé à 10° contient environ 9 grammes de vapeur d'eau ; si ce même volume d'air est porté à 30°, la vapeur qu'il contient n'est que les $\frac{2}{7}$ de celle qui saturerait l'espace à cette nouvelle température ; avec la même quantité de vapeur, dans le premier cas l'air est très humide, dans le second il est presque sec.

Le degré d'humidité est donc un rapport : c'est le rapport entre le poids de vapeur existante et le poids qui serait nécessaire pour saturer le même espace à la même température ; on l'appelle **l'état hygrométrique** ou encore la *fraction de saturation*.

On l'exprime soit par une fraction ordinaire, soit en centièmes ; ainsi l'on dit que l'état hygrométrique est $\frac{1}{2}$ ou 0,50 pour indiquer que la vapeur d'eau contenue dans l'espace considéré est la moitié ou les cinquante centièmes de la quantité de vapeur qui saturerait le même espace à la même température.

Les appareils employés pour trouver soit le degré d'humidité de l'air, soit la quantité de vapeur d'eau que l'air contient, portent le nom d'**hygromètres**.

Quelques appareils appelés **hygroscopes** peuvent indiquer qu'il y a plus ou moins d'humidité dans l'air, mais ce ne sont pas des appareils de mesure. Tel est l'*hygroscope à corde de boyau* auquel on donne plusieurs dispositions : le capucin et son capuchon, ou bien deux personnages qui entrent ou sortent alternativement d'une maisonnette.

La méthode la plus simple au point de vue théorique pour trouver la quantité de vapeur d'eau contenue dans l'air est la méthode dite *chimique*, dans laquelle on estime

directement le poids de vapeur que contient un volume donné d'air.

L'appareil est un aspirateur plein d'eau en communication avec une série de tubes en U contenant de la ponce imbibée d'acide sulfurique ; de ces tubes, le premier ouvre librement à l'air (fig. 87). On fait écouler lentement l'eau contenue dans l'aspirateur ; l'air extérieur vient remplir le vide laissé dans le vase par l'écoulement de l'eau ; cet air traverse tous les tubes et il y laisse la vapeur d'eau qu'il contient. En pesant la série de tubes avant et

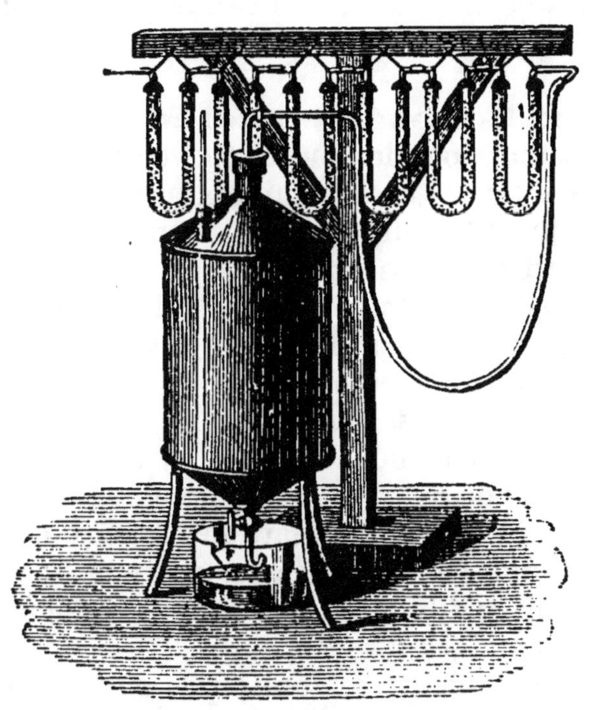

Fig. 87. — Aspirateur avec une série de tubes pour recueillir la vapeur d'eau de l'air.

après l'expérience, l'augmentation de poids donne le poids de la vapeur d'eau abandonnée par l'air qui est venu remplir l'aspirateur.

Point de rosée. — Quand on refroidit de l'air humide graduellement, il arrive un moment où la vapeur d'eau qu'il contient est suffisante pour le saturer. Si alors le refroidissement continue, une partie de la vapeur se dépose à l'état liquide. Le point où la vapeur commence à se condenser s'appelle le **point de rosée**. Si on refroidit une petite masse d'air au milieu d'une atmosphère beaucoup plus grande, la force élastique de la vapeur ne change pas, et quand se produit le point de rosée, c'est que la portion d'air refroidi est saturée par la vapeur.

119. Hygromètre de Saussure. — Un grand nombre de substances organiques possèdent la propriété d'absorber l'humidité de l'air, de s'allonger par un air humide, de se raccourcir par la sécheresse sans être pour cela très sensibles aux variations de temdérature : tels sont les cheveux dégraissés; c'est sur cette propriété que repose l'appareil de Saussure, appelé encore **hygromètre à cheveu**, et à l'aide duquel on obtient facilement le degré d'humidité de l'air.

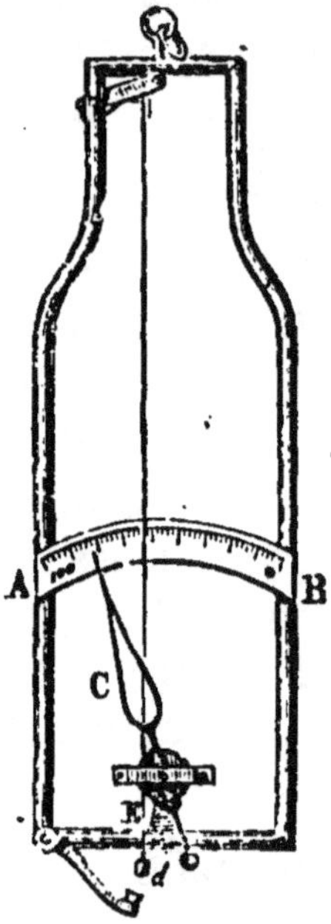

La partie principale de l'instrument est un long cheveu soigneusement dégraissé, fixé par une de ses extrémités dans une pince au haut d'un cadre métallique, par l'autre à la partie inférieure de l'une des gorges d'une poulie double (fig. 88). Sur la seconde gorge de cette poulie et en haut, est fixé le fil qui suspend un petit poids destiné à faire tendre le cheveu. L'axe de la poulie porte une aiguille qui se meut sur un cadran divisé.

Si l'air devient moins humide, le cheveu se raccourcit, il tire sur la poulie, et celle-ci, très mobile, tourne en entraînant le contrepoids et en faisant tourner à droite l'aiguille sur le cadran. Au contraire, si l'air devient plus humide, le cheveu s'allonge, le contrepoids l'emporte, il descend jusqu'à ce que le cheveu soit tendu, et il fait tourner l'aiguille dont l'extrémité marche vers A sur le cadran. Les indications de l'aiguille permettent donc de juger s'il y a plus ou moins de vapeur d'eau dans l'air.

On gradue l'instrument, c'est-à-dire qu'on lui marque deux points extrêmes, le zéro correspondant à un air très sec, le 100 correspondant à un air très humide. On obtient le 100 au point où s'arrête l'aiguille quand on place l'appareil dans un air saturé, par exemple lorsqu'on le

Fig. 88. — Hygromètre à cheveu de Saussure

laisse quelque temps dans un vase contenant au fond une petite couche d'eau et des gouttelettes d'eau sur ses parois. On marque 0 au point où s'arrête l'aiguille quand on laisse l'appareil suspendu dans un vase contenant un peu d'acide sulfurique. On divise en 100 parties égales l'intervalle des deux points.

120. Rosée et gelée blanche. — La *rosée* est un dépôt de gouttelettes d'eau que l'on constate surtout sur les herbes qui tapissent le sol le matin d'une nuit claire. C'est une condensation de la vapeur produite par le refroidissement du sol. La nuit, par un temps clair, le sol perd sa chaleur, refroidit les couches d'air qui restent à son contact si le temps est calme et la vapeur d'eau passe à l'état liquide.

Toute cause qui empêche le refroidissement du sol, empêche le dépôt de rosée; ainsi un abri étendu au-dessus de la terre, ainsi les nuages qui forment comme un rideau. On remarque en effet qu'il n'y a pas ou presque pas de rosée les nuits où le ciel est nuageux, tandis qu'il y en a un abondant dépôt quand le ciel est sans nuages.

La rosée ne se forme pas sur les feuilles des arbres comme sur l'herbe, parce que l'air qui se refroidit à leur contact devient plus dense et tombe avant d'être arrivé à la saturation.

La rosée se produit surtout au printemps et en automne. L'hiver, la différence de température entre le jour et la nuit est trop faible; l'été, l'humidité n'est pas grande et l'air ne se refroidit pas assez pour se saturer.

La *gelée blanche* est de la rosée qui s'est congelée parce que le refroidissement du sol a été très grand et s'est continué au-dessous de zéro après le dépôt de rosée proprement dit. On évite son dépôt sur les plantes en les abritant pendant les nuits froides et claires du printemps ou même encore en produisant au-dessus d'elles une fumée qui forme comme un nuage artificiel.

Exercices.

29. On sait que le poids d'un litre de vapeur d'eau à 20° est de ^{gr},745 sous la pression de 760 millimètres, que ce poids diminue avec la pression; on demande quel sera le poids de la vapeur d'eau contenue dans un mètre cube, si la pression de la vapeur est de 18 millimètres.

30. Si toute la vapeur contenue dans l'air d'une chambre de 40 mètres cubes, à 20°, se déposait à l'état de rosée, quel serait le volume de cette eau liquide ainsi formée?

Questionnaire.

Comment peut-on montrer qu'il existe de la vapeur d'eau dans l'air?

Qu'appelle-t-on hygroscopes et hygromètres?

Qu'indique un hygroscope?

De quoi dépend le degré d'humidité de l'air? est-ce du poids de vapeur contenue dans l'air?

Sur quel principe repose l'hygromètre à cheveu de Saussure?

Dans quelles conditions se dépose la rosée?

Comment se produit la gelée blanche et quels sont les moyens d'en préserver les plantes?

Devoir.

A l'aide de quel corps peut-on montrer que l'air est plus ou moins humide, et comment peut-on connaître le degré d'humidité de l'air? A-t-on intérêt à savoir quel est ce degré d'humidité?

CHAPITRE XV

PRODUCTION ET PROPAGATION DU SON

121. Production du son. — Le son est le résultat d'une impression produite sur l'organe de l'ouïe par les déplacements nombreux et réguliers d'un corps matériel. Ainsi, quand un verre à boire est ébranlé par un choc il produit un son; si l'on applique le doigt sur le bord du verre, on sent une sorte de frémissement qui accuse le très rapide mouvement du bord; on dit que le verre *vibre*, et le son s'éteint aussitôt que le contact du doigt a fait cesser le mouvement vibratoire. On peut d'ailleurs rendre·plus sensible le mouvement du bord du verre : on en approche assez près une pointe A qui ne le touche pas et un petit pendule B qui y est appuyé (fig. 89), puis on fait rendre un son au verre, soit en le

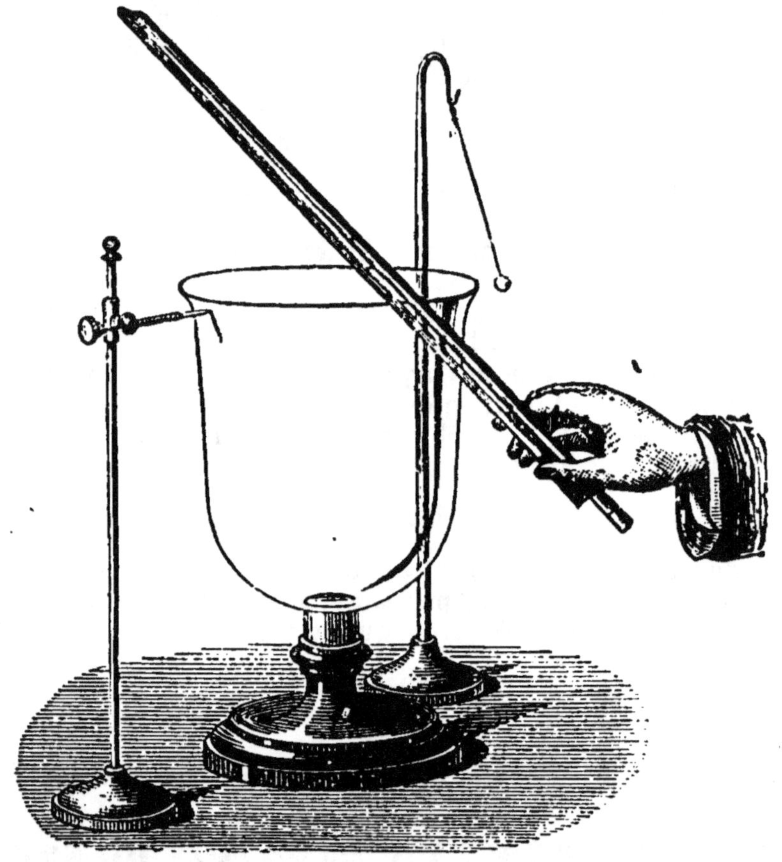

Fig. 89. — Moyen de montrer les vibrations d'un verre qui rend un son.

frappant, soit en le frottant avec un archet. Le petit pendule est repoussé vivement toutes les fois qu'il vient toucher le verre; et on entend une série de chocs du verre contre la pointe fixe.

Le mouvement vibratoire qui produit un son est composé d'une succession de déplacements nombreux et réguliers d'un corps matériel autour de sa position d'équilibre. Pour nous en convaincre, fixons dans un étau une tige DC et écartons l'extrémité C en C' pour l'abandonner ensuite à elle-même. Nous la voyons exécuter une série de mouvements de C' en C″ et de C″ en C'. Une allée et une venue de la tige est ce que nous appelons une *vibration*. Quand la tige est assez courte, les vibrations qu'elle exécute sont rapides (fig. 90), si rapides même que l'œil ne les distingue plus et qu'il voit la tige comme si l'extrémité C était renflée ; alors la tige rend un son dont la force s'éteint peu à peu à mesure que diminue la grandeur des déplacements de la tige. Tel est le mouvement vibratoire.

122. Tous les corps qui rendent un son exécutent des vibrations. — Il est facile de montrer par une série d'expériences

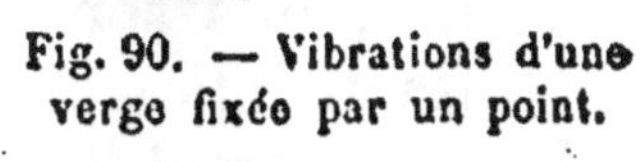

Fig. 90. — Vibrations d'une verge fixée par un point.

que tous les corps qui rendent un son exécutent un mouvement vibratoire plus ou moins rapide.

Si l'on saupoudre de sable fin une plaque métallique fixée en son milieu et qu'on frotte le bord de la plaque avec un archet (fig. 91), la plaque rend un son, et l'on voit le sable sautiller et se rassembler suivant des lignes régulières, certaines parties de la plaque ont été animées d'un mouvement très rapide.

Que l'on tende sur un tableau noir entre deux chevalets une corde blanche et qu'on la pince, on voit les allées et venues qu'elle exécute de part et d'autre de sa position d'équilibre. Mais si la tension de la corde est suffisante, les vibrations sont plus rapides; la corde ap-

Fig. 91. — Vibrations d'une plaque.

paraît comme un fuseau, gonflée en son milieu (fig. 92); ses déplacements sont si rapides que l'œil ne peut plus les distinguer, elle rend un son dont l'intensité diminue avec le mouvement de la corde.

L'air lui-même est en vibration quand il produit un son. Pour le prouver on fait résonner un tuyau de bois placé sur une soufflerie et présentant une paroi de verre, et on descend dans ce tuyau une membrane de baudruche tendue sur un cadre et saupoudrée de sable fin (fig. 93); on voit le sable sauter violemment tant que le tuyau résonne.

Ainsi tous les corps qui rendent un son accomplissent un mouvement vibratoire rapide et régulier.

123. Sons et bruits. — Qualités des sons.

— Le choc d'un marteau sur une pierre, celui de deux corps durs en général, produisent sur l'oreille une sensation vague de très courte durée que nous désignons sous le nom de *bruit*. Nous appelons également bruit un mélange confus produit par plusieurs mouvements discordants et irréguliers, tandis que nous appelons *son musical* le son de quelque durée qui nous laisse une sensation bien définie.

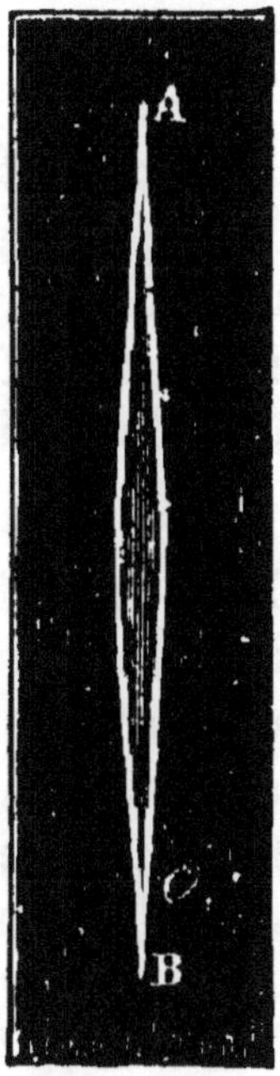

Le son musical a trois caractères distinctifs : il est plus ou moins *intense;* il est plus ou moins *élevé* et il a un *timbre* particulier.

Une corde tendue donne un son qui va en diminuant d'*intensité* à mesure que les mouvements de la corde sont moins grands, qu'ils ont une moindre amplitude; l'intensité du son tient donc à l'amplitude des vibrations.

Fig. 92. — Forme que présente une corde pendant sa vibration.

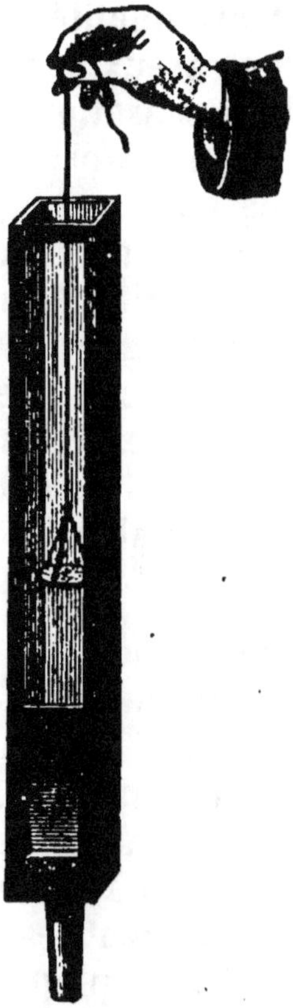

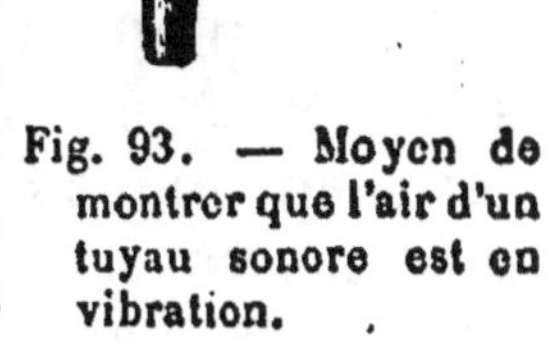

Fig. 93. — Moyen de montrer que l'air d'un tuyau sonore est en vibration.

De quoi dépend la *hauteur* du son, c'est-à-dire le caractère que l'on exprime en disant qu'un son est plus aigu ou plus grave qu'un autre? Il dépend du nombre des vibrations, comme on peut s'en assurer avec la corde tendue : en effet, à mesure qu'on tend la corde davantage, on rend ses vibrations plus rapides, on lui en fait produire un plus grand nombre dans le même temps, et on constate que les sons qu'elle donne sont de plus en plus élevés. Quant au *timbre*, c'est la qualité qui permet de distinguer l'un de l'autre deux sons de même hauteur et de même intensité, de distinguer le même son émis par deux instruments différents.

Au premier abord un bruit isolé n'a aucune de ces trois qualités des sons musicaux. Mais si on compare entre eux des bruits de même nature, on peut éprouver une sensation qui rappelle celle que donnent les sons musicaux. Ainsi on peut tailler de petites planchettes de bois, de telle sorte qu'en les laissant successivement tomber l'une après l'autre, on ait la sensation d'une gamme. On construit même des harmonicas avec des lamelles de bois placées sur deux fils tendus, de telle sorte qu'en les frappant successivement avec un petit marteau de bois on puisse exécuter un air. Les bruits sont donc en réalité moins différents des sons musicaux qu'on ne le croit tout d'abord.

124. Propagation du son. — C'est un fait d'expérience journalière que les corps matériels, solides, liquides ou gazeux, transmettent bien les sons. Nous entendons les sons produits à distance et communiqués par l'air à notre oreille. Les solides transmettent aussi les sons, même beaucoup mieux que l'air : en appliquant l'oreille à l'extrémité d'une longue poutre on entend distinctement les plus petits chocs produits à l'autre bout. Si l'on applique l'oreille contre la terre, on perçoit à plusieurs kilomètres le roulement d'une voiture. Cependant les corps mous comme les draperies ne transmettent pas bien les sons, aussi les emploie-t-on en portières, pour empêcher d'entendre dans une pièce ce qui se dit dans une pièce voisine. Les liquides aussi transmettent les vibrations sonores : un plongeur perçoit non seulement les bruits qui prennent naissance dans l'eau autour de lui, mais encore les bruits du rivage.

125. Le son ne se propage pas dans le vide. — On montre par l'expérience que le son a besoin d'un corps matériel pour se transmettre à notre oreille, que les *vibrations sonores ne traversent pas le vide*. On prend un ballon de verre dans lequel est suspendue une clochette par des fils de coton (fig. 94). Tant que le ballon est plein d'air à la pression ordinaire, il suffit de l'agiter pour entendre le son de la clochette; les vibrations sont transmises par l'air intérieur à la paroi de verre, de celle-ci par l'air environnant à l'oreille de l'observateur. On fait le vide dans le ballon et en recommençant à l'agiter on n'entend plus le son. On ouvre alors progressivement le robinet pour laisser rentrer lentement l'air et on constate que le son, d'abord faible, redevient plus perceptible à mesure que l'air rentre.

Fig. 94. — Ballon à clochette pour montrer que le son ne se transmet pas dans le vide

Cette dernière partie de l'expérience explique bien un fait remarqué des touristes, que le son de la voix est moindre sur les hautes montagnes que dans la plaine; c'est qu'en effet l'air est raréfié au sommet de la montagne; il l'est de plus en plus à mesure que l'on s'élève et on a pu constater, dans les ascensions en ballons, qu'à une grande hauteur un coup de pistolet ne produit plus qu'un faible bruit.

126. Mode de propagation du son dans l'air. — Le son se transmet dans l'air, dans toutes les directions, tout autour du point de production, et il se passe en tous sens un phénomène analogue à celui qui prend naissance sur la surface d'un grand bassin plein d'eau au centre duquel un piston s'élève et s'abaisse dans le liquide. Au premier mouvement du piston sur l'eau, comme au choc d'une pierre qui tomberait sur le bassin, il se forme une petite vague de forme circulaire qui s'éloigne progressivement du point où elle s'est formée. Mais si le piston est animé d'un mouvement régulier, il produit une succession régulière de vagues circulaires qui suivent la première dans leur développement et leur trajet. Il se forme une série de bourrelets et de sillons qui s'élargissent sans cesse et courent avec une grande régularité à la file l'un de l'autre. Il suffit d'un peu d'attention pour reconnaître que ces ronds sont composés chacun d'une petite vague et d'un petit sillon; un petit corps flottant à la surface de l'eau comme un brin de paille est en effet soulevé par chaque vague; mais il ne change pas de place. Cette dernière observation montre que les ébranlements communiqués à l'eau ont transmis à chaque point du liquide un mouvement de va-et-vient, mais qu'il n'y a pas eu transport de l'eau elle-même du centre vers le bord.

Ce qui se passe ainsi dans un plan horizontal donne l'image de ce qui se produit en tous sens dans l'air autour d'un corps sonore. Chacun des mouvements exécutés par le corps en vibration se communique de proche en proche à l'air environnant; chaque point de l'air ébranlé exécute une série de mouvements de va-et-vient, et finalement, sans qu'il y ait eu transport de l'air, il y a transport du mouvement vibratoire; en un mot, au bout d'un certain temps, à une certaine distance du centre d'ébranlement, l'air répète le premier mouvement vibratoire.

127. Vitesse de propagation du son. — La propagation du son n'est pas instantanée; ainsi qu'on peut s'en convaincre par l'observation, le son met un temps appréciable pour se transmettre d'un point à un autre, tant soit peu éloigné du premier. Quand on observe la décharge d'une arme à feu faite à une distance un peu considérable, on aperçoit d'abord l'éclair de l'explosion et la fumée, et c'est seulement plusieurs secondes après que l'on entend le son. Quand on suit à quelque distance les mouvements d'un bûcheron qui abat un arbre, on voit le mouvement de la cognée contre l'arbre avant d'en entendre le son. Il y a donc lieu d'étudier le temps que le son met à parcourir une distance, ou l'unité de distance, autrement dit de déterminer sa vitesse.

Tous les sons se propagent-ils également vite? C'est

là une première question à résoudre et à laquelle l'expérience répond affirmativement. On remarque en effet qu'un morceau d'orchestre entendu de plus près ou de plus loin conserve pour l'oreille le même caractère, ce qui implique nécessairement que tous les sons se trouvent transmis de la même manière. Dès lors pour étudier le mouvement de propagation des sons on peut prendre un son quelconque; on le choisit fort afin qu'on puisse l'entendre à une assez grande distance.

En 1822, les membres du Bureau des Longitudes ont déterminé la vitesse du son dans l'air entre Montlhéry et Villejuif.

Un groupe d'observateurs était à Villejuif, l'autre groupe à Montlhéry : une pièce de canon était disposée dans chacune des deux stations. On tirait un coup de canon à Villejuif à une heure convenue; les observateurs de Montlhéry déterminaient avec un compteur à secondes l'intervalle de temps écoulé entre l'apparition de la lumière et l'audition du son.

Une seule observation faite avec précision aurait à la rigueur pu suffire; mais pour diminuer les chances d'erreurs, on croisait les observations, en tirant un canon à Montlhéry et en observant de Villejuif le temps après lequel la détonation était perçue. On fit ainsi plusieurs expériences et on prit la moyenne des résultats obtenus. On trouva que pour la distance de 18 360 mètres, il s'écoulait une moyenne de 54 secondes entre l'apparition de la lumière et l'audition du son, ce qui donnait pour la vitesse $\dfrac{18360}{54} = 340$. La température pendant l'expérience était de 15°. Le son parcourt donc 340 mètres par seconde à la température de 15°.

La vitesse du son dans les liquides est environ quatre fois plus grande que dans l'air; elle est encore bien plus grande dans les solides.

128. Diminution de l'intensité du son avec la distance. — Comme le son se propage

dans tous les sens autour du point sonore, les mouvements vibratoires sont transmis à des surfaces sphériques
d'un rayon de plus en plus grand, l'énergie avec laquelle
l'air est ébranlé diminue rapidement avec la distance ;
l'intensité du son diminue comme elle à mesure qu'on
s'éloigne du point où le son est produit, et le son finit
par s'éteindre à une certaine distance de son point d'o-
rigine.

Mais si l'on transmettait le mouvement vibratoire à
des tranches d'air de même surface, l'intensité primitive
du son se conserverait à de plus grandes distances. C'est
ainsi qu'on procède quand on veut communiquer à d'assez
grandes distances au travers d'obstacles qui arrêteraient

Fig. 95. — Tuyaux acoustiques.

la voix ; on établit entre les deux points des *tubes acoustiques*. Ce sont des tubes flexibles de caoutchouc terminés à leurs extrémités par une embouchure. Au repos,
chaque embouchure porte un sifflet (fig. 95). Si on enlève
le sifflet d'une des extrémités A et que l'on souffle par
l'embouchure, le sifflet de l'autre extrémité résonne et
avertit la personne qu'on va lui parler. Quand on parle
devant l'embouchure A, les vibrations sonores transmises à l'air gardent leur intensité dans les différents
points du tuyau et elles arrivent en A' sans s'être notablement affaiblies ; si en A' la personne qui écoute place
l'embouchure du tuyau près de son oreille, elle entend
très distinctement ce qu'on lui dit de A. Ces tuyaux sont

aujourd'hui d'un usage courant entre les différentes pièces d'un même service ou d'une même maison.

129. Réflexion du son. — Écho. — Quand les vibrations sonores rencontrent un obstacle fixe, elles sont renvoyées par lui, et dans la direction qu'elles prennent elles semblent venir d'un point d'ébranlement placé de l'autre côté de l'obstacle. Ce phénomène de *réflexion* dont on peut constater approximativement les lois par une bille élastique envoyée contre un plan fixe, permet d'expliquer les échos.

L'écho est la répétition d'un son déjà entendu, par la réflexion contre un obstacle des vibrations sonores qui ont produit le son. On pousse un cri en face d'un grand mur situé à une certaine distance et on entend la répétition de ce cri au bout d'un temps plus ou moins long suivant la distance du mur, tel est l'écho simple. On voit un chasseur tirer son arme au versant d'une colline, à une certaine distance, on entend le bruit de la détonation suivi bientôt d'une répétition qui en est l'écho; dans ce dernier cas l'observateur a d'abord entendu le son direct, puis le son réfléchi par la montagne, la colline, un fort tertre élevé ou tout autre obstacle, et le trajet parcouru par ces vibrations ainsi réfléchies a été notablement plus long que le premier.

Pour se rendre compte des conditions dans lesquelles l'écho peut se produire distinctement, il suffit de considérer la distance à laquelle se trouve l'observateur de l'obstacle sur lequel s'effectue la réflexion. Soit un obstacle placé à 340 mètres; il faudra 1″ au son pour gagner l'obstacle, 1″ pour revenir au point de départ, en tout 2 secondes. Un son instantané se trouvera donc répété après 2″. Et si l'on produit une succession de sons, des syllabes articulées, on entendra répéter les dernières; si par exemple on en prononçait quatre par seconde, quand on se taira, on entendra les huit dernières que l'on aura prononcées.

Si la distance de l'obstacle au lieu d'être de 340 mètres

n'est plus que de 170 mètres, il ne faut plus qu'une demi-seconde pour aller de l'obstacle à l'observateur, une seconde pour le trajet entier, l'écho répétera deux fois moins de syllabes.

Certains échos peuvent être disposés de manière à se renvoyer un son plusieurs fois, après plusieurs réflexions successives ; ce sont les échos multiples dont le plus célèbre est celui de la villa Simonetta, près de Milan, où un coup de pistolet est répété quarante fois.

Résonnance. — Dans les longs corridors, dans les nefs d'églises, dans les cloîtres, on entend confusément les sons produits : c'est que le son réfléchi se superpose au son direct en le prolongeant un peu et en le mêlant au son suivant ; alors les syllabes se confondent les unes avec les autres en une sorte de bourdonnement qui rend la parole inintelligible. C'est à ce phénomène qu'on donne le nom de résonnance. On le fait disparaître en partie dans les grandes salles par des draperies, des tentures, des ornements qui amortissent les vibrations ou qui gênent les réflexions sonores. Il faut l'empêcher dans les salles de conférences ou de théâtre.

Exercices.

31. On sait que le son parcourt par seconde 340 mètres dans l'air et 1400 mètres dans l'eau. On produit au bord d'un grand lac un son fort ; au bout de combien de temps l'entendra-t-on à l'autre bord distant du premier de 3100 mètres : 1° par l'eau ; 2° par l'air ?

32. On suppose qu'on est placé à 510 mètres d'un grand mur qui fait écho ; on prononce 24 syllabes en six secondes, combien de syllabes entendra-t-on après qu'on aura cessé de parler ?

Questionnaire

Quelles sont les expériences que l'on peut faire pour prouver que tout corps qui rend un son est en vibration ?

Quelles sont les trois qualités du son ? à quoi tient l'intensité ? de quoi dépend la hauteur ?

Quelle est la vitesse du son dans l'air ? Quelle est sa vitesse dans l'eau ?

Comment se produit l'écho ? Qu'arrive-t-il lorsqu'on parle à l'extrémité d'un long corridor à une personne placée à l'autre extrémité ?

Devoir.

Quels sont les faits d'expériences qui prouvent que le son met un certain temps pour se transmettre d'un point à un autre, et comment peut-on mesurer la vitesse du son entre deux points visibles l'un de l'autre, et dont la distance est connue?

CHAPITRE XVI

PHÉNOMÈNES ÉLECTRIQUES

130. Production de l'électricité par le frottement. — Les anciens avaient remarqué que l'ambre jaune, frotté avecune étoffe de laine, devient capable d'attirer les corps légers, comme des brins de paille, des débris de feuilles sèches, des barbes de plumes.

Ils désignaient cette propriété sous le nom de propriété de l'ambre ou *électrum*, d'où est venu le nom d'*électricité*, mais ils n'avaient pas autrement étudié le phénomène. A la fin du xvi⁰ siècle, un médecin anglais, Gilbert, reconnut qu'on pouvait communiquer la propriété attractive à un grand nombre de corps, électriser par le frottement le soufre, la résine, le verre, les pierres précieuses, la gomme laque.

Aujourd'hui on communique la propriété électrique au verre en le frottant avec un

Fig. 96. — Bâton électrisé attirant des corps légers.

morceau de drap, à la résine en la battant avec une peau de chat, au papier bien séché en le frottant vivement avec la main, etc. (fig. 96).

131. Corps conducteurs et corps isolants. — On avait été conduit à partager les corps en deux groupes : ceux que le frottement électrise, et ceux où après le frottement il ne se manifeste pas de propriété attractive. Aujourd'hui, l'on sait électriser les métaux et l'on adopte une autre classification. Les corps, comme les métaux, qui manifestent immédiatement dans tous leurs points la propriété électrique quand on les a mis en contact avec un corps électrisé, sont appelés *conducteurs* de l'électricité : ils laissent en effet se propager l'électricité sur leur surface à une distance quelconque de la source qui la leur fournit. Si on les tient à la main, l'électricité se répand sur tout le sol par l'entremise du corps humain.

Les autres corps, comme la résine et le verre, ne laissent pas l'électricité se propager, ils ne s'électrisent que dans les points où le frottement s'exerce; ils sont *mauvais conducteurs*. Mais ils peuvent servir à garder l'électricité sur un corps conducteur si on les met comme supports à ce dernier; ils servent donc à *isoler* le corps conducteur, de là le nom d'*isolants* qui leur est donné. Ils remplissent bien leur objet s'ils sont secs et si l'air lui-même est sec; mais quand l'air est humide, il devient conducteur et il rend également conducteurs presque tous les isolants.

Grâce à l'emploi des substances isolantes, on peut montrer que *tous les corps sont susceptibles d'être électrisés par le frottement*. Il suffit en effet de battre avec une peau de chat une sphère de cuivre montée sur un support de verre pour que cette sphère donne des signes évidents d'électricité.

132. Pendule électrique.—Attractions et répulsions. — Pour reconnaître si un corps est électrisé, on n'emploie pas seulement des corps légers comme nous l'avons dit, on se sert fréquemment du *pendule électrique*. C'est une petite potence suspendant par un fil fin une petite balle de sureau (fig. 97). On en approche le corps électrisé, et la balle est attirée par le corps.

Si l'on tient à ne constater que des attractions, on emploie un pendule dont la potence est métallique et le fil qui suspend la balle un fil de chanvre. Mais si l'on veut

pousser plus loin l'expérience et faire garder à la balle
de sureau l'électricité qu'elle pourra prendre par son
contact avec
le corps élec-
trisé, il faut
prendre un
pendule à
potence de
verre et à fil
de soie.

Avec ce
dernier pen-
dule, voici
ce que l'on
constate. Ap-
proche-t-on
un bâton de

Fig. 97. — Pendule électrique.

verre électrisé? la balle de sureau est attirée et vient
toucher le verre; aussitôt ce contact la balle est vivement repoussée. Le phénomène comprend donc une *at-
traction* d'abord et après le contact une *répulsion*.

Les corps légers dont on approche un bâton de résine
ou de verre électrisé sont tout d'abord attirés, puis ils
sont repoussés quand ils ont touché le bâton et qu'ils lui
ont pris par contact un peu d'électricité.

133. Distinction des deux électricités.

— On dispose deux pendules isolés. On frotte un bâton
de verre avec du drap; on le présente à l'un des pendules,
A, par exemple : la balle est attirée et, après son contact
avec le bâton, elle a pris de l'électricité du verre et elle
est repoussée par le verre.

On frotte le bâton de résine avec une peau de chat et
on l'approche du pendule B, dont la balle est attirée
d'abord puis repoussée.

Le bâton de résine approché du pendule A attire la
boule. Le bâton de verre approché du pendule B attire
la boule. On en peut conclure que *l'électricité du verre*

repousse *l'électricité du verre et attire l'électricité de la ré-sine*, et que *l'électricité de la résine repousse l'électricité de la résine et attire l'électricité du verre*. Il y a donc au moins deux électricités, celle que prend le verre frotté avec la laine et celle de la résine frottée avec une peau de chat. Mais il n'y a que ces deux, car un corps quelconque électrisé et approché successivement des deux pendules A et B attire l'un et repousse l'autre. On ne les appelle pas électricités vitrée et résineuse; on préfère les noms d'électricité *positive* et d'électricité *négative*.

L'expérience démontre que deux corps frottés l'un contre l'autre développent les deux électricités, l'une sur un des corps, la seconde sur l'autre corps.

134. Électrisation des corps par influence. — Quand on approche d'un corps électrisé un conducteur isolé à l'état naturel, ce dernier manifeste, même à distance, des signes d'électricité. C'est à ce phénomène du développement d'électricité à distance et sans contact qu'on donne le nom *d'influence* ou encore *d'induction*. Le corps électrisé d'abord porte le nom de corps *influent* ou *inducteur*; celui dans lequel se développe de l'électricité par l'action du premier est le corps influencé ou *induit*.

Première expérience. — On approche d'une sphère isolée S, chargée d'électricité, un cylindre isolé aussi BA (fig. 98) et portant suspendus une série de doubles pendules à balles de su-

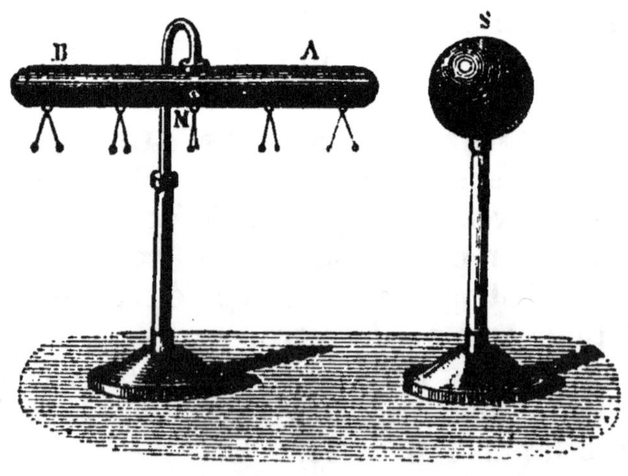

Fig. 98. — Sphère électrisée S, et cylindre BA pour montrer les phénomènes d'influence.

reau. Quand le cylindre s'approche de la sphère, tous ses pendules divergent à l'exception de celui qui est un peu en avant du milieu, et leur divergence augmente du milieu vers chacune des extrémités.

Dans la moitié A du cylindre tournée vers la sphère, l'électricité est de nom contraire à celle de la sphère; elle est de même nom dans la moitié B la plus éloignée.

Si on approche davantage le cylindre, la divergence des pendules augmente; la charge électrique aux deux bouts augmente donc aussi.

Si on éloigne le cylindre, la charge électrique diminue ou disparaît et le cylindre revient à l'état neutre.

L'approche de la sphère a donc séparé les deux électricités contraires, qui sont sur le cylindre en charge égale : l'électricité de nom contraire à la source a été attirée le plus près de la source, l'autre de même nom a été repoussée, et il y a sur le cylindre une portion *neutre* où il ne se manifeste pas d'électricité.

Si on touche le cylindre avec le doigt, en un point quelconque, l'électricité la plus éloignée de la source disparaît dans le sol; on voit augmenter la divergence des pendules de l'extrémité A; l'influence a sa plus grande valeur.

Au moment où l'on cesse la communication avec le sol, si on éloigne le cylindre, l'électricité unique qui y reste s'y répand sur toute la surface, il reste chargé d'électricité de nom contraire à celle de la source et il peut servir à son tour de source électrique.

On emploie fréquemment ce moyen pour charger un corps d'électricité contraire à celle que possède un autre corps : on l'approche de la source, on le touche avec le doigt et on l'éloigne.

Deuxième expérience. — Charger le corps de même électricité que la source. — Si au lieu de faire communiquer le cylindre avec le sol on continue à l'approcher de la source, il arrive un moment où les pendules de la moitié A retombent, et si l'on a observé attentivement, on a pu remarquer une étincelle entre la source et l'extrémité A. Les deux électricités contraires de A et de la source se sont recombinées à travers l'espace avec flamme et bruit et il n'y a plus sur le cylindre que de l'électricité de même nom que celle de la source. Éloigné immédiatement, le cylindre est une source d'électricité analogue à la sphère prise comme source primitive, mais un peu plus faible.

Ces phénomènes se produisent toutes les fois qu'un corps est approché d'un autre corps électrisé; et quand leur distance est assez faible, il part entre eux une étincelle.

135. Électroscope à feuilles d'or. — On donne le nom d'*électroscopes* à tous les appareils à l'aide desquels on peut constater qu'un corps est électrisé. Le plus simple est le pendule; l'un des plus employé est *l'électroscope à feuilles d'or*.

Cet appareil se compose d'une tige métallique terminée à sa partie supérieure par une boule de laiton et portant à la partie inférieure deux lames d'or longues, minces et très légères. La tige est mastiquée dans la douille d'une cloche de verre dont toute la partie supérieure est couverte d'un vernis à la gomme-laque (fig. 99). La cloche repose sur un plateau métallique où l'on met de la chaux

Fig. 99. — Électroscope à feuilles d'or

vive ou du chlorure de calcium pour absorber l'humidité de l'air; le plateau porte deux tiges en métal contre lesquelles les feuilles d'or se déchargent quand elles ont été très fortement écartées.

L'électroscope sert d'abord pour constater qu'un corps est électrisé, et ensuite pour déterminer de quelle électricité il est chargé.

Pour *constater qu'un corps est électrisé*, on l'approche de la boule de l'électroscope, il se manifeste sur la tige de celui-ci un phénomène d'influence, de l'électricité est attirée dans la boule, de l'autre repoussée dans les lames d'or qui, électrisées de la même façon, se repoussent et divergent. Si le corps présenté ne fait pas diverger les lames, c'est qu'il n'est pas électrisé.

136. Machines électriques. — La première machine qui a servi à obtenir de l'électricité en quantité un peu notable a été imaginée par Otto de Guericke. Elle consistait en un globe de soufre monté sur un axe et auquel on pouvait imprimer un mouvement de rotation. Pendant le mouvement on appuyait sur le soufre les mains bien sèches, et le frottement développait de l'électricité. On recueillait cette électricité sur un conducteur isolé par des fils de soie et tenu très près du soufre.

Depuis on a imaginé bien des modèles de machines électriques. Nous ne décrirons que l'*électrophore* de Volta et la *machine à plateau de verre* de Ramsden.

137. Électrophore. — L'électrophore se compose de deux parties : un gâteau de résine ou une lame de gutta-percha, de caoutchouc durci reposant sur un disque de bois; puis un conducteur métallique en forme de disque (en bois recouvert de papier d'étain) muni d'un manche de verre (fig. 100). On commence par frotter le gâteau de résine avec une peau de chat; il s'électrise alors négativement et l'électricité y pénètre et y reste comme sur les corps isolants

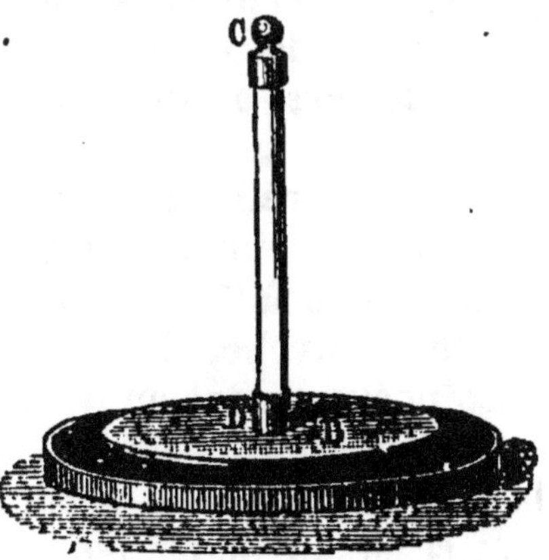

Fig. 100. — Électrophore.

On pose sur la résine le disque conducteur; l'influence se manifeste; de l'électricité positive est attirée à la partie inférieure du disque pendant que l'électricité négative est repoussée à la face supérieure jusqu'au manche isolant. On touche le disque avec le doigt, on fait écouler ainsi l'électricité négative et, si cessant le contact on enlève le disque par son manche isolant, il emporte son électricité positive qui se répand sur toute sa surface.

Ce disque devient une source électrique qui peut charger un corps par contact. Si l'on en approche le doigt, on en tire des étincelles de quelques centimètres quand l'appareil est bien sec.

Lorsque le disque est déchargé on le pose à nouveau sur le plateau, on le recharge comme la première fois : on a ainsi une petite source, mais qu'il est très facile de mettre en état de produire de l'électricité.

138. Machine de Ramsden. — La *machine à plateau de verre* de Ramsden est encore très employée dans les cabinets de physique; elle donne par les temps secs suffisamment d'électricité pour les principales expériences; à ce titre elle mérite une description.

La pièce principale est un plateau de verre qui peut tourner autour d'un axe horizontal entre deux paires de coussins portés par les montants qui supportent l'axe (fig. 101). Perpendiculairement à la ligne des coussins se trouvent deux pièces métalliques en forme d'U, appelées *mâchoires* ou *peignes*, garnies de pointes à l'intérieur et fixées aux conducteurs de cuivre qui reposent sur des pieds de verre et qui sont les collecteurs de l'électricité produite par l'influence de celle du plateau.

Lorsqu'on fait tourner le plateau de verre en agissant sur la manivelle, il frotte entre les coussins et il s'électrise positivement en même temps que les coussins prennent l'électricité négative que les montants et le bâti de la machine laissent perdre dans le sol. Chaque partie électrisée du plateau arrive devant les mâchoires; un phénomène d'influence se produit, le plateau fonctionne

comme une source, les mâchoires et les cylindres à pied
de verre comme un conducteur isolé : l'électricité positive est repoussée sur les cylindres jusqu'aux pieds de

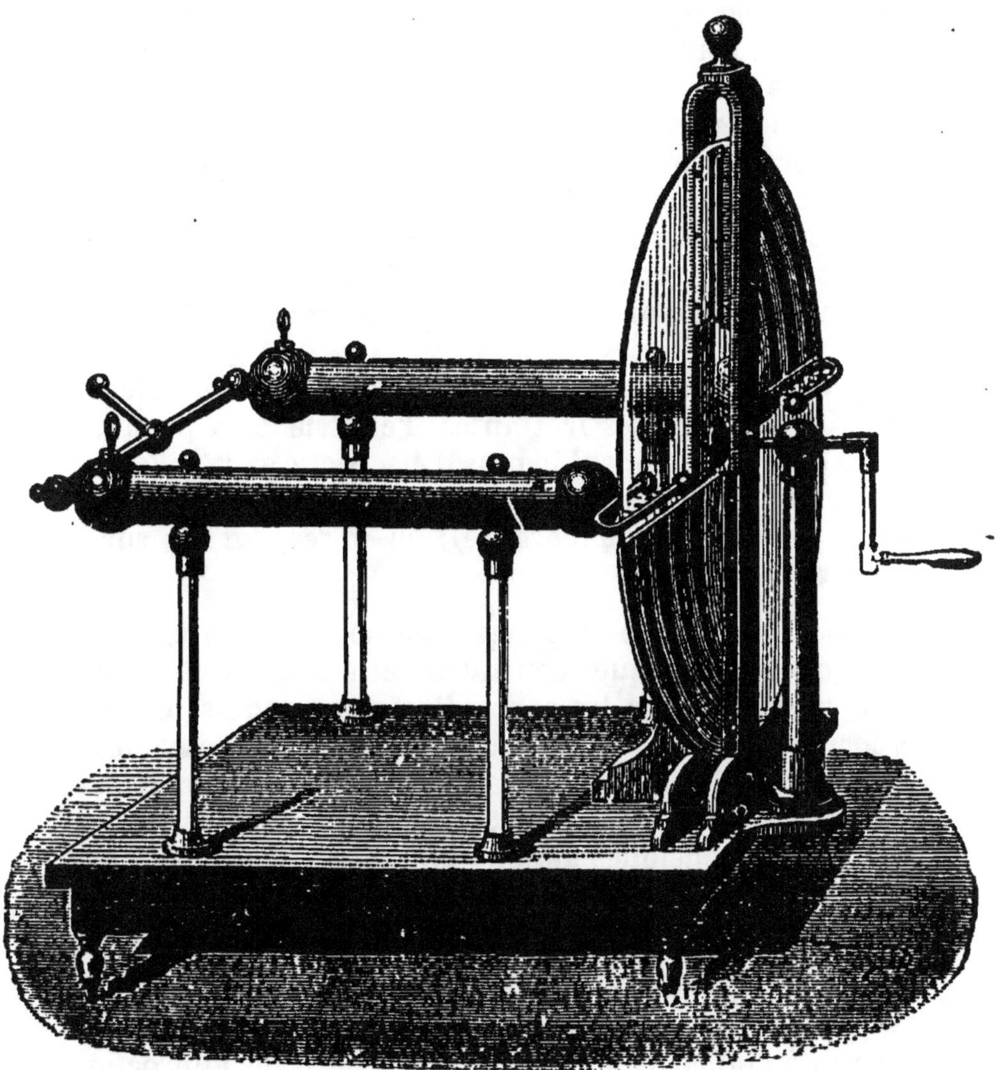

Fig. 101. — Machine à plateau de verre de Ramsden.

verre, l'électricité négative est attirée dans les pointes;
mais elle n'y peut pas rèster; les pointes la laissent perdre, et en s'échappant elle se combine à l'électricité
positive du plateau qui se trouve ainsi neutralisé. Ainsi,
des quatre secteurs du plateau, deux sont toujours char-

gés d'électricité parce qu'ils viennent de passer entre les coussins; les deux autres sont à l'état neutre après leur passage entre les mâchoires. Ce n'est donc pas l'électricité du plateau de verre qui passe sur les collecteurs de la machine; ceux-ci n'ont d'électricité libre que par un phénomène d'influence qui se répète tout le temps que l'on tourne le plateau.

Il est nécessaire d'éviter toutes les causes de déperdition si l'on veut qu'une machine produise toute l'électricité qu'elle peut donner : on frotte avec un linge bien sec les pieds isolants et on dispose au milieu de la table qui porte la machine un brasier rempli de charbon de bois allumé.

La quantité d'électricité développée par le frottement dépend des substances frottantes; l'expérience a prouvé que les corps qui donnent le plus d'électricité avec le verre sont l'or mussif (bisulfure d'étain), ou un amalgame de zinc (2 de zinc et 1 de mercure); on en recouvre la surface des coussins.

139. Effets de l'électricité. — Les premiers phénomènes électriques constatés ont été les attractions et les répulsions que les corps électrisés produisent sur les corps légers placés dans leur voisinage, puis est venue l'observation de l'étincelle, les mouvements des corps, la destruction de certains isolants, l'inflammation des corps combustibles, quelques actions chimiques spéciales, des commotions sur les êtres vivants. On peut donc grouper les effets de l'électricité en effets lumineux, mécaniques calorifiques, chimiques et physiologiques.

140. Effets lumineux. — **Étincelle.** — La théorie de l'influence nous a appris que si on approche assez l'un de l'autre deux corps dont l'un est électrisé, il part entre eux un trait de feu qui constitue l'*étincelle électrique*.

Cette étincelle diffère dans sa forme et dans sa puissance suivant la grandeur de la charge qui la produit. Quand la distance des boules entre lesquelles jaillit l'étin-

celle est courte, celle-ci affecte la forme d'un trait droit
(fig. 102); elle devient sinueuse et prend la forme de zig-
zags si la distance augmente. Dans le vide, elle apparaît
sous forme d'une lueur dont la couleur varie avec la nature du gaz qui remplissait auparavant le vase où elle
jaillit.

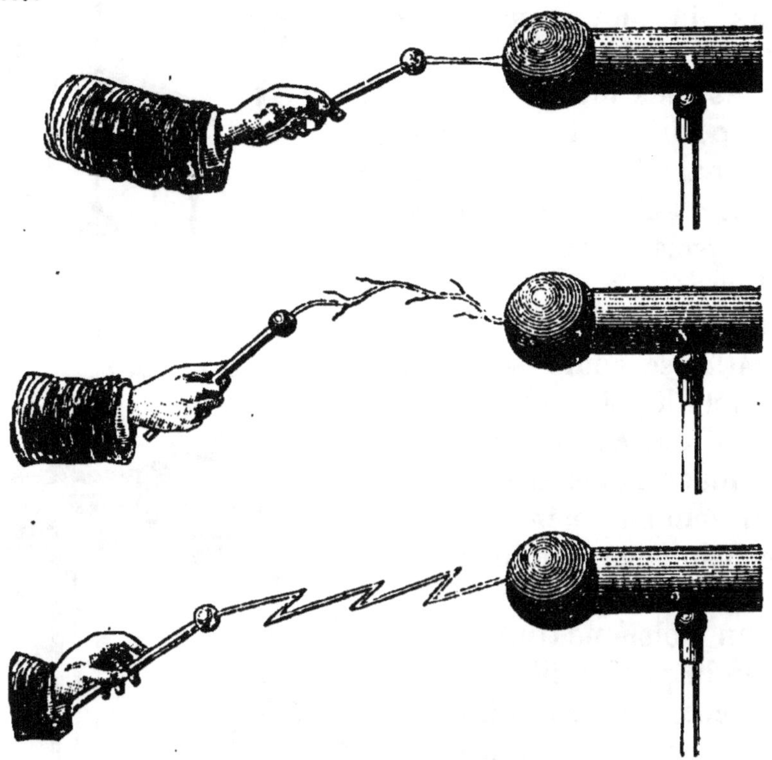

Fig. 102. — Diverses formes de l'étincelle électrique.

On peut la multiplier par une disposition particulière.
On colle sur un long tube à garniture métallique des
losanges de papier d'étain ou de clinquant très fin, en
mettant les pointes de ces losanges en regard et à une
courte distance les unes des autres. Le premier et le dernier des losanges touchent aux garnitures. Si l'on tient
à la main un pareil tube par une extrémité et qu'on présente l'autre bout à une machine électrique, on voit une
succession d'étincelles se produire d'un bout du tube à
l'autre; le tube est *étincelant*. Cette expérience peut être

variée de mille manières et donner lieu à des dessins lumineux sur tube ou sur feuille de verre.

141. Effets mécaniques.

— L'électricité peut animer certains corps légers de mouvements de va-et-vient; les deux exemples les plus faciles à réaliser expérimentalement sont d'une part le carillon électrique, d'autre part l'appareil à grêle ou la danse des pantins.

Le *carillon électrique* (fig. 103) se compose d'une tige métallique que l'on peut suspendre au conducteur d'une machine électrique et qui tient elle-même en suspension deux timbres en communication avec elle, un troisième timbre suspendu par un fil isolant, deux petites boules métalliques suspendues entre le timbre du milieu et ceux des extrémités. Le timbre du milieu est relié au sol. Quand l'appareil est en rapport avec une source électrique, les deux timbres extrêmes se chargent d'électricité, ils attirent les petites boules et les repoussent ensuite. Dans cette répulsion, les boules

Fig. 103. — Carillon électrique.

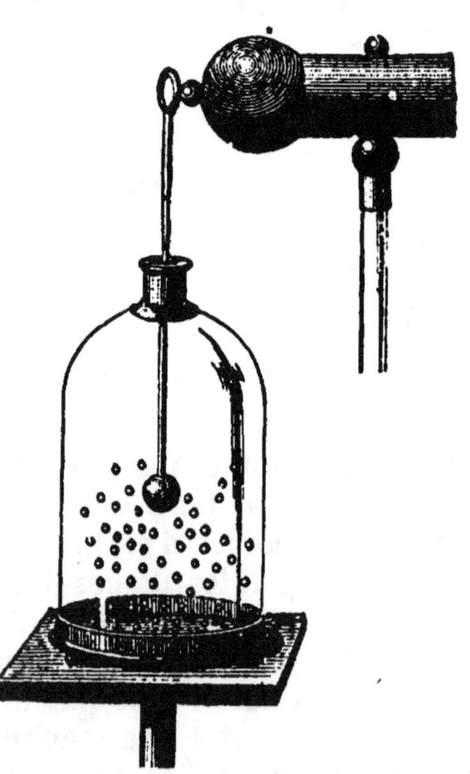

Fig. 104. — Appareil à grêle.

viennent frapper le timbre central et perdent l'électricité dont elles se sont chargées; alors le phénomène recommence; et le carillon s'entend et persiste tant que la machine est électrisée.

L'appareil à grêle se compose d'une cloche reposant sur un disque métallique (fig. 104). Dans le bouchon de la cloche passe une tige terminée à sa base par un plateau et en haut par un crochet ou une boule. Entre le plateau et le fond de la cloche, on place un grand nombre de balles de sureau. Quand le haut de la cloche est mis en rapport avec une machine électrique, le plateau s'électrise, il attire les balles de sureau qui s'élèvent, viennent le toucher, sont ensuite repoussées et retombent sur le plateau inférieur où elles perdent l'électricité qu'elles ont prise. Le phénomène continue et les billes prennent un rapide mouvement de va-et-vient.

On emploie souvent au lieu de cette cloche deux plateaux dont on suspend l'un à la machine tandis que l'autre communique au sol. Sur ce dernier on met des pantins en moelle de sureau terminés par des aigrettes. L'électricité du plateau supérieur attire les pantins; puis elle les repousse sur le plateau inférieur où ils perdent l'électricité qu'ils ont prise. Le phénomène recommence et les pantins accomplissent une danse d'un plateau vers l'autre.

L'électricité peut produire la rupture des corps mauvais conducteurs qu'on lui fait traverser; c'est ainsi qu'on peut appuyer deux pointes en regard contre une feuille de carton, faire passer une décharge électrique entre les pointes; on constate que le papier a été traversé par l'électricité.

Avec de fortes décharges on arrive à percer une lame épaisse de verre.

Nous continuerons l'étude des effets de l'électricité dans les leçons de la deuxième année.

Questionnaire.

Quels sont les principaux corps qui deviennent capables d'attirer les corps légers quand ils ont été frottés?

Tous les corps peuvent-ils être électrisés par le frottement?

Comment appelle-t-on les corps comme les métaux? les corps comme le verre et la résine?

Quelle est la forme du pendule électrique? comment ce petit appareil peut-il servir à montrer les attractions et les répulsions?

Qu'arrive-t-il quand on approche un corps d'un autre corps chargé d'électricité? Qu'arrive-t-il quand on approche les deux corps presque jusqu'au contact?

Quels sont les appareils qui donnent de l'électricité? De quoi se compose l'électrophore? Comment est montée la machine à plateau de verre.

Quels sont les effets de l'électricité? Comment se produit l'étincelle, quelles sont les formes qu'elle affecte?

En quoi consistent le carillon électrique et l'appareil à grêle?

Devoir.

Indiquer comment on électrise par le frottement un bâton de verre, un bâton de résine. Dire quelles précautions il faut prendre pour tenir une sphère de cuivre électrisée et comment on peut se servir d'une telle sphère pour électriser d'autres corps?

CHAPITRE XVII

ÉLECTRICITÉ DES PILES. — ACTIONS DU COURANT ÉLECTRIQUE

142. Expérience fondamentale. — Si l'on plonge dans de l'eau acidulée par un dixième d'acide sulfurique deux lames métalliques terminées chacune par un fil de cuivre, que l'une des lames soit de cuivre, l'autre de zinc pur ou de zinc ordinaire ayant sa surface amalgamée (fig. 105), tant que les deux lames restent séparées, rien ne se produit. Sitôt qu'on met en contact les deux fils et qu'on réunit ainsi les deux la-

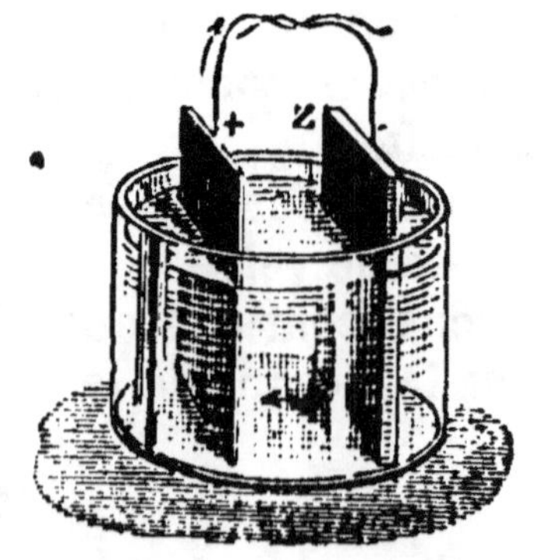

Fig. 105. — Pile simple.

mes par un circuit métallique, on constate deux phénomènes simultanés :

Une action chimique visible dans le liquide par le dégagement de nombreuses bulles gazeuses ;

Une action électrique qui peut être rendue sensible dans le fil si on lui fait produire l'un des effets de l'électricité.

Aussitôt que cesse le contact des deux extrémités du fil, les deux phénomènes précédents, action chimique et électricité, cessent aussi. Ils recommencent quand recommence la communication métallique extérieure des deux lames.

Il y a donc lieu de suivre attentivement chacun des deux phénomènes, l'action chimique dans le liquide, la présence d'électricité dans le fil.

L'action chimique est une dissolution du zinc et un dégagement d'hydrogène. Seulement ce gaz hydrogène se dégage en bulles sur la surface de la lame de cuivre, laquelle ne subit aucune attaque du liquide.

L'électricité qui existe dans le fil métallique formant le circuit d'une lame à l'autre peut, si les deux lames ont une surface assez grande, rougir un fil de platine fin et court. On lui fait ordinairement dévier une aiguille aimantée au-dessus de laquelle on met le fil qui réunit les deux lames.

On admet que la production d'électricité est due à l'action chimique exercée par le liquide sur une lame qu'il attaque en présence d'une seconde lame métallique non attaquée par le liquide. La production d'électricité commence avec l'action chimique, dure autant qu'elle, finit avec elle.

L'électricité est sensible dans le fil tout le temps que ce fil réunit les deux lames. On dit qu'il y a un *courant* électrique d'une lame à l'autre dans le fil, que la lame non attaquée est le pôle positif, la lame attaquée le pôle négatif.

L'ensemble des deux lames, du liquide et du fil conducteur, constitue ce qu'on appelle un *couple* électrique.

La réunion de plusieurs couples en communication les uns avec les autres forme une *pile*.

Les piles semblables à celle qui vient d'être décrite sont dites *piles simples* ou *à un seul liquide;* il en est une autre catégorie que l'on appelle *piles à deux liquides;* nous allons en étudier quelques-unes.

143. Pile à tassés. — Pile à auges. — Que l'on prenne plusieurs couples semblables au précédent,

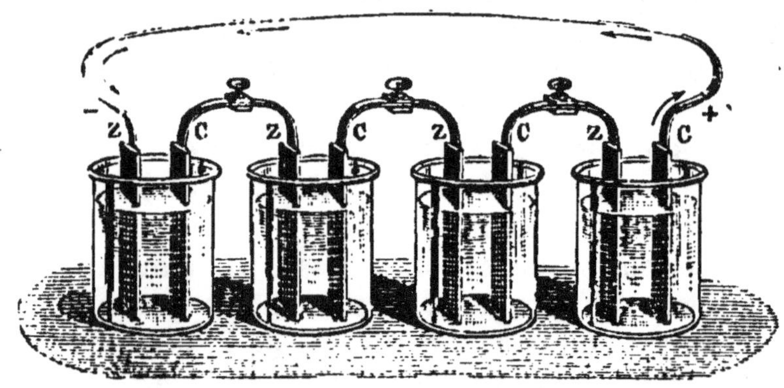

Fig. 106. — Pile à tasses.

qu'on réunisse le cuivre du premier au zinc du second, le cuivre du second au zinc du troisième, et ainsi de suite, il ne restera libre qu'un zinc au premier bout, un cuivre au dernier; c'est à ces deux lames que seront mis les deux fils conducteurs devant former le circuit extérieur : on montera ainsi l'appareil appelé *pile à tasses* (fig. 106).

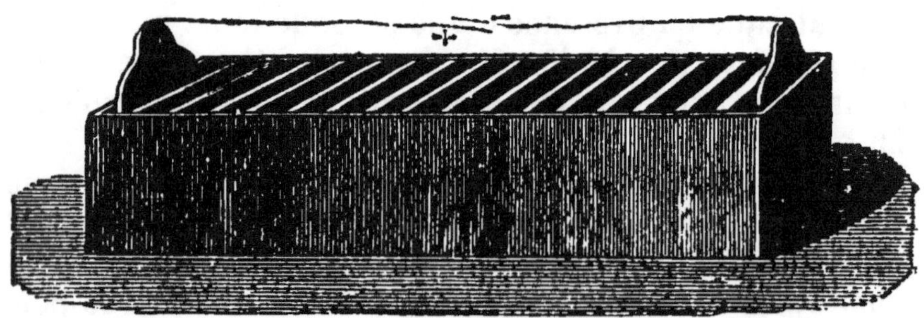

Fig. 107. — Pile à auges.

Le montage de la pile précédente est très long quand

on veut la constituer avec un grand nombre de couples. La pile *à auges*, imaginée par Cruiskans en 1800, est mise bien plus vite en état de fonctionner (fig. 107); les lames y sont à demeure, les deux fils conducteurs aussi, et il n'y a réellement qu'un vase à remplir d'eau acidulée puisque toutes les auges communiquent les unes avec les autres ; de plus, on peut donner de grandes dimensions aux plaques métalliques et obtenir ainsi plus d'électricité.

144. Pile de Volta. — La première pile est celle de Volta, imaginée en 1799 par le célèbre physicien. Elle est formée (fig. 108) d'une colonne de disques de zinc et de cuivre superposés avec des rondelles de drap imbibées d'eau acidulée interposées entre les disques. La colonne est montée sur un support de bois : elle commence par un disque de cuivre, une rondelle de drap et un disque de zinc et ainsi de suite jusqu'au dernier disque de zinc qui la termine. On réunit le premier cuivre et le dernier zinc par deux fils conducteurs qui sont le siège d'un courant électrique quand leurs extrémités sont réunies. Le courant électrique est d'autant plus fort que le nombre des disques est plus grand. Il provoque des commotions quand il traverse le corps humain.

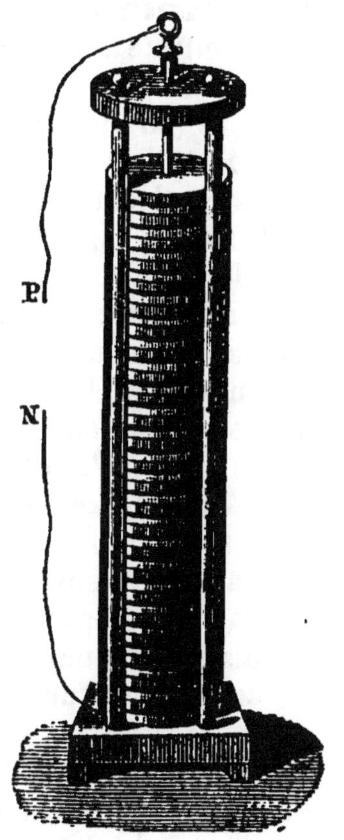

Fig. 108. — Pile à colonne de Volta.

Ici le couple élémentaire producteur d'électricité est encore composé, comme dans les cas précédents, d'un cuivre, d'eau acidulée et d'un zinc ; le cuivre y est le pôle positif, le dernier zinc le pôle négatif. La pression des disques sur les rondelles de drap en fait sortir le liquide acidulé; les rondelles se dessèchent assez promptement, de plus, le liquide qui s'écoule.le long de la colonne réunit les disques de tous les couples et gêne le dégagement de l'électricité dans le fil extérieur.

La description de la pile de Volta nous amène à faire en quelques mots l'historique de la découverte de l'électricité dynamique.

145. Historique de la découverte de l'électricité dynamique.

— L'électricité qui se manifeste le long d'un fil conducteur réunissant les deux parties d'une pile a reçu le nom d'électricité *dynamique* (en mouvement), par opposition au nom d'électricité *statique* (en repos) donné à l'électricité de frottement. Sa découverte ne remonte qu'à 1786.

Il faut ici rappeler l'expérience célèbre de Galvani.

Galvani, en étudiant l'action de l'électricité des machines à frottement sur les grenouilles, observa que ces animaux éprouvent de vives commotions quand on fait communiquer les nerfs lombaires avec les muscles des pattes au moyen d'un arc métallique dont une branche est en zinc et l'autre en cuivre.

On répète facilement la principale expérience de Galvani. On écorche une grenouille; on met à nu les nerfs lombaires. On suspend le corps de l'animal, par ces nerfs lombaires, à la partie en zinc de l'arc métallique; et toutes les fois qu'on touche les muscles des pattes avec la branche de cuivre de l'arc, les pattes se contractent violemment.

Galvani expliquait les phénomènes constatés par lui en admettant que le corps d'un animal comme la grenouille se charge d'électricité sous l'influence de la vie, que les muscles prennent une des électricités et les nerfs l'autre, et qu'on provoque la commotion en réunissant par un conducteur métallique les muscles aux nerfs.

Volta n'admit point l'explication de Galvani; il voulut voir la cause de l'électricité dans le contact des deux métaux hétérogènes employés, et son hypothèse le conduisit, par une série d'expériences, à la découverte de la pile qui est devenue le point de départ de toutes les découvertes faites dans notre siècle sur la production et l'emploi de l'électricité.

146. Inconvénients dus au dégagement d'hydrogène.

— L'observation de l'action chimique produite dans la pile a montré que le zinc se dissout peu à peu et se transforme en oxyde puis en sulfate de zinc en dégageant de l'hydrogène. Le gaz hydrogène mis en liberté par la dissolution du zinc vient se dégager le long de la lame positive en bulles qui montent peu à peu à la surface du liquide. Ce dégagement d'hydrogène est une des principales causes d'affaiblissement du courant électrique dans les piles simples.

On a cherché divers moyens d'éviter, de supprimer ce phénomène Un des plus simples consiste à mettre dans le liquide un corps qui prenne l'hydrogène et annule son action en le faisant entrer dans une combinaison.

C'est le principe de la *pile au bichromate* (fig. 109). Le liquide qui attaque le zinc est encore l'acide sulfurique ; mais le bichromate de potasse qui lui est mélangé détruit l'hydrogène en se transformant lui-même en alun de chrome. La lame positive est formée de deux plaques de charbon de cornues enveloppant le zinc sur ses deux faces. La pile est d'ailleurs disposée pour rester montée : la lame de

Fig. 109.
Pile au bichromate.

zinc est portée à l'extrémité d'une tige que l'on remonte quand la pile ne doit plus servir, et que l'on redescend quand on veut faire marcher l'appareil ; le zinc peut donc être mis hors du liquide ou dans le liquide par une manipulation très simple.

147. Principe des piles à deux liquides. — Le principe des piles à deux liquides est le suivant : une lame de zinc qui forme le pôle négatif de la pile plonge dans de l'eau acidulée par l'acide sulfurique ; la lame positive, cuivre, platine ou charbon de cornues, suivant le cas, plonge dans un second liquide capable d'absorber l'hydrogène ; les deux liquides sont séparés par une cloison poreuse perméable au gaz.

Dans presque toutes les piles, la réaction primitive est analogue : c'est le plus souvent l'action du zinc sur l'eau acidulée

$$Zn + HOSO^3 = H + Zn\,OSO^3.$$

Elles diffèrent surtout les unes des autres par le liquide destiné à détruire l'hydrogène ou, comme on dit, à dépolariser la pile.

148. Pile de Bunsen. — Dans la *pile de Bunsen* (fig. 110), le second liquide est l'acide azotique, et le pôle positif est formé d'un prisme de charbon de cornues plongeant dans cet acide.

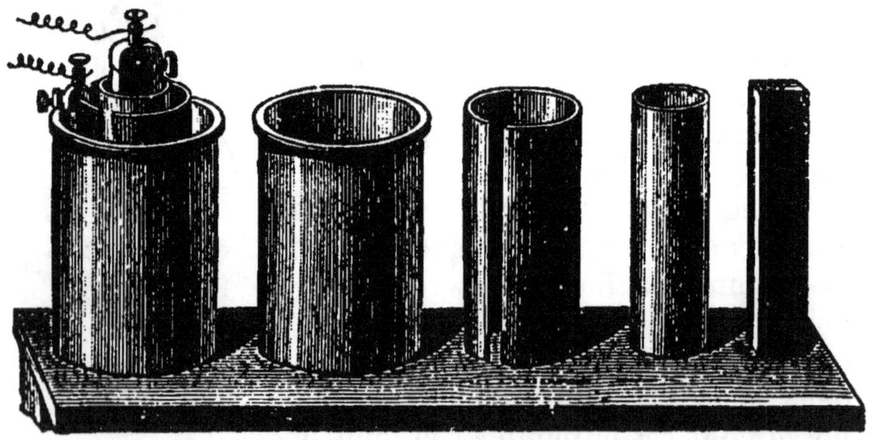

Fig. 110. — Pile de Bunsen.

La réaction de l'hydrogène sur l'acide azotique détruit cet acide en produisant de l'eau et des vapeurs nitreuses qui sont gênantes pour la respiration et qui obligent à ne monter les piles Bunsen que loin des appartements habités et en plein air.

Sans cet inconvénient, la pile de Bunsen aurait été très employée, car elle est beaucoup plus puissante que les autres piles. Elle est assez coûteuse en raison de la dépense d'acide azotique : cet acide est bientôt hors de service.

149. Pile de Callaud. — La *pile de Callaud* est une modification très heureuse de la pile de Daniell : les deux pôles sont, l'un de zinc, l'autre de cuivre, les deux liquides l'eau et le sulfate de cuivre; mais il n'y a pas de vase poreux et c'est un avantage parce que ces vases finissent par s'incruster et par perdre leur perméabilité.

Dans le vase extérieur de verre ou de porcelaine (fig. 111) est posée une lame de cuivre à laquelle est fixé un fil qui passe dans un tube de verre ou qui est isolé par de la gutta-percha; cette lame est au milieu des cristaux

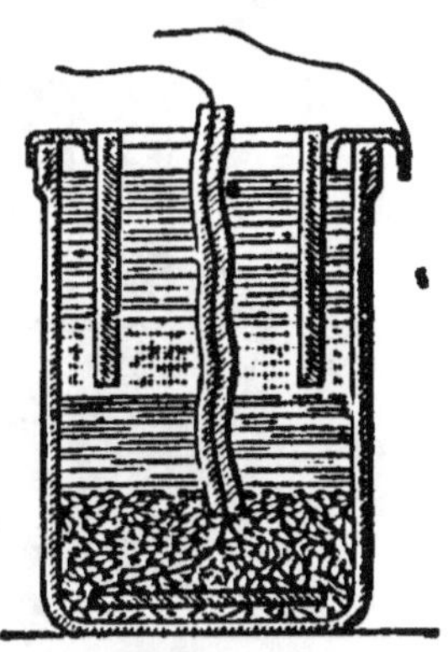

Fig. 111.
Élément de Callaud.

de sulfate de cuivre. On remplit le vase d'eau très légèrement acidulée et on coiffe le vase avec un court cylindre de zinc à rebord qui ne plonge que dans la première moitié du vase. Aussitôt que les pôles sont réunis, la pile fonctionne : l'eau et le sulfate de cuivre sont suffisamment séparés par leur densité.

Cette pile est très constante ; elle ne dégage aucun gaz; elle est employée aujourd'hui dans tous les bureaux télégraphiques.

150. Effets du courant électrique. — Décomposition de l'eau. — En 1800, un an après l'apparition de la pile de Volta, Carlisle et Nicholson ont découvert que si l'on plonge dans l'eau les deux fils de cuivre fixés aux pôles d'une forte pile, on voit des bulles gazeuses d'hydrogène se dégager sur le fil qui communique avec le pôle négatif; l'autre fil ne présente pas le dégagement gazeux, mais il s'oxyde. Si on le remplace par un fil de platine inoxydable, il s'y dégage alors de l'oxygène.

On répète aujourd'hui facilement cette expérience de la décomposition de l'eau par le courant électrique à l'aide du **voltamètre** à fils de platine et à petites cloches pleines d'eau posées au-dessus de ces fils. L'appareil est rempli d'eau légèrement acidulée. C'est un verre dont le fond est traversé de deux fils de platine (fig. 112)

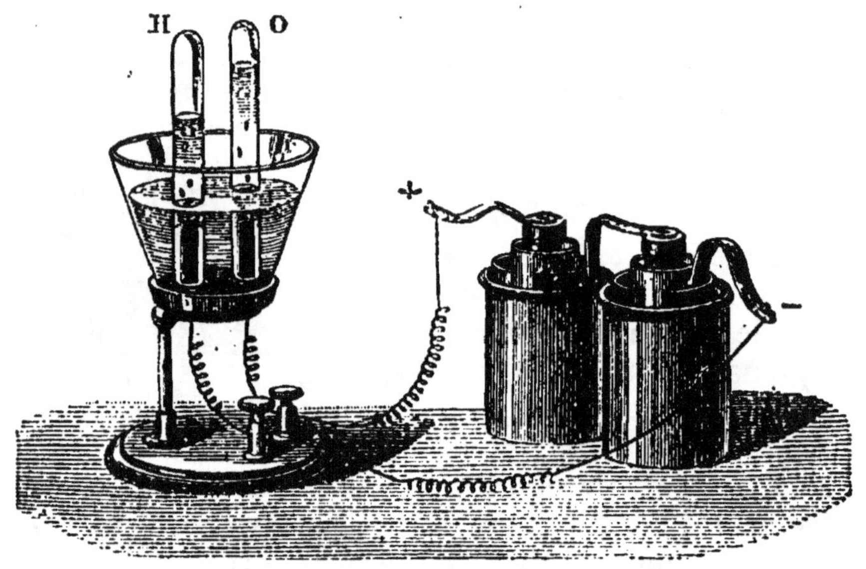

Fig. 112. — Décomposition de l'eau par a pile.

ou de deux lames du même métal en communication avec deux bornes métalliques où l'on amènera les deux fils d'une pile de deux éléments de Bunsen. Pour disposer l'expérience, on renverse au-dessus de chacun des fils de platine deux éprouvettes pleines d'eau acidulée. Quand le courant passe, les deux éprouvettes se remplissent de gaz, l'une deux fois plus vite que l'autre; la première a de l'hydrogène, l'autre de l'oxygène.

Le courant électrique a donc décomposé l'eau en portant l'oxygène au pôle positif, l'hydrogène au pôle négatif. Cette décomposition porte le nom d'*électrolyse*, les fils ou lames sur lesquelles la décomposition s'opère celui d'*électrodes ;* le corps porté sur l'électrode positive et comme attiré par elle est dit *électro-négatif*, l'autre est dit *électro-positif.*

Ainsi, dans la décomposition de l'eau, l'hydrogène est électro-positif et l'oxygène électro-négatif.

Tout le temps que dure l'expérience, le volume de l'hydrogène est double du volume de l'oxygène.

Le courant électrique peut aussi décomposer les corps plus complexes quand il les traverse. Il échauffe les fils fins posés sur son circuit ; il porte des baguettes de charbon à l'incandescence et peut produire la lumière. Il dévie l'aiguille aimantée et sert à aimanter le fer et l'acier. Nous reprendrons en deuxième année l'étude de ces divers effets.

Questionnaire.

Quel est le moyen le plus simple de produire de l'électricité dans un fil métallique à l'aide d'une action chimique?

Qu'appelle-t-on pile simple? Comment est constituée la pile a tasses, la pile à auges?

Quels sont les inconvénients de ces piles? Comment est formée la pile au bichromate? De quoi est composée la pile Bunsen? Comment est formée la pile de Callaud?

Comment montre-t-on qu'un courant électrique peut décomposer l'eau?

Devoir.

Comment peut-on prouver à l'aide d'une pile que l'eau est un corps composé? Que recueille-t-on dans la décomposition de l'eau?

CHAPITRE XVIII

PROPAGATION DE LA LUMIÈRE. — RÉFLEXION DE LA LUMIÈRE. — MIROIR PLAN

181. Sources de lumière. — Corps lumineux. — Dans un appartement fermé qui ne reçoit aucun jour du dehors, une lampe allumée est visible par elle-même et les objets qu'elle éclaire deviennent visibles en renvoyant vers nous la lumière qu'ils reçoivent de la lampe. On est donc conduit à classer les corps en deux catégories : ceux qui sont lumineux par eux-mêmes et ceux qui ne le deviennent que par une lumière étrangère à eux.

Les premiers sont appelés *sources de lumière;* c'est le soleil, les étoiles, les bougies, les lampes, en général les matières incandescentes.

Les seconds qui ne sont pas lumineux par eux-mêmes, cessent d'être visibles quand ils sont placés de façon qu'aucune lumière étrangère ne puisse leur arriver, ils ne deviennent visibles qu'à la condition de recevoir et de renvoyer la lumière d'une source lumineuse.

Mais il n'y a pas de différence entre la lumière émanée directement des sources lumineuses et celle que renvoient les corps éclairés; aussi l'on désigne sous le nom général de *corps lumineux* tous les corps qui sont visibles à l'œil, que ce soit par eux-mêmes ou par une lumière étrangère.

Les corps *transparents* laissent la lumière traverser leur masse, ainsi l'air, le verre. Les corps *opaques* sont ceux que la lumière ne traverse pas; ils ne la laissent pénétrer qu'à une très faible profondeur au-dessous de leur surface; ils l'absorbent ou ils la renvoient.

182. La lumière se propage en ligne droite. — Si dans une chambre obscure dont un volet reçoit le soleil, on pratique à ce volet une petite ouverture, la lumière pénètre dans la chambre, elle matérialise pour ainsi dire sa marche en éclairant les poussières de l'air sur son passage. Dans l'air de la salle qui constitue un milieu homogène, la lumière marque sa trace en ligne droite. Si l'ouverture est un peu large, la lumière forme dans la chambre obscure un cylindre; mais à mesure que l'ouverture diminue, ce cylindre diminue aussi. On donne le nom de *rayon lumineux* à la ligne droite que suit la lumière; la réunion de plusieurs rayons lumineux voisins porte plus particulièrement le nom de *faisceau*.

Que l'on allume une bougie au centre d'une chambre obscure, la flamme de la bougie cesse d'être visible si l'observateur interpose un petit écran sur la ligne qui joint la bougie à son œil; et pour que la bougie soit visible au travers de deux écrans percés chacun d'une ouverture, il faut que la bougie et les deux ouvertures des écrans soient sur une même ligne droite (fig. 113)

Fig. 113. — La lumière se propage en ligne droite.

La bougie est visible de tous les points de la salle; elle envoie donc dans toutes les directions des rayons lumineux et chacun de ces rayons se propage en ligne droite de son point de départ à son point d'arrivée.

153. Ombre et pénombre. — Un corps opaque arrête les rayons lumineux qui le rencontrent; il en résulte que derrière le corps opaque existe un espace qui ne reçoit pas du tout de lumière, c'est l'*ombre portée*; en même temps la partie du corps située à l'opposé de celle qui reçoit les rayons lumineux est également privée de lumière, c'est l'*ombre propre* du corps.

La limite de l'ombre peut être déterminée géométriquement en partant du principe de la propagation rectiligne.

Le cas le plus simple est celui où le corps lumineux, supposé réduit à *un point*, envoie de la lumière à une sphère opaque. Si l'on mène du point lumineux une tangente à la sphère et qu'on la fasse tourner autour de la sphère, les points de contact avec la sphère détermineront la ligne de séparation de l'ombre propre et de la lumière ; et l'ombre portée sera déterminée par un cône

Fig. 114. — Ombre portée par une sphère éclairée par un point.

dont le point lumineux sera le sommet. Dans la figure 114 l'ombre portée sur le plancher est une ellipse, c'est la section du cône par un plan oblique sur son axe. Dans ce cas d'un seul point lumineux, la limite de l'ombre et de la partie éclairée est très nettement tranchée.

Il n'en est plus de même quand au lieu d'un point lumineux il y en a plusieurs ; alors l'ombre portée n'est plus séparée de la partie éclairée par une ligne très nette ; il y a une teinte dégradée plus ou moins étendue entre l'ombre et la lumière ; c'est à cette ombre dégradée que l'on donne le nom de *pénombre*. On en constate l'existence avec toutes les sources de lumière qui sont toutes des réunions de points lumineux. Si en effet entre un mur et une lampe on dispose un disque opaque, on constate sur le mur un cercle bien noir qui représente l'ombre, puis une teinte dégradée qui est la pénombre. Et comme on peut s'en convaincre par l'expérience, cette pénombre augmente en étendue à mesure que l'écran s'éloigne du corps opaque. On met cette remarque à profit quand on fait des *ombres chinoises*.

154. Images formées dans la chambre noire. — Dans une chambre bien close et bien obscure, si l'un des volets porte une petite ouverture, on aperçoit sur un écran tendu à l'intérieur une image renversée plus ou moins nette des objets extérieurs. En augmentant peu à peu la grandeur de l'ouverture, la netteté de l'image diminue; l'image disparaît pour une ouverture un peu grande.

La propagation rectiligne de la lumière suffit encore pour expliquer ce curieux phénomène. De chaque point de l'objet partent des rayons dont un passe par l'ouverture et vient marquer sa trace lumineuse sur l'écran; si l'ouverture est petite, chaque faisceau lumineux est un cône très délié dont la trace sur l'écran est une petite surface éclairée ayant une forme semblable à celle de l'ouverture. Mais si cette ouverture est très petite et l'objet lumineux un peu éloigné, les cônes lumineux menés par chaque point seront très fins et chacune des petites surfaces éclairées pourra être assimilée à un point; leur réunion donnera une sorte d'image renversée semblable à l'objet lumineux. La marche des faisceaux rend compte du renversement de cette image. Si l'ouverture était un peu grande, chaque point de l'objet éclairerait sur l'écran une surface de dimensions notables; toutes ces surfaces empiétant les unes sur les autres ne détermineraient plus, au lieu d'une image de l'objet lumineux, qu'un éclairement presque uniforme.

On montre facilement la production d'une image renversée par le passage de la lumière au travers d'une ouverture très petite placée devant un écran en employant la disposition indiquée par la figure 115. A quelque dis-

Fig. 115. — Image renversée d'un objet éclairé produite par le passage do la lumière par une petite ouverture.

tance d'un mur ou d'un écran vertical, dans une salle éclairée par une bougie, on tient verticalement une carte percée d'une petite ouverture; on voit sur le mur ou sur l'écran l'ombre portée par la carte et dans cette ombre l'image renversée de la bougie.

Le passage de la lumière par les petites ouvertures se constate dans les arbres éclairés par le soleil; les feuilles de l'arbre laissent entre elles des ouvertures de formes très diverses; les rayons lumineux qui traversent ces ouvertures déterminent sur le sol deux sortes de taches lumineuses. Si l'ouverture est un peu grande, la surface éclairée a sur le sol la forme de l'ouverture; si au contraire l'interstice est très petit, la tache lumineuse est une ellipse, ce serait un cercle si les rayons lumineux tombaient perpendiculairement sur le sol. On a vu pendant les éclipses de soleil où l'astre affecte momentanément la forme d'un croissant lumineux, ces petites taches lumineuses prendre elles aussi la forme de croissants.

155. Lois de la réflexion. — Lorsqu'un faisceau lumineux vient frapper la surface polie d'un solide

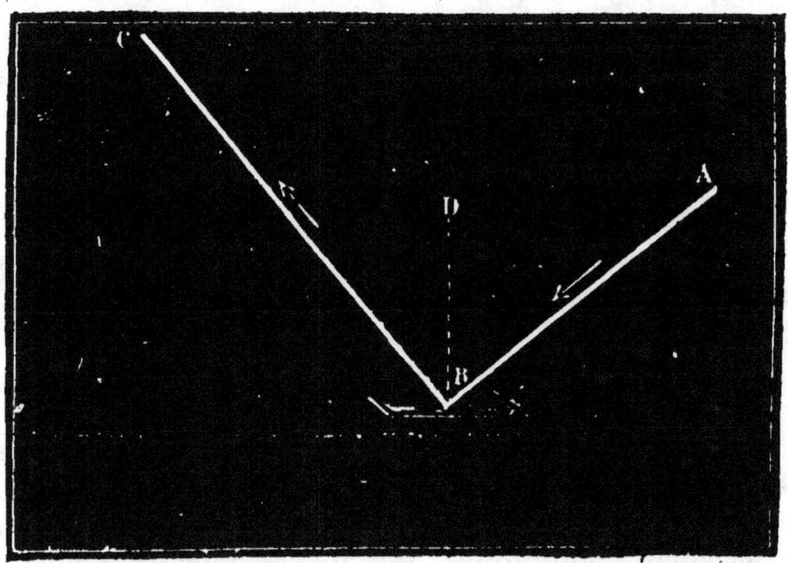

Fig. 116. — Marche de la lumière réfléchie par un miroir.

quelconque (verre, cuivre, argent, etc.), il rebrousse chemin dans une autre direction, comme le fait la bille d'ivoire après avoir frappé contre la bande du billard. Le même phénomène se remarque quand un rayon de lumière rencontre la surface libre d'un liquide comme l'eau ou le mercure. On donne le nom de *réflexion* régulière à ce phénomène du changement de marche de la lumière contre les corps polis et qui s'accomplit d'après des lois géométriques.

Par un trou A pratiqué dans le volet d'une chambre noire, on fait arriver un faisceau lumineux AB; sur son trajet on place un miroir horizontal; on voit aussitôt le rayon *réfléchi* BC qui se propage en ligne droite (fig. 116) tout comme le rayon incident AB, mais dans une autre direction : les deux rayons sont l'un et l'autre visibles parce qu'ils éclairent les poussières de l'air. Change-t-on la position du miroir de manière à augmenter ou à diminuer l'inclinaison du rayon AB par rapport au miroir, le rayon réfléchi BC change de position. Si l'on mène dans chaque cas la perpendiculaire au miroir au point où arrive le rayon incident, on vérifie que ces trois lignes, le rayon *incident*, la *normale*, et le rayon *réfléchi*, sont toujours dans un même plan; on vérifie également que les angles formés avec cette normale, d'un côté par le rayon incident, de l'autre par le rayon réfléchi, sont égaux : le premier ABD est appelé *angle d'incidence*; le second DBC *angle de réflexion*.

On formule donc ainsi les lois de la réflexion :

1° *Le rayon réfléchi est dans le plan formé par le rayon incident et la normale* (ce plan porte le nom de plan d'incidence).

2° *L'angle de réflexion est égal à l'angle d'incidence.*

186. Miroir plan. — Image d'un point. — Les miroirs plans sont des surfaces bien planes présentant un poli aussi parfait que possible : les uns sont entièrement métalliques comme les miroirs anciens et les miroirs japonais, les autres n'ont qu'une couche métallique mince à la surface comme les miroirs argentés; le plus grand nombre sont formés d'une feuille de verre étamée sur l'une de ses faces et recevant la lumière par l'autre. Le phénomène de la réflexion n'est pas aussi simple sur ces derniers que sur les autres; mais nous n'y insistons pas pour le moment; nous y reviendrons à propos de la réfraction.

L'expérience apprend que si l'on regarde dans un miroir plan on croit voir *derrière le miroir* les objets lumineux qui sont placés en avant (fig. 117); les lois de la ré-flexion permettent de rendre compte de cette illusion et de préciser le phénomène.

Fig 117. — L'image d'un objet dans un miroir plan apparaît derrière le miroir.

Considérons d'abord un seul point lumineux A (fig. 118) placé devant un miroir plan. Nous supposons que le plan de la figure est un plan perpendiculaire au miroir et passant par le point lumineux, MN est la trace du miroir sur ce plan. Soit AB un rayon lumineux; il

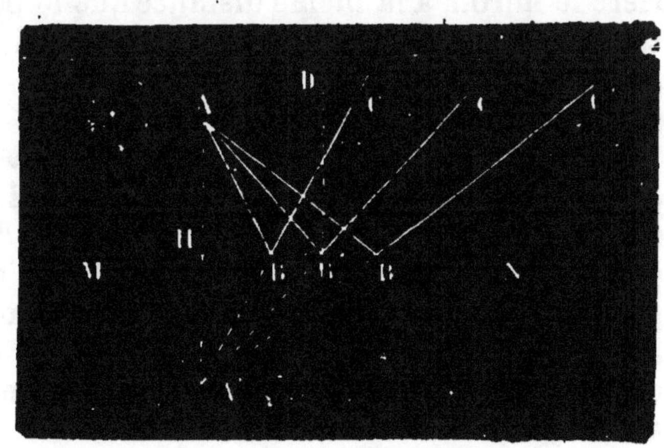

Fig. 118. — Construction pour trouver l'image d'un point lumineux.

fait avec la normale un angle d'incidence ABD; le rayon fléchi BC sera dans le même plan et il fera avec BD un angle DBC égal à l'angle ABD. Abaissons du point A une perpendiculaire sur le miroir et prolongeons-la en dessous jusqu'à la rencontre avec le rayon CB prolongé. On détermine ainsi deux triangles rectangles AHB et A'HB qui sont égaux comme ayant un côté commun HB et des angles ABH et HBA' égaux comme étant les compléments, l'un de l'angle d'incidence, l'autre de l'angle de réflexion. Donc, AH = A'H.

Mais ce raisonnement s'applique à un rayon quelconque émané du point A. Si donc on mène un second rayon AB' qui se réfléchit en B'C', le prolongement du rayon réfléchi ira passer par le point A' en dessous du miroir. D'une manière générale, les prolongements de tous les rayons réfléchis par le miroir vont se rencontrer en dessous du miroir en un point A' symétrique de A par rapport à la surface réfléchissante.

L'œil jouit de la propriété de rapporter l'existence des objets à la direction du rayon de lumière qu'il reçoit de ces objets. Dès lors, si l'œil est placé de manière à recevoir les rayons réfléchis par le miroir, tous ces rayons lui paraîtront émanés d'un même point A' qui appartient à la fois à tous leurs prolongements et qui est placé derrière le miroir à la même distance que le point lumineux est en avant du miroir; c'est ce point qui est l'*image* du point lumineux.

157. Image d'un objet. — La connaissance de l'image d'un point nous conduit sans difficulté à celle d'un objet éclairé. Il suffira évidemment, d'après ce qui précède, d'abaisser de chaque point de l'objet des perpendiculaires sur le miroir et de les prolonger derrière lui de quantités égales à elles-mêmes; les extrémités de ces perpendiculaires ainsi prolongées donneront l'image de l'objet. Soit AB une flèche lumineuse placée devant un miroir MN; son image sera A'B' symétrique de AB par rapport à MN (fig. 119).

Si on donne à l'œil une position particulière O et qu'on veuille se rendre compte de la marche des rayons qui lui arrivent, on mène de A deux rayons AC et on trace les rayons réfléchis; la construction montre bien que leurs prolongements vont se rencontrer en A′.

L'image d'un objet n'est pas identique et superposable à l'objet; elle est seulement symétrique, la gauche de l'objet paraît être à droite et inversement.

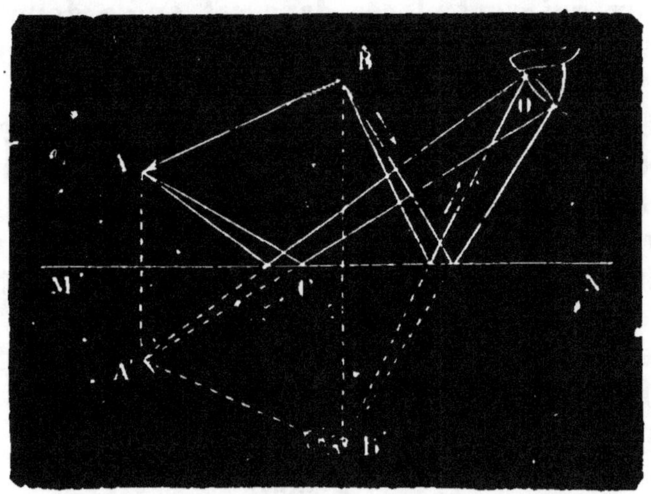

Fig. 119. — Construction de l'image d'un objet.

L'image n'a d'ailleurs pas de réalité, car les points où l'on croit la voir ne reçoivent pas de lumière réfléchie; ce n'est qu'une apparence . on dit alors que l'image est *virtuelle*.

L'expérience de tous les jours vérifie complètement ces conséquences de la théorie. Dans un miroir horizontal comme une nappe d'eau tranquille, un objet vertical, comme un arbre au bord de l'eau, a son image verticale opposée à l'objet. Dans un miroir incliné à 45°, un objet vertical a une image horizontale, et réciproquement, si l'objet est horizontal l'image est verticale. La construction montre qu'un miroir incliné sur l'horizon à 45° et recevant un rayon horizontal renvoie ce rayon verticalement.

D'une manière générale, on peut donc employer un miroir plan pour diriger dans telle direction que l'on veut un rayon lumineux que l'on fait tomber sur un miroir : c'est le cas du *porte-lumière* qui sert à faire pénétrer dans une chambre obscure, et dans une direction donnée, les rayons solaires.

188. Images produites par deux miroirs. — Quand deux miroirs font un angle, les points lumineux qui sont placés dans cet angle donnent une série d'images disposées en cercle autour de la ligne d'intersection des miroirs.

Si les deux miroirs font entre eux un angle droit, l'œil peut apercevoir quatre fois le même point lumineux, dont une fois directement et trois fois par réflexion.

Si l'angle des miroirs est plus petit que 90° le nombre des images augmente. Lorsque l'angle est contenu un nombre pair de fois dans 360°, les images sont nettes, séparées les unes des autres. On peut dire que le nombre n des images, y compris l'objet, est le quotient de 360 par l'angle a des deux miroirs

$$n = \frac{360}{a}$$

le nombre n des images augmente donc à mesure que a, l'angle des miroirs, diminue. Avec deux miroirs inclinés à 60° on voit 6 fois l'objet; avec deux miroirs inclinés à 45° on voit 8 fois l'objet.

Le *kaléidoscope* est un petit appareil qui utilise cette propriété des images multiples données par des miroirs inclinés. C'est un tube fermé à un bout par une glace dépolie et portant dans son intérieur, parallèlement à son axe, deux miroirs plans inclinés l'un sur l'autre à 60°. Au fond du tube et contre le verre dépoli, on place de petits fragments de verre de diverses couleurs dans une petite caisse transparente. L'œil appliqué à l'autre extrémité du tube aperçoit une sorte de rosace à six compartiments où les couleurs s'agencent et se combinent parfois d'une façon remarquable. En secouant le tube on modifie la disposition des fragments de verre et par suite le dessin, et on peut obtenir une multitude de figures différentes les unes des autres et toutes symétriques. Les dessinateurs sur étoffes se servent quelquefois de cet appareil pour trouver des combinaisons nouvelles de lignes ou de couleurs.

Questionnaire.

Qu'appelle-t-on sources de lumière, corps lumineux, corps transparents, corps opaques ?

Comment montre-t-on que la lumière se propage en ligne droite ? Comment se produit l'ombre ? Qu'est-ce que la pénombre ?

Comment se forment les images dans une chambre noire où la lumière ne pénètre que par une petite ouverture ?

Comment montre-t-on le phénomène de la réflexion ? Quelle marche suit le rayon réfléchi ?

Comment se fait l'image d'un point dans un miroir plan ? Où se trouve l'image d'un objet ?

Qu'arrive-t-il quand un point est placé entre deux miroirs inclinés ? entre deux miroirs parallèles ? Qu'est-ce que le kaléidoscope ?

Devoir.

Comment peut-on montrer que l'image d'un objet dans un miroir plan est derrière le miroir, à une distance égale à celle qui sépare l'objet du miroir ?

DEUXIÈME PARTIE

CHIMIE

CHIMIE

CHAPITRE PREMIER.

INTRODUCTION.

1. Corps simples Nous appelons **corps simples** ceux dont on ne peut tirer autre chose que leur propre substance, et **corps composés** ceux dont on peut, par un traitement convenable, retirer deux ou plusieurs substances différentes.

Tout le monde connaît l'or et l'argent, le fer et le cuivre rouge, et même le mercure, ce liquide mobile d'un éclat blanc et brillant que l'on appelait autrefois du vif-argent. A n'importe quelle opération on soumette l'un de ces corps, on n'en peut jamais tirer autre chose que lui-même : voilà des corps simples.

2. Exemple d'un corps composé dont on sépare les éléments. — Prenons une poudre rouge que nous appellerons pour l'instant de la **rouille de mercure**, parce qu'elle se forme sur le mercure comme la rouille ordinaire sur le fer. Plaçons-la au fond d'un tube de verre et chauffons (fig. 1). Nous verrons peu à peu se former sur le tube, au-dessus de la partie chauffée, un anneau miroitant. Si alors nous présentons à l'entrée du tube une allumette qui n'a plus qu'un point rouge, elle se rallumera et brûlera vivement. L'examen de l'anneau nous fera reconnaître qu'il est formé de fines gouttelettes de mercure. La

Fig. 1.

La rouille ou oxyde de mercure chauffé se décompose en mercure et en gaz oxygène.

chaleur a donc dégagé deux corps de la poudre rouge chauffée ; le mercure qui s'est déposé sur le tube, et le gaz qui a rallumé l'allumette et que nous reconnaissons pour de l'oxygène par cette propriété. Donc la poudre rouge est un corps composé.

3. Les éléments des anciens et les corps simples connus. — Les anciens admettaient quatre corps simples qu'ils appelaient les quatre éléments, et qu'ils supposaient capables de former tous les corps connus. C'étaient **l'eau, l'air, la terre** et **le feu.** Aucun de ces quatre corps ne mérite l'épithète de simple : l'eau et l'air sont composés, la terre et le feu le sont également, nous le prouverons dans la suite.

On connaît aujourd'hui **65 corps simples** dont la plupart n'ont que peu ou point d'emploi, mais dont quelques-uns sont très répandus et très utiles.

4. Noms des corps simples. — Il n'y a pas eu de règle unique suivie lorsqu'il s'est agi de donner des noms aux corps simples. Les plus anciennement connus ont conservé les noms sous lesquels on les désigne depuis longtemps ; ainsi **l'or, l'argent,** le **cuivre,** le **fer, l'étain,** le zinc, le **plomb**. D'autres tirent leur nom de leur couleur ; tels sont le **chlore**, dont le nom veut dire jaune verdâtre, et l'**iode**, ainsi appelé à cause de la couleur violette que possède sa vapeur quand on le chauffe. Certains autres corps ont été désignés par un mot qui rappelle leur propriété essentielle : l'**azote** parce qu'il prive de la vie et l'**hydrogène** parce qu'il engendre l'eau. Enfin les plus récemment connus ont, à la suite du nom du corps ordinaire où ils existent, une terminaison en **ium** : ainsi l'alumine, principe des terres grasses, la magnésie et la potasse, sont connues depuis longtemps ; les corps simples qu'on y a découverts dans notre siècle ont été appelés **aluminium, magnésium, potassium**.

5. **Les métaux et les métalloïdes.** — A première vue, on peut faire deux groupes dans les corps simples. Dans l'un on place les corps comme l'or, l'argent, le cuivre, le fer, etc., qui ont un éclat spécial, une surface très brillante lorsqu'ils viennent d'être coupés, limés ou coulés ; ce sont les **métaux**. Dans l'autre rentrent les corps sans éclat comme le soufre, le charbon et les gaz oxygène, azote, etc.; ce sont les corps non métalliques que l'on désigne habituellement sous le nom de **métalloïdes**.

Les métaux ont donc comme caractère apparent l'éclat spécial appelé **éclat métallique**, qu'on peut toujours leur donner par le frottement et qu'ils conservent plus ou moins longtemps sans se ternir. Ils sont, de plus, bons conducteurs de la chaleur et de l'électricité. L'expérience de la transmission de l'électricité par les fils métalliques est faite sur une vaste échelle dans les fils télégraphiques, dont la plupart bordent nos lignes de chemins de fer. Quant à la preuve que les métaux conduisent bien la chaleur, on la vérifie en plongeant dans un foyer l'un des bouts d'une tige de fer ou de cuivre dont on tient l'autre à la main ; on ne tarde pas à sentir que la tige s'est échauffée, car on ne peut bientôt plus la tenir.

Les métalloïdes n'ont aucun de ces trois caractères ; ils sont sans éclat, ils ne conduisent ni l'électricité, ni la chaleur : tout le monde sait bien que l'on peut tenir, sans crainte de se brûler, un morceau de charbon assez près du point où il est allumé.

6. Mélange. — Les corps composés résultent de l'association des corps simples ; ils sont en très grand nombre, puisque les corps simples peuvent se réunir deux à deux, trois à trois, quatre à quatre, et chacun d'eux avec beaucoup d'entre les autres. Le mode de réunion le plus simple est le **mélange** ; mais il ne donne réellement pas lieu à des corps nouveaux. L'association intime qui donne naissance à des corps nouveaux prend le nom de **combinaison**. La différence entre ces deux modes d'association est très profonde ; nous allons l'établir par des exemples.

Le caractère du mélange, c'est que les corps qui y entrent peuvent en être facilement retirés avec les propriétés qu'ils avaient avant, bien qu'ils puissent paraître les avoir en partie perdues pour en prendre d'autres.

1er EXEMPLE. — Prenons de la limaille de fer et du soufre en poudre ou de la fleur de soufre ; l'une est jaune, l'autre est grise ; remuons-les sur une feuille de papier, et mélons-les aussi intimement que possible ; la poudre résultant de ce mélange n'est plus ni jaune, ni grise ; on n'y distingue plus ni le fer, ni le soufre. Mais chacun de ces deux corps y est avec ses propriétés particulières : l'œil armé d'une forte loupe y reconnaît les parcelles de fer et celles de soufre, et un triage convenable va permettre de les séparer. Étalons une portion de la poudre sur une feuille de papier et promenons au-dessus l'extrémité d'un aimant ; les petites parcelles de fer viennent se fixer à l'aimant, tandis que le soufre reste sur la feuille (fig. 2) ; avec un peu de patience nous séparerons les deux corps, et nous les aurons tels qu'ils étaient avant d'être mélangés.

Fig. 2.

La limaille de fer mélangée à de la fleur de soufre peut en être séparée par un aimant.

2e EXEMPLE. — Triturons de la limaille de cuivre rouge

avec de la fleur de soufre ; chacun des deux corps paraît avoir perdu sa couleur. Nous ne pouvons plus ici retirer le cuivre par l'aimant, car il n'est pas attirable comme le fer. Mais nous pouvons dissoudre le soufre dans un liquide où il disparaît comme le sucre dans l'eau. Jetons en effet un peu du mélange dans une fiole contenant le dissolvant du soufre ; celui-ci devient liquide, laissant le cuivre se rassembler au fond de la fiole. Le liquide, versé sur une soucoupe, laisse le soufre en dépôt. Cuivre et soufre n'étaient que mêlés : nous les retrouvons avec leurs propriétés.

7. Combinaison. — La combinaison est une union intime qui donne naissance à un nouveau corps, très différent dans ses propriétés de ceux qui l'ont formé et où ceux-ci ne peuvent plus être retrouvés avec l'aspect qu'ils avaient avant leur union. Les deux exemples précédents vont nous servir d'abord.

Humectons d'eau le mélange de soufre et de fer pour le convertir en pâte, et introduisons-le dans un petit ballon. Bientôt des vapeurs se dégagent, la masse se boursouffle ; sa coloration verte se change en un noir foncé. Où est le soufre, où est le fer dans cette poudre noire ainsi formée ? L'œil armé d'une loupe ne peut plus les distinguer ; l'aimant n'attire plus rien. C'est désormais une matière toute différente de ses composants, qui n'est ni métallique, comme le fer, ni combustible, comme le soufre ; c'est le composé qu'a formé l'union intime de ces deux corps.

Mettons le mélange de cuivre et de soufre dans une capsule et chauffons. Le soufre fond et brûle ; chaque parcelle de cuivre devient incandescente, et à la place des deux corps est une poudre noire très friable où aucun moyen simple ne peut retrouver ni le soufre ni le cuivre. La poudre noire est un corps composé formé par la combinaison du métalloïde avec le métal.

A ce corps nouveau il faut donner un nom qui rappelle autant que possible son mode de formation ou sa composition : on l'appelle *sulfure de cuivre*.

8. La dissolution peut être une combinaison. —
La dissolution ordinaire, comme celle du sucre, du sel de cuisine ou du salpêtre dans l'eau, n'est qu'un mélange où le solide a été réduit en particules si fines qu'elles sont invisibles dans le liquide. En effet, si on évapore l'eau sucrée ou la dissolution de salpêtre, quand l'eau a disparu en vapeur, le sucre d'une part, le salpêtre de l'autre, se retrouvent en croûte ou en cristaux au fond du vase avec les propriétés qu'ils avaient avant la dissolution.

Il n'en est plus de même lorsqu'on dissout du zinc dans de l'eau acidulée par de l'acide sulfurique ; le métal disparaît et il se produit un gaz qui se dégage du liquide. Mais si, après la dissolution du métal, on évapore le liquide pour chasser l'eau, ce n'est pas du zinc que l'on obtient, c'est un nouveau corps en cristaux blancs comme le sel de cuisine, d'une saveur très amère, et n'ayant absolument rien de l'aspect métallique du zinc, ni de l'apparence liquide de l'acide. Ce corps est le produit d'une combinaison qui a été tumultueuse par le dégagement du gaz hydrogène et qui a engendré assez de chaleur pour échauffer le verre jusqu'à le rendre brûlant.

Voilà donc prouvés les deux caractères principaux de cette association intime que nous appelons combinaison : elle forme un corps nouveau tout différent de ses composants, et c'est souvent un acte énergique accompagné de chaleur.

9. Objet de la Chimie. — La chimie a pour objet l'étude des corps simples et des combinaisons qu'ils peuvent donner. Quand elle étudie chaque corps sous son aspect extérieur, son état, sa couleur, son odeur, elle en marque les *propriétés physiques ;* quand elle fait connaître les diverses manières dont un corps se combine avec les autres, elle en marque les *propriétés chimiques.* La chimie étudie donc les actions mutuelles ou les combinaisons des corps simples et des corps composés.

Résumé,

Les corps simples ne contiennent qu'une substance ; les corps composés en renferment deux ou plusieurs.

On montre qu'un corps composé renferme plusieurs corps simples en chauffant la rouille de mercure ; il se dégage un gaz et il se dépose du mercure en gouttelettes brillantes.

Les anciens admettaient quatre éléments : l'eau, l'air, le feu et la terre ; ce sont des corps composés.

Il n'y a pas une règle unique suivie pour donner des noms aux corps simples ; cependant, pour quelques-uns, le nom rappelle une propriété.

Les 65 corps simples connus sont classés en deux groupes : les métaux qui peuvent avoir un vif éclat, qui conduisent bien la chaleur et l'électricité ; les métalloïdes qui sont sans éclat et qui ne conduisent ni la chaleur, ni l'électricité.

Le mélange est le mode de réunion le plus simple de deux ou plusieurs corps qui gardent chacun leurs propriétés.

La combinaison est l'union intime de deux corps pour en donner un autre différant complètement des premiers ; les corps composants perdent leurs propriétés et donnent un nouveau corps ; de plus la combinaison a le plus souvent lieu avec dégagement de chaleur.

La dissolution d'un solide dans un liquide n'est souvent qu'un mélange ; elle peut être aussi une combinaison.

La chimie étudie les corps simples, la manière dont ils se combinent et les corps composés qu'ils donnent.

Devoirs.

1. Montrez par des exemples la différence qui existe entre le mélange et la combinaison.

2. Montrez par deux exemples que la dissolution peut n'être qu'un mélange, mais qu'elle est parfois aussi une combinaison.

CHAPITRE II.

L'EAU.

10. L'eau liquide. — Nous connaissons tous l'eau ; nous avons vu bien souvent la pluie tomber, le ruisseau couler vers la rivière ou le fleuve ; et, dans nos promenades à la campagne, nous avons plus d'une fois trouvé une source limpide au flanc du coteau.

La source, le ruisseau, la rivière, le fleuve nous présentent l'eau liquide descendant vers la mer quand elle n'est pas retenue par un obstacle ou contenue dans un réservoir. Sous un petit volume, l'eau est incolore ; en grande quantité, elle prend une teinte ou jaune verdâtre ou vert bleuâtre ; c'est un liquide transparent.

11. L'eau solide. — L'hiver, quand il fait bien froid, l'eau des vases de nos appartements, l'eau stagnante des mares, l'eau courante des rivières, se prend en une seule masse encore transparente, mais dure, capable de supporter des corps lourds sans se rompre et de ne se briser que sous un effort ou un choc ; c'est l'eau solide, c'est la glace.

L'eau n'est donc pas toujours le liquide mobile et coulant que nous sommes habitués à voir ; quand elle est suffisamment refroidie, elle prend forme, elle devient solide.

En toute saison, dans nos laboratoires, nous pouvons transformer l'eau en glace, la congeler, comme on dit ordinairement. Versons un peu d'eau dans un tube en verre mince fermé par un bout et plaçons ce tube dans un verre où nous venons de faire un mélange réfrigérant (fig. 3) (1) ; au bout de quelques minutes, si nous retirons le tube, nous y voyons à la place de l'eau un cylindre de glace. Il est facile de retirer cette glace du tube : on tient celui-ci quelque temps dans la main : la couche

Fig. 3

Formation de la glace dans un mélange réfrigérant.

extérieure de la glace fond et le cylindre d'eau solide glisse librement hors du tube.

Cette expérience présente encore un autre intérêt ; si on l'observe de plus près, on voit la surface extérieure du verre se couvrir d'abord d'une buée, et celle-ci se convertir en une sorte de neige blanche semblable à celle dont se tapissent les carreaux de nos fenêtres pendant les grands froids de l'hiver. Nous expliquerons quelques lignes plus loin ce curieux phénomène.

(1) Une partie d'azotate d'ammoniaque agitée avec une partie d'eau.

12. L'eau en vapeur.

— Au lieu de refroidir l'eau, chauffons-la dans un ballon muni d'un tube, comme l'indique la fig. 4 ; nous voyons le tube se couvrir à l'intérieur d'une buée qui ne tarde pas à se changer en gouttelettes liquides, et il sort par l'extrémité du tube un brouillard très apparent, qui devient invisible en se répandant dans l'air. L'eau est alors une vapeur ou un gaz comme l'air.

Débouchons le ballon et continuons de le chauffer : nous pourrons en un temps assez court, faire passe toute l'eau à l'état de vapeur invisible.

Est-il toujours nécessaire de chauffer l'eau pour la faire passer à l'état de vapeur? Non, et nous pouvons

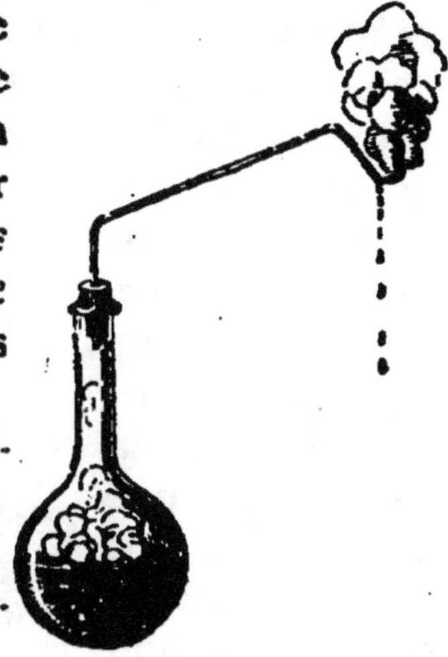

Fig. 4.

L'eau chauffée passe en vapeur ; cette vapeur forme un brouillard à sa sortie du tube.

le prouver en laissant dans une cour couverte une mince couche d'eau dans le fond d'un vase à large surface, comme une soucoupe ou une assiette ; au bout de quelques jours, l'eau a disparu ; elle est dans l'air et, comme lui, un gaz invisible.

Puisque l'eau abandonnée dans un vase ouvert s'évapore, c'est-à-dire se transforme en vapeur, toutes les eaux de la surface de la terre, les eaux courantes et les eaux de la mer, doivent faire de même ; nous comprenons alors sans peine comment l'atmosphère contient toujours de grandes quantités de vapeur d'eau, visible parfois sous forme de brouillard, mais le plus souvent invisible.

La nature nous offre donc l'eau à la fois en glace solide, en liquide transparent et en gaz.

13. L'eau et la chaleur.

— C'est la chaleur qui fait ainsi changer l'état de l'eau. Donnons de la chaleur à la glace, elle fond, elle devient liquide ; offrons de la chaleur au liquide et il devient vapeur.

Si nous renversons la proposition, nous devrons conclure

qu'en enlevant de la chaleur à la vapeur, elle deviendra de l'eau liquide, comme l'eau devient de la glace quand on la refroidit. Nous allons demander à l'expérience la preuve de ce fait. Que se passe-t-il quand nous soufflons sur un carreau de vitre froid ? Le carreau se couvre d'une buée en fines

gouttelettes formée par la vapeur de notre souffle, qui est devenue liquide. Faisons produire de la vapeur dans une cornue (fig. 5), et envoyons-la dans un ballon qui est entouré d'eau froide :

Fig. 5.

La vapeur d'eau refroidie repasse à l'état liquide.

nous retrouverons dans le ballon la vapeur à l'état d'eau liquide. Reprenons le ballon muni d'un tube (fig. 4), où nous avons fait passer de l'eau en vapeur et où nous avons vu cette vapeur prendre la forme d'un brouillard à sa sortie du tube. Présentons un verre devant le bout de ce tube pour y recevoir le brouillard ; le verre se couvre immédiatement de buée, puis de gouttelettes d'eau qui ruissellent et tombent : c'est la vapeur refroidie au contact du verre qui a repris l'état liquide. Et nous avons bien raison de dire que la vapeur a perdu de la chaleur par son contact avec le verre, car celui-ci s'échauffe notamment en peu d'instants.

Rendons le refroidissement de la vapeur d'eau plus grand et plus brusque : non seulement cette vapeur passera en buée ou rosée, mais elle deviendra presque immédiatement une sorte de neige. C'est ce qui est arrivé dans notre pre-

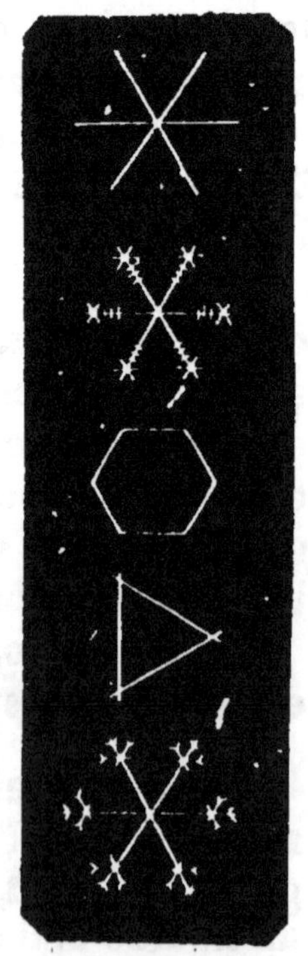

Fig. 6.

Formes des cristaux de neige ou de glace.

mière expérience où le verre contenant un mélange très froid s'est couvert rapidement de rosée glacée, comme celle qui couvre les carreaux de nos fenêtres pendant les nuits froides de l'hiver.

Cette glace en forme de palmes ou de feuilles de fougères, le givre qui se suspend l'hiver aux branches des arbres, présentent des dessins très réguliers dont les minces filaments sont taillés et offrent des facettes brillantes. Tels aussi sont les flocons de neige; en les examinant à la loupe, après les avoir recueillis sur un corps noir bien refroidi, on a peine à en croire ses yeux ; on y reconnaît une foule d'étoiles diverses d'une parfaite régularité (fig. 6) et d'une inimitable élégance.

14. L'eau comme dissolvant des autres corps. —

A qui de nous n'est-il pas arrivé de préparer un verre d'eau sucrée? Le morceau de sucre disparaît assez rapidement dans l'eau ; il s'y divise en particules si fines qu'elles sont invisibles et ne changent pas l'aspect du liquide. On dit ordinairement que le sucre **fond** dans l'eau; le chimiste dit que le corps solide s'est **dissous** dans le liquide et que celui-ci est le **dissolvant** du corps solide qui peut ainsi y disparaître.

L'eau dissout beaucoup de corps incolores comme le sucre ; ainsi le sel de cuisine, l'alun, le salpêtre ; elle en dissout d'autres colorés, comme le vitriol bleu ou sulfate de cuivre; alors elle se teinte de leur couleur. On montre facilement avec ces derniers que l'eau chargée d'un corps solide est plus lourde que l'eau ordinaire, et que la dissolution est plus rapide quand on tient le solide à dissoudre au niveau du liquide au lieu de le laisser dans le fond du verre. Il suffit de tenir des cristaux colorés suspendus dans la partie supérieure de l'eau d'un long verre (fig. 7); on

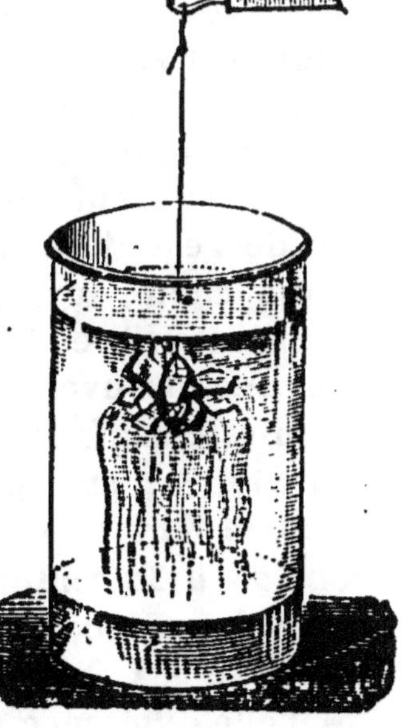

Fig. 7.
Corps solides se dissolvant
dans l'eau.

voit descendre l'eau teintée qui amène autour du solide le liquide qui ne lui a encore rien pris. Tout le monde sait bien d'ailleurs qu'un morceau de sucre se dissout bien vite quand on le tient à la partie supérieure du verre d'eau, et si l'on a fait cette expérience avec quelque attention, on a pu voir l'eau sucrée descendre en filets visibles au fond du verre.

Tous les corps solides ne disparaissent pas dans l'eau ni aussi facilement ni en aussi grande quantité que le sucre ou le salpêtre, mais il n'en est guère dont l'eau ne puisse dissoudre quelques parcelles par un contact très prolongé. Il y a de très grandes différences dans les quantités des divers solides que l'eau peut tenir en dissolution ; ainsi un litre d'eau peut faire disparaître plus de 200 grammes de salpêtre, tandis qu'il ne peut guère tenir qu'un gramme de craie.

L'eau jouit aussi de la propriété de dissoudre les gaz : une bouteille d'eau gazeuse bien bouchée apparaît bien limpide, et rien ne peut y faire supposer la présence d'un gaz ; fait-on sauter le bouchon, le gaz bouillonne vivement pour sortir et il accuse ainsi très nettement sa présence.

Nous pouvons d'ailleurs montrer facilement que l'eau ordinaire contient un gaz dissous. Remplissons complète-ment d'eau un ballon d'un litre ; fermons-le avec un bouchon muni d'un tube recourbé : le tube se remplit de l'eau déplacée par le bouchon ; engageons l'extrémité libre du tube sous une éprouvette pleine d'eau et chauffons le ballon (fig. 8); au bout de quelque temps nous ver-rons 25 à 3o centimètres

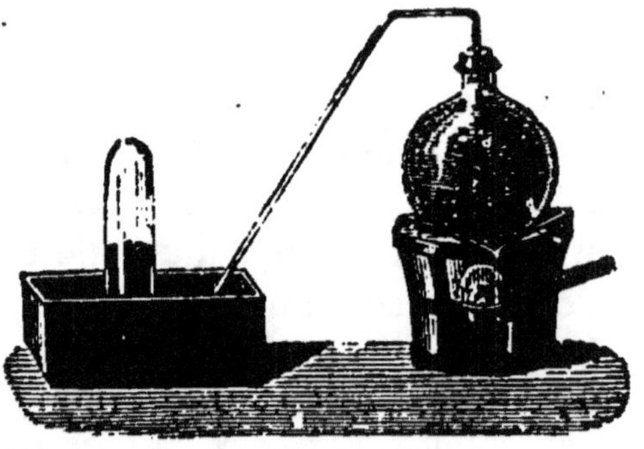

Fig. 8.
Moyen de recueillir l'air dissous dans l'eau.

cubes de gaz occuper le haut de l'éprouvette. Avant l'expé-rience ce gaz était invisible dans l'eau.

Quelle différence apercevons-nous entre l'eau qui a dis-sous un solide et l'eau qui ne contient absolument aucun

autre corps et qui seule mérite d'être appelée *l'eau pure ?*
Aucune au premier abord. Mais si nous mettons sur une
soucoupe une eau contenant un solide dissous, l'eau pourra
bien disparaître en quelques jours, mais le solide restera
en dépôt ou en pellicule suivant sa quantité. C'est ainsi que
l'eau sucrée, abandonnée à elle-même, dépose le sucre
qu'elle retenait.

15. Les eaux courantes et l'eau distillée. —
Les eaux courantes des sources, ruisseaux et rivières, les
nappes d'eau souterraines que l'on trouve au fond des puits,
ont toutes pour origine les pluies tombées sur le sol. L'eau
de la pluie coule de suite à la rivière ou bien elle s'infiltre
plus ou moins profondément dans le sol, suivant la nature
plus ou moins poreuse de celui-ci. Dans ce contact souvent
prolongé avec les terres ou les roches, les eaux dissolvent
des matières minérales solubles, tout en conservant leur
limpidité, et elles varient de composition suivant les locali-
tés. Ainsi certaines sources doivent aux matières qu'elles
ont dissoutes des propriétés spéciales qui les rendent précieuses pour le soulagement ou la guérison de certaines
maladies. Si limpide que soit une eau naturelle, elle n'est pas
pure puisqu'elle tient des matériaux solides en dissolution.

L'eau de pluie n'en contient pas quand on la recueille,
au moment où elle tombe, sur des surfaces propres, en pleine
campagne. Mais elle n'est pas non plus absolument pure,
car elle a pu entraîner dans son trajet les poussières organiques en suspension dans l'atmosphère.

Comment préparerons nous donc de l'eau pure, puisque
la nature ne nous en offre pas ? Nous réduirons de l'eau
ordinaire en vapeur en la chauffant. Puis nous refroidirons
cette vapeur et elle reprendra l'état liquide. Cette opération
s'appelle **distillation** et l'eau ainsi obtenue **eau distillée.**
La figure 9 représente en miniature le modèle des appareils
employés pour cet objet.

L'eau est chauffée dans une petite chaudière; la vapeur
produite s'échappe par un tube replié et contourné en serpentin et qui passe dans un vase plein d'eau; elle est refroi-

die par son contact avec le serpentin entouré d'eau souvent
renouvelée, et elle coule liquide dans un vase posé au - dessous du tube pour la recueillir. Les corps solides dissous dans l'eau chauffée restent dans la chaudière, comme ils

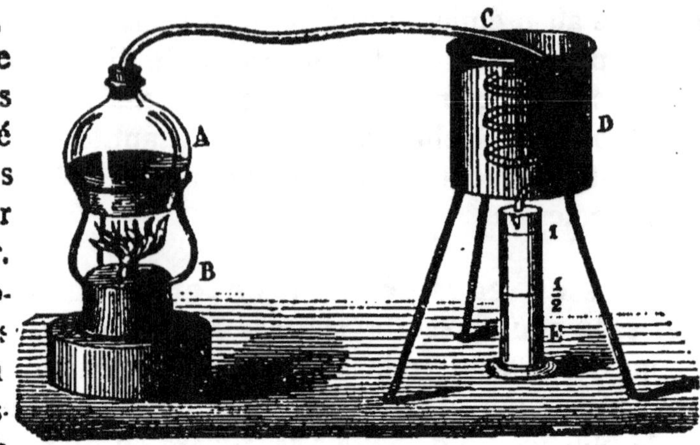

Fig. 9.

Petit appareil distillatoire. A chaudière, B lampe, C serpentin, D réfrigérant, E vase à recueillir le liquide distillé.

restent en dépôt quand l'eau s'évapore sur une assiette.

La nature nous présente un immense appareil distillatoire que nous n'avons eu qu'à copier : toutes les eaux libres de la surface du sol et des mers produisent des vapeurs sous l'action de la chaleur du soleil ; ces vapeurs montent dans les couches élevées de l'atmosphère, où elles sont refroidies, et elles retombent en neige ou en pluie pour couler ensuite vers les mers et reprendre leur perpétuel voyage.

16. Les eaux potables. — Les eaux potables ou

eaux douces sont celles qui peuvent servir à l'alimentation, qui sont bonnes à boire. Les meilleures sont limpides et inodores, suffisamment aérées et d'une saveur agréable; elles ne contiennent qu'un demi-gramme au plus de matières minérales dissoutes par litre et le moins possible de matières organiques.

On ne peut pas les reconnaître avec certitude rien qu'en les goûtant, mais on a d'autres moyens très simples, et à la portée de tout le monde, de distinguer l'eau de bonne qualité de celle qui serait nuisible. Si les légumes y cuisent mal ou si le savon y forme des grumeaux abondants au lieu de s'y dissoudre, c'est qu'il y a trop de sels terreux, et l'eau est

impropre aux usages domestiques. Si, conservée quelque
temps dans des vases de verre ou de terre, elle y acquiert une
mauvaise odeur d'œufs pourris, elle est de mauvaise qualité :
elle contient trop de matières organiques. Quand, au contraire, elle se conserve bien sans odeur, qu'elle dissout bien
le savon sans grumeaux et qu'elle cuit bien les légumes,
elle est bonne à boire.

L'eau distillée est très fade et ne peut pas servir de bois-
son. L'eau de pluie, conservée dans des citernes, a besoin
d'être filtrée, puis ensuite aérée, pour remplacer la bonne eau
de source quand celle-ci fait défaut.

17. L'eau est un corps composé. — L'eau a été
considérée, jusqu'à la fin du siècle dernier, comme un corps
simple ne renfermant qu'une seule substance, et comme un
élément entrant dans la constitution de la nature entière.
On la trouve en effet dans la plupart des corps. Si l'on
chauffe fortement une terre ou une pierre, il en sort presque
toujours de la vapeur d'eau ; et quand on calcine du bois,
de la laine, du sucre ou de la viande, une portion quelconque d'une plante ou d'un animal, la fumée qui se dégage
renferme encore de la vapeur d'eau.

Mais l'eau n'est pas un corps simple : elle
est formée de deux gaz que l'on peut séparer
par l'analyse.

Pour réussir cette séparation des deux gaz
qui forment l'eau, on se sert d'un vase dont
le fond est traversé par deux fils de platine
isolés l'un de l'autre. On remplit le vase
d'eau légèrement acidulée et on renverse
au-dessus de chacun des fils une petite
éprouvette pleine d'eau (fig. 10). On attache
aux deux fils de platine les deux fils d'une
pile électrique ; aussitôt on voit des bulles
de gaz monter dans chacune des éprou-
vettes. Tout le temps que dure l'expérience, on remarque
que l'éprouvette A contient plus de gaz que l'éprouvette B.
Celle-ci met le double de temps à s'emplir que la première.

Fig. 10.

Verre à recueillir les
deux gaz dans la
décomposition de
l'eau par la pile.

Lorsqu'elles sont pleines, on les enlève l'une après l'autre en les bouchant avec le pouce. On présente une allumette allumée à l'éprouvette A : le gaz s'allume avec un petit bruit ; c'est l'**hydrogène**. On enfonce dans l'éprouvette B une allumette qui n'a plus qu'un point rouge, le gaz la rallume et la fait brûler vivement, c'est l'**oxygène**.

On démontre ainsi que l'eau est formée de gaz hydrogène et de gaz oxygène. Cette sorte d'analyse a été réalisée pour la première fois en l'an 1800 par **Carlisle** et **Nickolson**. Nous apprendrons dans un des chapitres suivants à en faire la synthèse, c'est-à-dire à former l'eau avec ses éléments.

Résumé.

L'eau est tantôt liquide, comme dans les rivières, les lacs, tantôt solide sous forme de neige ou de glace, tantôt en vapeur visible ou invisible.

La chaleur fait fondre la glace et passer à l'état de vapeur le liquide qui en provient ; le refroidissement fait passer la vapeur d'eau à l'état d'eau et l'eau à l'état de glace.

L'eau dissout un grand nombre de corps solides qu'elle garde et qu'elle peut ensuite déposer quand elle s'évapore. Elle dissout aussi les gaz et l'air.

Les eaux courantes proviennent de la pluie ; elles ont dissous des matériaux solides en traversant les couches du sol. On obtient l'eau pure ou eau distillée en chauffant l'eau ordinaire et en faisant refroidir sa vapeur.

Les eaux potables sont celles qui peuvent servir à l'alimentation.

L'eau est composée de deux gaz, l'hydrogène et l'oxygène ; le premier de ces gaz y entre pour un volume double de l'autre.

Devoirs.

3. D'où provient l'eau de pluie, que prend-elle à l'atmosphère, que prend-elle au sol ? Comment s'assure-t-on qu'une eau courante est potable ?

4. Comment réalise-t-on l'analyse de l'eau ?

CHAPITRE III.

L'OXYGÈNE.

18. Un moyen d'obtenir l'oxygène. — Nous connaissons déjà l'oxygène comme un gaz qui fait partie de l'eau et qui rallume une allumette n'ayant plus qu'un point rouge. Mais ce n'est pas de l'eau que nous allons le tirer : ce serait trop coûteux et il nous faudrait trop de temps pour en obtenir un litre. Nous prenons un corps qui a l'apparence du sel de cuisine et que nous appelons du *chlorate de potasse*, un nom que nous expliquerons plus tard.

Nous le mettons dans une petite

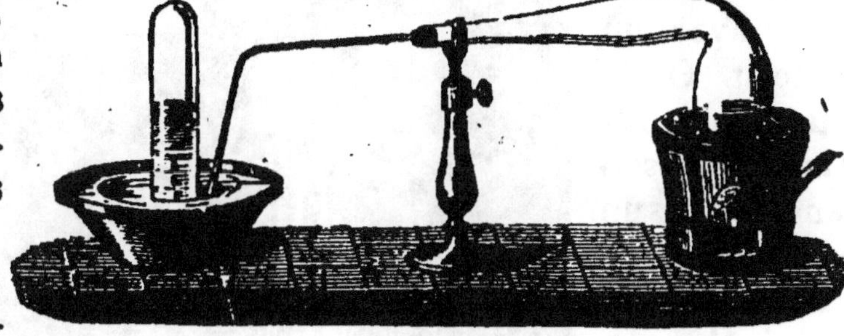

Fig. 11.

Préparation de l'oxygène par le chlorate de potasse.

cornue que nous fermons d'un bouchon muni d'un tube recourbé, et nous chauffons la cornue après avoir engagé l'extrémité libre du tube sous une éprouvette ou un flacon plein d'eau renversé sur une cuve à eau ou une terrine (fig. 11). Le flacon ou l'éprouvette se remplit promptement du gaz. Nous remplissons successivement une éprouvette et cinq flacons, puis nous enlevons la cornue du feu.

Le gaz oxygène peut se conserver longtemps dans les flacons si on les laisse renversés sur la cuve à eau ou sur des soucoupes contenant une petite couche d'eau qui en ferme

Fig. 12.

Flacon plein de gaz oxygène renversé sur un vase d'eau.

l'ouverture, comme l'indique la figure 12. L'eau ne dissout pas le gaz.

19. Propriété caractéristique de l'oxygène. —

L'oxygène est un gaz incolore ; sa propriété saillante est de *rallumer les corps qui n'ont plus qu'un point en ignition et de faire brûler avec un très vif éclat ceux qui brûlent déjà.*

Pour vérifier cette propriété, on prend l'éprouvette pleine

d'oxygène ; on la retourne (fig. 13) et on y plonge une bougie que l'on vient d'éteindre et dont la mèche conserve encore un point incandescent. La bougie se rallume instantanément avec une très légère explosion et elle brûle avec un vif éclat. On la retire ; on l'éteint en conservant toujours un point incandescent, et on l'introduit de nouveau dans l'éprouvette : elle se rallume encore. Cette expérience, qu'on peut répéter

Fig. 13.
Une bougie presque éteinte plongée dans l'oxygène se rallume et brûle avec éclat.

plusieurs fois de suite, est très saisissante ; elle suffirait a elle seule à prouver la propriété caractéristique de l'oxygène; mais d'habitude on fait brûler dans ce gaz successivement plusieurs corps.

20. Corps brûlés dans l'oxygène.

— 1re EXPÉRIENCE. — Le premier que nous allons faire brûler, c'est le charbon. Nous en attachons un morceau à un fil de fer planté dans un large bouchon et nous l'allumons ; il brûle, mais sans éclat. Nous renversons un des flacons pleins d'oxygène en laissant au fond un peu d'eau, et nous y plongeons le charbon allumé (fig. 14) ; celui-ci brûle alors avec une vive clarté en projetant des étincelles étoilées très brillantes. Il revient peu à peu à son premier éclat et il s'éteint. Nous pouvons

Fig. 14.
Combustion du charbon dans l'oxygène.

remarquer que le charbon a diminué de volume ; une partie a disparu. L'oxygène a disparu aussi. Mais comme *rien ne se perd dans la nature*, nous devons pouvoir retrouver les deux corps sous une autre forme. Nous les retrouvons en effet dans le gaz qui remplit le flacon et dont l'eau du fond va dissoudre une portion. L'oxygène a formé avec le charbon un nouveau corps où il est aussi bien dissimulé qu'il peut l'être dans l'eau ordinaire avec l'hydrogène.

2ᵉ EXPÉRIENCE. — Plaçons sur un fil de fer terminé en anneau un petit godet de terre, dans le godet un petit morceau de phosphore ; allumons celui-ci et plongeons le tout dans un flacon plein d'oxygène : le phosphore brûle avec un si vif éclat que le regard peut à peine le supporter (fig. 15). Le phosphore disparaît et l'oxygène aussi. Mais on voit d'épaisses fumées blanches remplir le flacon et dont une partie se dépose en poudre fine sur les parois, tandis que l'autre se dissout dans l'eau qui couvre le fond : c'est le nouveau corps que l'oxygène et le phosphore ont formé en s'unissant intimement.

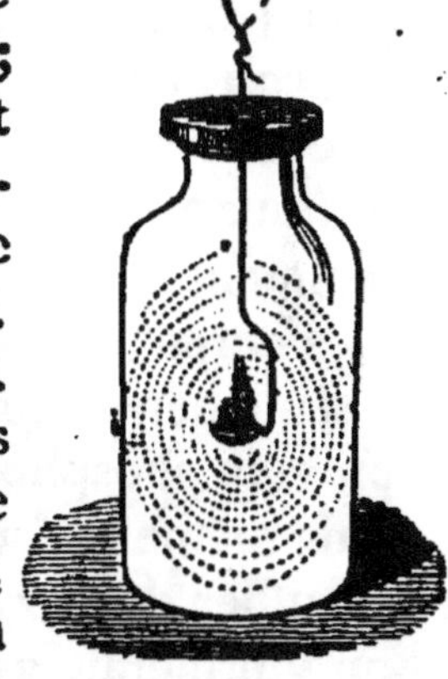

Fig. 15.
Combustion du soufre ou du phosphore dans l'oxygène.

3ᵉ EXPÉRIENCE. — On allume un bout de ruban de magnésium tenu à un fil de fer : le métal brûle déjà avec beaucoup d'éclat ; mais si on le plonge dans l'oxygène, sa lumière blanche devient tout-à-fait éblouissante. Le ruban éteint, il reste à sa place une matière blanche qui se dissout à peine dans l'eau.

4ᵉ EXPÉRIENCE. — Le fer lui-même va brûler dans l'oxygène aussi facilement que le charbon, et il suffira d'un morceau d'amadou enflammé pour y mettre le feu. Pour réaliser cette expérience, prenons un ressort de montre, chauffons-le au rouge pour lui enlever son élasticité, et roulons-le en spirale autour d'une baguette de verre. Plantons une de ses extrémités dans un bouchon et à l'autre attachons un morceau d'amadou ; allumons l'amadou et descendons la spirale de fer dont un flacon d'oxygène dont le fond est couvert de quelques centimètres d'eau (fig. 16). L'amadou met le feu au fer comme à une traînée de poudre, et du fer émflammé jaillissent des milliers d'étincelles en même temps qu'il tombe dans l'eau des globules fondus qui bruissent au contact du liquide froid et s'incrustent parfois dans le verre. C'est une des plus belles expériences que l'on puisse faire. Lorsqu'il n'y a plus d'oxygène, le fer s'éteint et le flacon est couvert d'une poussière de rouille.

Ainsi nous avons démontré surabondamment que l'oxygène fait brûler les corps avec un vif éclat, et non seulement ceux comme le

Fig. 16

Combustion du fer dans l'oxygène

charbon et le phosphore que nous pouvons voir brûler dans l'air, mais même le fer. Nous en concluons que si nous pouvions insuffler de l'oxygène au lieu d'air dans nos foyers, le charbon y brûlerait avec une bien plus grande vivacité et dans le même temps produirait bien plus de chaleur. Mais il faudrait pour cela, et nous ne savons pas le faire encore, produire l'oxygène à très bon marché.

21. Découverte de l'oxygène. — On attribue la découverte de l'oxygène à **Priestley**, savant chimiste anglais qui vivait à la fin du siècle dernier. C'est le premier août 1774 que ce savant obtint le gaz qui rallume les corps presque éteints ; il concentrait la lumière solaire avec une lentille de verre sur la poudre rouge dont se couvre le mercure quand on le chauffe fortement et longtemps. A la même époque, un grand chimiste suédois obtenait aussi le gaz oxygène par un autre moyen.

22. Nom des composés formés avec l'oxygène. — Nous avons formé des corps composés en brûlant dans l'oxygène le charbon, le soufre, le phosphore et le fer.

Comment les distinguer les uns des autres et les reconnaître ? C'est en leur donnant des noms qui rappellent la manière dont ils sont formés et qui fassent penser de suite aux corps entrant dans leur composition.

C'est ce qu'ont fait les chimistes depuis un demi-siècle, et quand ils désignent un corps composé, son nom seul indique déjà de quoi il est formé.

Tous les produits des combinaisons ont reçu des noms caractéristiques. Nous en avons deux séries d'exemples dans cette leçon : nous avons en effet combiné : 1º des métalloïdes avec l'oxygène ; 2º l'oxygène avec des métaux.

Dans le premier cas où des métalloïdes sont combinés à l'oxygène, les corps formés sont des **acides**.

Les composés formés de l'oxygène et des métaux sont appelés **oxydes** ou **bases**.

C'est une nouvelle différence très caractéristique entre les métalloïdes et les métaux.

23. Acides. — Leurs noms. — Dans le langage vulgaire, nous donnons la qualification d'acides aux corps qui ont une saveur aigre, faible ou forte, comme le vinaigre, le jus de citron, le jus d'oseille. Et si nous voulons les reconnaître autrement que par leur saveur, nous en trouverons le moyen dans l'action qu'ils exercent sur les couleurs végétales et particulièrement sur la couleur violacée retirée d'un lichen et qui sert dans nos laboratoires sous le nom de **tournesol**. Agitons dans de l'eau bouillante quelques morceaux de tournesol placés dans un nouet de linge, et l'eau se teinte en violet bleuâtre : elle constitue la **teinture de tournesol**, qui sert aux chimistes pour reconnaître rapidement et très facilement les acides.

Un acide fait *virer au rouge* la teinture de tournesol : voilà le fait que nous vérifions d'abord avec le vinaigre aussi bien qu'avec le jus de citron.

Nous allons le vérifier également avec le produit du charbon brûlé, avec la poudre blanche qu'a donnée la combustion du phosphore, ou avec l'eau dans laquelle elle a disparu. De la teinture de tournesol, versée dans le flacon où le phosphore a brûlé, y passe immédiatement au rouge pelure d'oignon.

Versée dans le flacon où a eu lieu la combustion du charbon, la teinture subit une même transformation, seulement le rouge est moins vif, il tire sur la couleur vineuse.

Le charbon et le phosphore, en brûlant dans l'oxygène, ont donné naissance chacun à un acide.

Pour nommer ces acides on termine en **ique** le nom du corps qui s'est combiné à l'oxygène :

le phosphore
et l'oxygène } ergendrent l'acide **phosphorique,**

le carbone
et l'oxygène }   —   l'acide **carbonique,**

et par analogie l'acide du jus de citron est l'acide citrique ; celui de l'oseille (oxalis), l'acide oxalique ; celui du vin-pierre ou tartre, dépôt que le vin laisse sur les fûts, l'acide tartrique.

Dorénavant le nom d'acide carbonique nous rappellera le gaz invisible que produit le charbon (en chimie carbone) en brûlant, autrement dit en se combinant à l'oxygène.

Et nous ne dirons plus que le corps qui brûle disparaît, se détruit, s'anéantit ; nous saurons qu'il a formé avec l'un des éléments de l'air un nouveau corps, visible ou invisible, mais dont il nous est possible de constater la présence et les propriétés.

24. Oxydes ou bases. — Leurs noms. — Les corps formés par la combinaison des métaux avec l'oxygène ne sont pas aigres comme les acides, et ils ne rougissent pas la teinture de tournesol. Ceux d'entre eux qui sont solubles dans l'eau, comme la poudre blanche produite par la combustion du sodium, ont une saveur caustique : versés dans le tournesol, d'abord rougi par un acide, ils *ramènent cette teinture au bleu.* On les appelle **oxydes** ou **bases** et on donne par analogie le même nom aux corps insolubles qui ont une formation analogue, comme la poudre blanche provenant de la combustion du zinc ou de celle du magnésium, ou comme la poudre de rouille et les globules qui résultent de la combustion du fer.

Les noms particuliers des oxydes sont faciles à retenir : pour désigner chacun d'eux, on fait suivre le mot *oxyde* du nom du métal combiné à l'oxygène. Ainsi :

le fer et l'oxygène } produisent l'oxyde de fer,

le zinc et l'oxygène } — l'oxyde de zinc,

le magnésium et l'oxygène } — l'oxyde de magnésium,

le sodium et l'oxygène } — l'oxyde de sodium.

On désigne souvent ces deux derniers par les noms de **magnésie** (oxyde de magnésium) et de **soude** (oxyde de sodium), parce que les oxydes étaient connus des chimistes longtemps avant les métaux qu'ils contiennent.

25. La rouille du plomb et du cuivre. — Le plomb et le cuivre récemment frottés ou polis sont très brillants, mais ils se ternissent à la longue par leur contact avec l'air ; le premier surtout se ternit assez vite et se recouvre d'un enduit gris. Par l'action de la chaleur, le brillant métallique disparaît encore plus rapidement. Si on chauffe du plomb dans une cuiller de fer, le métal fond en un liquide très brillant, mais dont la surface se voile d'une crasse grise ; et si on remue le métal fondu pour renouveler sa surface de contact avec l'air, on peut le transformer entièrement en crasse gris-sombre : cette poudre grise est **l'oxyde de plomb**, ou le résultat de la combinaison du plomb avec l'oxygène de l'air.

Le cuivre chauffé quelque temps se couvre d'un endui noir que l'on peut ensuite en détacher en brossant le métal La poudre noire est le résultat de la combinaison du méta! avec l'oxygène, c'est **l'oxyde de cuivre**.

26. La rouille du fer. — Tout le monde sait que le fer, très brillant quand il sort des mains de l'ouvrier qui vient de le polir, se recouvre peu à peu à l'air, surtout à l'air humide, de taches rougeâtres qui l'envahissent assez rapidement, forment à sa surface une couche pulvérulente et finissent par le ronger entièrement. Ce phénomène est si commun que chacun de nous a pu l'observer mille fois : c'est là une combinaison chimique, c'est l'union du fer avec l'oxygène de l'air ; *la rouille est un* **oxyde** **de fer.**

Nos observations journalières peuvent nous convaincre que l'air est nécessaire à la formation de la rouille du fer et des autres métaux. Un morceau de fer poli, conservé dans un air très sec, y garde très longtemps son brillant ; porté dans un endroit où l'air est un peu humide, il se rouille promptement.

Que faire alors pour empêcher la production de la rouille? Il faut soustraire la surface du fer au contact de l'air. On y parvient en y déposant une mince couche d'un corps gras qui ne masque pas sensiblement le brillant de l'objet, mais qui ne laisse pas venir jusqu'au métal l'humidité dont l'air est imprégné. C'est le procédé que l'on suit pour conserver le brillant des armes d'acier ou de fer et de bien d'autres objets formés de ce métal.

Pourquoi recouvre-t-on de peinture les fers sans cesse exposés à l'air, comme les grandes pièces des constructions, colonnes, grilles, etc. ? C'est pour les garantir de la rouille, autrement dit de l'oxydation. La première couche répandue sur le métal avec beaucoup de soin et d'une façon très homogène a pour but de servir d'enduit préservateur de l'action de l'air ; et si l'on veut un décor, on le pose sur cette première couche essentiellement préservatrice. Les fers se conservent ainsi très longtemps à l'air humide, tandis qu'ils seraient rapidement rongés si on les laissait nus.

27. Combustion vive et combustion lente. — Nous

avons vu le fer brûler vivement dans l'oxygène et se transformer très rapidement en oxyde. Nous savons que les métaux chauffés, comme le zinc, le plomb, le cuivre, se couvrent d'enduits terreux; ce sont aussi des oxydes, formés de la combinaison du métal avec l'oxygène. Nous voyons la plupart des métaux se couvrir d'une couche terreuse rien que par leur exposition à l'air. Dans ces trois cas, le phénomène chimique est le même ; c'est une combinaison avec l'oxygène, c'est une combustion : et le corps produit a la même nature. Mais tandis que le fer se transforme en oxyde en quelques instants dans un flacon d'oxygène en produisant de la chaleur et une vive lumière, que le zinc prend l'oxygène de l'air chaud et brûle vivement en laissant comme résidu son oxyde, les deux mêmes métaux se couvrent à l'air de leur oxyde, lentement, sans production de lumière et sans dégagement apparent de chaleur. Rouille lente ou rouille rapide, c'est la même chose au fond pour le chimiste. Dans les deux cas l'oxygène de l'air attaque le métal et le convertit en matière terreuse ou oxyde. L'oxydation du fer dans l'oxygène pur est une *combustion vive*. La rouille du fer à l'air est une *combustion lente*

Résumé.

On prépare l'oxygène en chauffant le chlorate de potasse.

La propriété caractéristique de l'oxygène, c'est de rallumer les corps presque éteints et de faire brûler avec éclat ceux qui brûlent déjà.

On fait brûler dans l'oxygène d'une part du charbon, du soufre et du phosphore, d'autre part du fer ; on obtient dans chaque cas un composé.

Les corps formés dans le premier cas, c'est-à-dire par la combinaison d'un métalloïde avec l'oxygène, sont des acides ; ceux qui sont formés de l'union d'un métal avec l'oxygène sont des oxydes.

Le nom de l'acide se forme en terminant en *ique* ou en *eux* le nom du métalloïde ; exemple, acide carbonique, acide sulfureux.

Les oxydes ramènent au bleu la teinture rougie du tournesol.

Le plomb et le cuivre, en général les métaux chauffés, se couvrent à l'air d'une couche d'oxyde.

Le fer se rouille à l'air ; la rouille est un oxyde.

La combustion est la combinaison d'un corps avec l'oxygène : elle est *vive* ou *lente* suivant qu'elle a lieu avec un plus ou moins grand dégagement de chaleur et de lumière.

Devoirs.

5. Distinguer les acides et les oxydes ou bases.
6. Citer des exemples de combustions vives et de combustions lentes.

CHAPITRE IV.

L'HYDROGÈNE.

28. Moyen de préparer l'hydrogène. — L'hydrogène est le second des deux gaz que nous avons trouvés dans l'eau, Pour en obtenir rapidement plusieurs litres, nous mettons du zinc en morceaux et de l'eau au fond d'un flacon à deux tubulures dont l'une porte un tube droit à entonnoir,

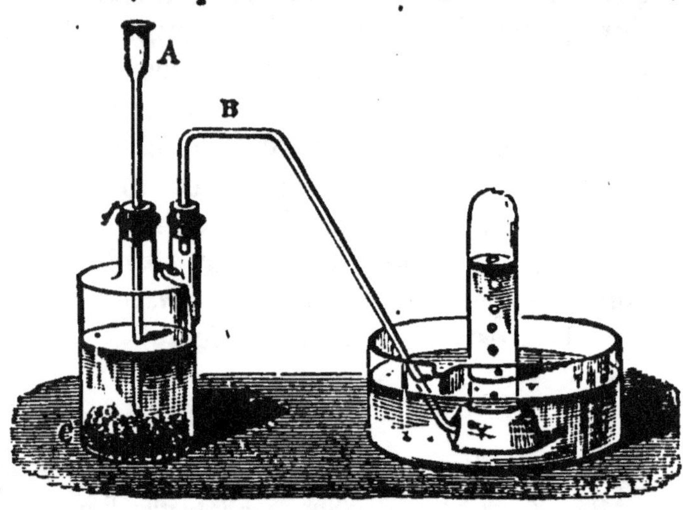

Fig. 17.
Moyen de recueillir l'hydrogène.

l'autre un tube recourbé se rendant dans une éprouvette renversée sur une terrine ou sur la cuve à eau (fig. 17). Rien ne se produit ; mais si l'on verse par le tube à entonnoir un peu d'acide sulfurique, vulgairement appelé huile de vitriol, à cause de son apparence huileuse, un fort bouillonnement apparaît dans le flacon et le gaz hydrogène se dégage en soulevant l'eau de la cuve.

On laisse perdre le premier qui sort parce qu'il est mélangé de l'air du flacon, puis on recueille successivement plusieurs éprouvettes d'hydrogène, que l'on conserve sur la cuve à eau ou sur des soucoupes contenant assez de liquide pour fermer l'ouverture des éprouvettes.

29. Propriétés caractéristiques de l'hydrogène. — Le gaz hydrogène est très léger, le plus léger de tous les corps. Il brûle avec une petite détonation quand on approche une allumette enflammée de l'orifice du vase qui le renferme ;

voilà ses deux caractères les plus saillants. Il en a encore d'autres, comme de passer facilement au travers des membranes où on l'enferme, comme de donner une flamme peu brillante mais très chaude. Nous allons les vérifier tous par l'expérience.

30. L'hydrogène est très léger.— S'il est vrai que le gaz hydrogène est très léger, il doit toujours tendre à monter. Si donc on prend une éprouvette pleine de ce gaz et qu'on la tienne quelque temps l'ouverture en haut, l'hydrogène pourra s'en aller facilement. Si, au contraire, on tient l'éprouvette l'ouverture en bas, comme l'indique la figure 18, le gaz ne s'en échappera pas. En effet, en approchant d'une flamme cette dernière éprouvette après l'avoir tenue ainsi quelques minutes, on voit le gaz prendre feu en même temps qu'on l'entend détoner ; tandis que rien ne brûle ni ne détone quand on présente la première éprouvette à la flamme.

Fig. 18.

Une éprouvette renversée reste pleine d'hydrogène.

Cette première expérience permet de comprendre la suivante, où l'on transvase le gaz hydrogène dans une éprouvette vide, c'est-à-dire ne contenant que de l'air. On tient verticalement, l'ouverture en bas, une éprouvette que l'on vient de prendre sur la table. On apporte au-dessous d'elle une éprouvette d'hydrogène (fig. 19); au bout de quelques minutes, on approche d'une bougie allumée l'éprouvette supérieure ; il y a une détonation et le gaz brûle ; l'éprouvette inférieure ap-

Fig. 19.

Le gaz hydrogène peut être transvasé d'une éprouvette dans une autre.

prochée de la bougie ne produit rien, ni détonation, ni inflammation du gaz. C'est évidemment que l'hydrogène a passé promptement de l'une dans l'autre.

Enfin une preuve plus saisissante encore consiste à gonfler d'hydrogène des bulles de savon : on les voit s'élever comme de petits ballons, et l'on peut les enflammer pendant leur ascension. Pour produire ces bulles, on peut remplir d'hydrogène une vessie à robinet, la munir d'un tube, plonger le tube dans l'eau de savon et presser sur la vessie (fig. 20). Mais il est plus simple de remplacer le tube qui laisse sortir le gaz dans l'appareil producteur par un tube de caoutchouc que l'on termine d'un petit bout de tube de verre ; c'est ce dernier que l'on plonge dans l'eau de savon et que l'on retire pour laisser la bulle se former par le gaz qui sort du tube.

Fig. 20.

Bulles de savon gonflées avec de l'hydrogène et s'élevant comme de petits ballons.

L'hydrogène ne pèse que 9 centigrammes environ par litre, quand l'air en pèse 130 ; il est donc 14 fois plus léger que l'air. C'est la raison qui l'a fait employer au gonflement des aérostats.

31. L'hydrogène se diffuse facilement. — L'hydrogène traverse assez rapidement certains corps que nous regardons comme très peu poreux : tel est le plâtre solide, ou la terre de pipe, ou la porcelaine dite dégourdie qui n'a subi qu'une cuisson. On le prouve en remplissant d'hydrogène un large tube de verre dont on a fermé l'extrémité supérieure avec un tampon de graphite ou de plâtre et que l'on tient sur une cuve à mercure. On voit ce dernier liquide monter dans le tube à mesure que le gaz sort par le tampon.

On peut faire plus simplement une expérience analogue en se servant de gaz d'éclairage au lieu d'hydrogène. On ouvre un bec de gaz ; on couvre l'orifice avec une feuille de papier, et, si on présente une allumette enflammée au-dessus de la feuille, le gaz s'allume : il a traversé le papier qui paraissait devoir s'opposer à son passage.

Les petits ballons rouges ou blancs qui sont vendus comme jouets d'enfants ou donnés dans les grands magasins, sont parfois gonflés à l'hydrogène. Ils se dégonflent alors assez promptement, parce que l'hydrogène passe au travers de la membrane de caoutchouc ; l'air y rentre, mais moins vite que l'hydrogène n'en sort ; aussi quand ces ballons sont à demi dégonflés, si on les approche d'une flamme, il y a une détonation.

32. L'hydrogène mélangé d'air détone quand on l'enflamme. — Prenons sur la cuve à eau une éprouvette pleine d'hydrogène, tenons-la quelques instants à la main, l'ouverture en dessus ; une partie du gaz s'échappe et il est remplacé par l'air. Présentons l'ouverture de l'éprouvette à une bougie allumée ; le mélange gazeux s'enflamme instantanément et produit une détonation qui briserait le vase si on opérait avec un flacon à minces parois au lieu d'opérer avec une éprouvette à parois épaisses. Le mélange d'hydrogène et d'oxygène détone plus fortement encore.

On peut réaliser la combinaison de l'hydrogène avec l'oxygène libre, en mettant le feu à leur mélange. Remplissons une éprouvette au tiers d'oxygène et le reste d'hydrogène, présentons l'ouverture à une bougie allumée : il se produit de suite une forte détonation ; les deux gaz se sont combinés, ils ont formé de l'eau qui est déposée sur les parois internes de l'éprouvette. Mais l'explosion briserait le vase si celui-ci n'avait pas une large ouverture et des parois solides, et surtout si on opérait sur une certaine quantité des deux gaz. Aussi quand on a rempli du mélange d'oxygène et d'hydrogène une fiole d'un quart de litre à goulot étroit, on l'entoure d'un linge mouillé avant de mettre le feu au gaz, afin d'arrêter les éclats du verre si la fiole était brisée par la violence du choc.

La manière la plus curieuse de produire sans danger une très forte explosion est la suivante. On remplit une cloche tubulée du mélange de 2 parties d'hydrogène et de 1 partie d'oxygène, puis on fait dégager, à l'aide d'un tube, pendant quelques secondes, ce mélange dans de l'eau de savon contenue dans un mortier ; il reste sur l'eau de savon des bulles gonflées de ce mélange des deux gaz. On met alors le feu aux bulles en approchant d'elles une allumette enflammée : instantanément, il se produit une détonation d'une force étonnante.

33. L'hydrogène en brûlant donne de l'eau. —

Reprenons le flacon à deux tubulures où nous produisons de l'hydrogène, et munissons l'une des tubulures d'un tube droit étiré en pointe. L'hydrogène se dégage par ce tube. Nous ne présenterons pas de suite au jet de gaz une allumette enflammée, nous risquerions de mettre le feu à un mélange d'air et d'hydrogène qui détonerait et pourrait briser le flacon avec explosion. Nous attendrons cinq à six minutes, plutôt plus que moins, et alors le jet gazeux s'enflammera sans explosion et brûlera avec une petite flamme très pâle, si peu brillante qu'on la voit à peine au grand jour.

Rien dans cette expérience ne révèle au premier abord que la combustion de l'hydrogène produise de l'eau. Mais si nous mettons au-dessus du tube effilé où brûle le gaz une cloche bien sèche (fig. 21), nous voyons les parois de la cloche se couvrir de buée, puis des gouttelettes d'eau ruis-

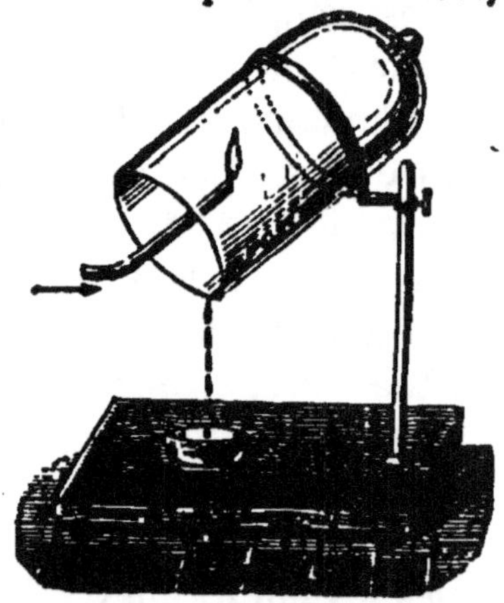

Fig. 21.

Le jet de gaz hydrogène allumé produit une buée sur la cloche qui le surmonte.

seler et finalement l'eau tomber de la cloche goutte à goutte. L'hydrogène a donc bien engendré de l'eau, et il mérite le nom qui lui a été donné et qui signifie **générateur de l'eau.**

Ne croyons pas cependant que l'on puisse produire beaucoup d'eau dans cette expérience, même si on la fait durer un quart d'heure et plus ; nous apprendrons plus tard qu'il faudrait brûler plus de onze cents litres de gaz hydrogène et ne rien perdre de la vapeur d'eau formée, pour obtenir seulement un litre d'eau liquide.

Ainsi tout jet d'hydrogène enflammé produit de l'eau en vapeur invisible, et cette vapeur prend la forme liquide et devient sensible lorsqu'elle est refroidie suffisamment.

34. L'hydrogène peut enlever l'oxygène aux oxydes. — Synthèse de l'eau. — Les expériences précédentes montrent d'une façon très évidente que l'hydrogène se combine facilement avec l'oxygène. Il peut même enlever ce dernier gaz à des corps dans lesquels l'oxygène est déjà allié, combiné à un métal. Pour réaliser l'expérience, on emploie l'oxyde de cuivre, poudre noire qui provient de l'alliance du cuivre avec l'oxygène. On met cette poudre dans un tube large, effilé à un bout, et on fait passer dans le tube un courant de gaz hydrogène. Quand on suppose que l'hydrogène a chassé l'air qui remplissait avant lui le tube et le flacon producteur, on chauffe le tube contenant l'oxyde de cuivre (fig. 22); on voit alors deux phénomènes : 1° le dégagement de vapeur d'eau en brouillard à l'extrémité du tube, 2° l'oxyde de cuivre devenu incandescent par la chaleur que produit la combinaison.

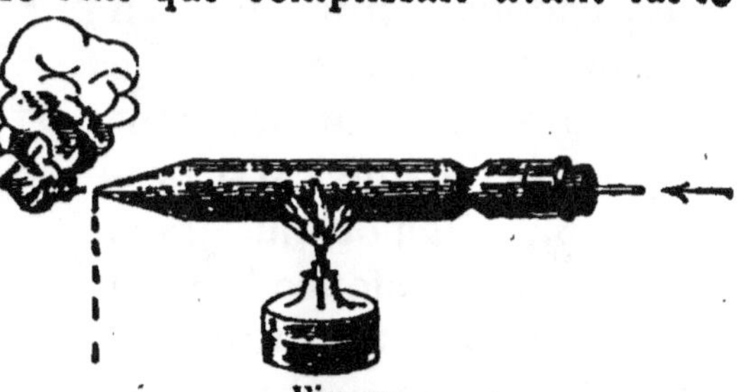

Fig. 22.

L'hydrogène passant sur de l'oxyde de cuivre lui enlève l'oxygène pour former de l'eau.

Il n'est entré dans le tube que de l'hydrogène ; il en sort de l'eau : c'est que l'hydrogène a trouvé dans le tube de l'oxygène pour se combiner avec lui ; il prend en effet l'oxygène de l'oxyde de cuivre. Alors, après l'expérience, il ne doit plus rester que du cuivre : c'est en effet ce qui a lieu, on ne retrouve dans le tube que du cuivre rouge quand on a opéré sur peu d'oxyde.

A ne considérer que l'oxyde de cuivre, on peut dire que

ce corps a été *réduit* par l'hydrogène, puisqu'il ne lui reste plus que le métal.

L'hydrogène accomplit donc ici une *réduction*, c'est-à-dire qu'il désorganise un oxyde fait. Mais si on s'inquiète autant du produit résultant, qui est l'eau, que du produit primitif, on reconnaît que si un oxyde a été défait, un autre (celui de l'hydrogène, que nous appelons toujours l'eau) a été formé. Il y a donc eu en réalité une désoxydation du cuivre et une oxydation de l'hydrogène.

Ainsi par le fait de l'hydrogène il y a eu fabrication d'eau ou, comme disent les chimistes quand ils produisent un corps à l'aide de ses éléments, il y a eu **synthèse de l'eau**.

35. La flamme de l'hydrogène peut chanter. —

Au-dessus du jet d'hydrogène enflammé descendons lentement en guise de cheminée un large tube ouvert. A un moment donné un son musical se produit, plus aigu ou plus grave selon qu'on enfonce le tube plus ou moins. Un autre tube plus mince ou plus gros produit un autre son, et l'on voit la flamme s'effiler, trembloter et quelquefois s'éteindre; en même temps, comme une vérification de l'expérience précédente, le tube se couvre à l'intérieur de gouttelettes d'eau. On a donné à cet appareil le nom d'**harmonica chimique**.

On peut en effet produire plusieurs sons avec des tubes de longueurs et de dia-

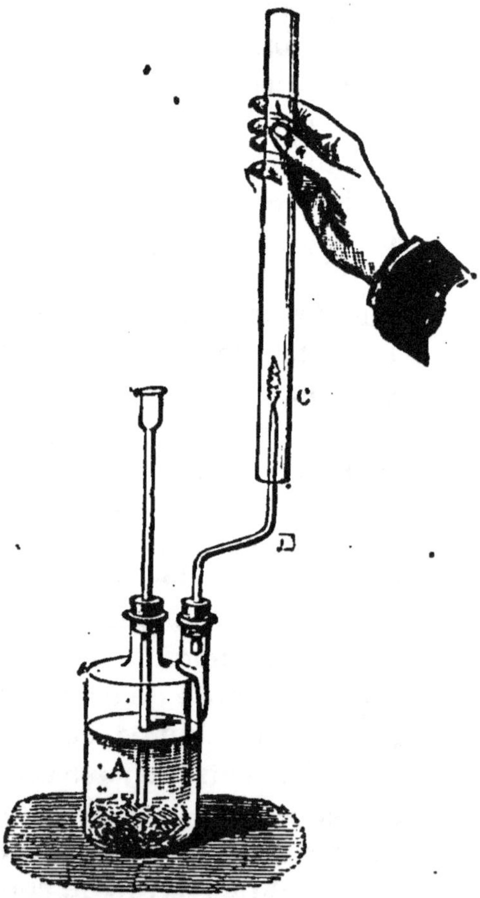

Fig. 20.

La flamme de l'hydrogène rend un son quand elle se produit dans un long tube.

mètres différents; mais il faut convenir qu'il ne serait pas bien commode d'y jouer un air de musique.

36. La flamme de l'hydrogène est très chaude.

— On peut s'en convaincre facilement en y plaçant un fil de fer qui y rougit très promptement et qui peut même y fondre s'il est très fin. Cette flamme devient encore bien plus chaude quand on y insuffle du gaz oxygène : alors elle donne la plus haute température que nous sachions produire. Mais il faut prendre la précaution de ne laisser mélanger les deux gaz que très près de l'endroit où ils brûlent, pour éviter les explosions. On emploie un chalumeau dont la figure 24 donne le détail. On voit que les deux gaz, venant chacun de leur réservoir, arrivent par deux tubes distincts jusqu'au bout de l'appareil. On enflamme d'abord l'hydrogène et on ouvre peu à peu le robinet du tube à oxygène.

Si on envoie le jet enflammé qui sort de ce chalumeau contre un morceau de chaux; celui-ci devient incandescent au point touché, et il projette une lumière éblouissante. On l'appelle la **lumière de Drummond**, du nom de celui qui l'a le premier produite, ou encore **lumière oxhydrique**, pour rappeler les gaz qui la forment. Elle est employée dans les cours pour les projections, quand le soleil fait défaut.

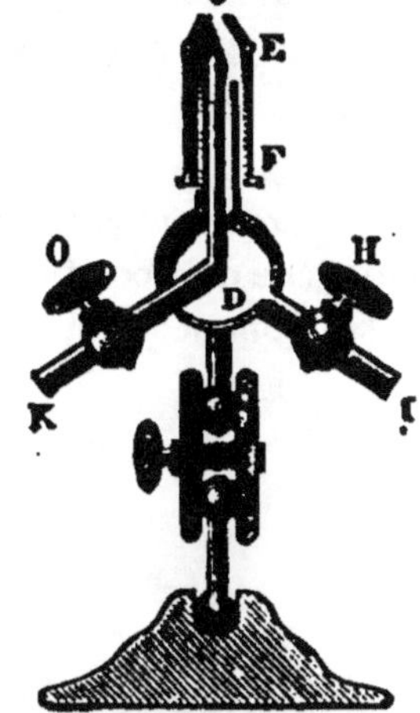

Fig. 24.

Chalumeau à gaz hydrogène et oxygène. L'un des gaz arrive par le tube H, l'autre par le tube O ; ils ne se mélangent qu'à l'extrémité C où ils brûlent.

Résumé.

On obtient de l'hydrogène en mettant dans un flacon à deux tubulures du zinc et de l'eau, et en ajoutant de l'acide sulfurique par un tube à entonnoir.

Le gaz hydrogène est très léger, il brûle avec une détonation à l'air ; il passe facilement au travers des membranes où il est renfermé. Sa flamme est peu brillante, mais très chaude.

Le mélange d'hydrogène et d'oxygène détone violemment. Avec 2 volumes d'hydrogène et 1 volume d'oxygène, il ne reste comme résidu que le peu d'eau formée.

Un jet d'hydrogène allumé produit de la vapeur d'eau, que l'on fait condenser en gouttelettes liquides en la refroidissant.

L'hydrogène enlève l'oxygène aux oxydes et produit de l'eau. Avec l'oxyde de cuivre on a pu réaliser la synthèse de l'eau et trouver que l'eau est formée de 8 grammes d'oxygène unis à un gramme d'hydrogène.

La flamme de l'hydrogène chante quand on la surmonte d'un tube et donne ainsi un harmonica.

La flamme de l'hydrogène, très chaude dans l'air, le devient encore plus dans l'oxygène. On s'en sert pour la lumière oxhydrique.

Devoirs.

7. Comment peut-on combiner l'hydrogène avec l'oxygène libre et avec l'oxygène déjà combiné ?

8. Comment fait-on la synthèse de l'eau par l'oxyde de cuivre ?

CHAPITRE V.

L'AIR.

37. Moyen de constater la présence de l'air. — Nous ne voyons pas l'air ; mais bien des phénomènes dont nous sommes tous les jours témoins nous révèlent sa présence : c'est lui qui fait avancer le petit bateau à voiles que nous posons sur l'eau d'un bassin, comme c'est lui qui pousse les navires sur les flots de la mer. Entre nos yeux et les objets qui nous entourent, il est invisible; mais, au lointain, il se colore, le jour, d'une belle nuance d'azur, et le soir et le matin, au lever ou au coucher du soleil, il prend des teintes diverses très variées et fort jolies.

Fig. 25.

L'eau ne monte pas dans une cloche pleine d'air.

Il remplit tous les vases que nous considérons comme vides, parce qu'il n'y a dedans ni corps solide, ni corps liquide apparent : nous pouvons facilement nous en convaincre en posant sur une bouteille un entonnoir dont le col joint bien avec le col de la bouteille, et en remplissant d'eau l'entonnoir : l'eau tombe d'abord dans la bouteille, mais elle s'arrête tout à coup, empêchée dans sa chute par l'air invisible qui remplit le vase et qui ne peut s'échapper. Plongeons verticalement dans l'eau une cloche que nous tenons par le bouton (fig. 25) : le liquide ne pénètre pas dans la cloche ; et c'est si bien l'air qui s'y oppose que, si nous inclinons peu à peu la cloche, nous voyons le gaz faire bouillonner le liquide et s'échapper en bulles très apparentes. Pour rendre ces bulles encore plus visibles, nous apportons au-dessus d'elles un long vase renversé et plein d'eau : les bulles d'air montent aussi haut qu'elles peuvent aller, c'est-à-dire qu'elles se rassemblent dans le haut du vase qui leur est offert. Si alors nous relevons la cloche, que nous avons inclinée, l'eau en occupe une partie, elle y est venue remplacer l'air disparu.

Fig. 26.

L'air se dégage de la cloche inclinée et l'eau prend sa place.

Ainsi toutes les fois qu'on remplit d'eau un flacon, l'air qu'il contenait s'en va. Inversement, si on vide un flacon d'abord plein d'eau, le flacon se remplit d'air. On peut donc avoir à volonté de l'air d'un endroit quelconque, puisqu'il suffit d'y vider un vase plein d'eau et de le bien boucher quand il est vide.

38. L'air et les corps qui brûlent. — Une bougie allumée brûle complètement dans une chambre où on la laisse. Un petit morceau de phosphore que l'on enflamme brûle également sans laisser de résidu, en produisant d'abondantes vapeurs blanches qui se répandent dans l'air. En est-il de même dans un flacon ou une cloche quand le volume d'air est limité? C'est ce que l'expérience va nous apprendre.

Sur une assiette un peu profonde, versons une couche d'eau de quelques centimètres d'épaisseur ; plaçons sur l'eau un large bouchon portant une bougie allumée et couvrons la bougie d'une cloche ou d'un bocal dont les bords plongent dans l'eau de l'assiette. Nous mettons ainsi la bougie dans un volume d'air limité, sans communication avec le dehors. Elle brûle d'abord comme à l'air libre ; mais sa flamme pâlit bientôt et ne tarde guère à s'éteindre. En même temps, si on observe bien, on voit que l'eau a monté un peu dans le bocal. Et cependant rien ne semble changé à l'intérieur du vase, le gaz y est resté aussi transparent ; il y en a seulement un peu moins, puisque l'eau occupe une partie du volume primitif, et la bougie ne peut brûler dans ce qui reste.

Répétons cette expérience avec le phosphore. Plaçons un morceau de ce corps dans une petite coupelle de terre posée sur un gros bouchon qui flotte sur la cuve à eau ; enflammons-le et couvrons le tout d'une cloche (fig. 27). Le phosphore brûle vivement en produisant une lueur très vive, et la cloche s'emplit d'épaisses fumées blanches. Peu à peu les lueurs s'affaiblissent et s'éteignent. Les fumées mettent quelque temps à diminuer et à disparaître. Quand le contenu de la cloche s'est

Fig. 27.

Combustion du phosphore dans un espace d'air limité et préparation de l'azote.

éclairci, l'eau est montée d'environ un cinquième, et il reste du phosphore dans la coupelle. Ce n'est donc pas le corps à brûler qui a fait défaut ; c'est l'air qui n'a plus été apte, à un moment donné, à faire brûler le combustible.

On conclut de ces deux expériences que le renouvellement de l'air est nécessaire pour entretenir le feu, et que les corps en brûlant enlèvent à l'air une partie de sa substance, la seule qui ait le pouvoir de les faire brûler. Si, en effet, on transvase la portion de l'air qui reste dans la cloche et qu'on y plonge une bougie allumée, celle-ci s'éteint aussitôt; on pouvait le prévoir d'ailleurs, puisque le phosphore a refusé d'y brûler.

39. L'air renferme deux gaz différents. — La combustion du phosphore sous une cloche montre que l'air est formé de deux gaz, l'un qui fait brûler les corps et l'autre qui les éteint. Le premier est le gaz oxygène, que nous connaissons pour y avoir fait brûler avec un très vif éclat le charbon, le phosphore et le fer ; le second est le gaz **azote**. L'air apparaît donc comme formé du gaz oxygène, éminemment propre à entretenir la combustion, et du gaz azote, qui affaiblit l'action de l'oxygène. L'azote y entre pour environ quatre cinquièmes et l'oxygène pour un cinquième seulement.

40. L'azote. — Lorsqu'on veut obtenir le gaz azote, on répète l'expérience précédente : on brûle du phosphore sous une grande cloche, dans un volume d'air limité, et quand le combustible s'est éteint, on attend que les vapeurs blanches aient disparu en se dissolvant dans l'eau. On constate qu'il reste un gaz incolore comme l'air, un gaz qui éteint les corps enflammés et dans lequel un animal ne peut vivre.

41. Proportions exactes d'oxygène et d'azote dans l'air. — Lorsqu'on veut connaître avec exactitude la proportion des deux gaz dont l'air est formé, on prend un volume mesuré d'air, on en absorbe l'oxygène avec une substance solide ou liquide et on mesure le gaz restant ; on obtient ainsi le volume de l'azote ; en le retranchant du volume primitif, on a celui de l'oxygène.

Pour cela on emploie le phosphore, qui absorbe l'oxygène de l'air à la température ordinaire, et qui doit à cette propriété de paraître lumineux dans l'obscurité. On introduit dans un large tube gradué, renversé sur l'eau, un volume d'air connu, soit 100 centimètres cubes. On y fait passer un long morceau de phosphore que l'on y maintient (fig. 28); celui-ci s'entoure de vapeurs blanches parce qu'il prend l'oxygène : il a tout pris lorsqu'il ne paraît plus lumineux dans l'obscurité. On retire alors le bâton de phosphore et on lit le volume du gaz restant : on trouve 79 centimètres cubes. On peut donc affirmer que

100 litres d'air contiennent { 79 litres d'azote, 21 litres d'oxygène.

Fig. 28.

Le phosphore absorbe lentement l'oxygène de l'air.

42. Composition de l'air dissous dans l'eau. —

Si on fait subir le même essai à l'air que les eaux naturelles retiennent en dissolution, on trouve que cet air renferme 32 litres d'oxygène sur 100 litres : c'est plus que l'air ordinaire. Et cette présence de l'air dans l'eau est un fait d'une grande importance, car c'est aux dépens de ce gaz que respirent les poissons et les animaux aquatiques. Nous avons déjà dit que l'air en dissolution dans les eaux de sources leur communique une saveur fraîche et agréable, tandis que l'eau distillée qui est dépourvue d'air est fade et insipide. C'est en chauffant l'eau que nous avons fait dégager l'air qu'elle retenait ; mais ce gaz s'en échappe encore quand l'eau se congèle ; et les petites bulles dont se trouvent criblés les blocs de glace n'ont pas d'autre origine.

43. Autres corps contenus dans l'air. — L'azote

et l'oxygène sont les principes fondamentaux de l'air ; mais il y existe d'autres substances que l'on trouve dans tous les lieux, bien qu'elles soient souvent en très petite quantité.

C'est d'abord la vapeur d'eau, variable avec le degré d'humidité. On la met en évidence en la forçant à se déposer en buée ou en gouttelettes sur les corps froids : telle est la rosée qui se forme sur la paroi extérieure d'une carafe, dont le liquide est plus froid que l'air de la chambre où l'on apporte le vase ; telle est aussi la buée des carreaux de nos appartements et la rosée que l'on trouve souvent le matin sur les plantes.

C'est, en second lieu, le produit gazeux que donne le charbon en brûlant et que nous étudierons dans une des leçons suivantes.

C'est enfin ces milliers de corps si petits qu'ils échappent d'habitude à la vue et qui ne deviennent visibles que lorsqu'ils sont rassemblés sous forme de poussière, ou bien très vivement éclairés par un rayon de soleil pénétrant dans une chambre obscure.

Ces mille petits riens contiennent des débris d'une infinité de corps. Ils contiennent aussi des germes organisés qui sont les agents des transformations que l'air fait subir aux substances végétales ou animales : c'est parmi eux qu'existent les germes de la putréfaction, du changement du vin en vinaigre, et dans certains lieux les agents des fièvres paludéennes et de certaines maladies contagieuses.

44. L'analyse de l'air par Lavoisier. — On savait avant Lavoisier que les métaux calcinés engendrent des substances nouvelles que l'on appelait des *terres* ou des *chaux métalliques*, tandis que nous les appelons *oxydes*. On savait, comme aujourd'hui, produire par l'action de la chaleur les chaux, c'est-à-dire les oxydes d'étain, de plomb ou de mercure. Mais on n'avait pas assez bien remarqué que dans cette calcination le métal augmente de poids : on n'avait pas songé à le peser avant et après l'expérience. La première découverte de Lavoisier consiste à avoir prouvé que le métal chauffé augmente de poids, qu'il prend quelque chose à l'air, qu'il lui prend la portion que nous nommons l'oxygène et qu'il laisse l'azote. Pour cela, Lavoisier chauffa du mercure dans un ballon à long col recourbé comme l'indique la figure 29. L'extrémité du tube était couverte d'une cloche qui limitait l'air en contact avec le

mercure du bal-
lon.

Après plusieurs
jours de chauffe,
le mercure du bal-
lon se couvrit de
pellicules rouges,
chaux de mercure
ou oxyde, comme
nous disons au-
jourd'hui. Et l'air
avait diminué d'un

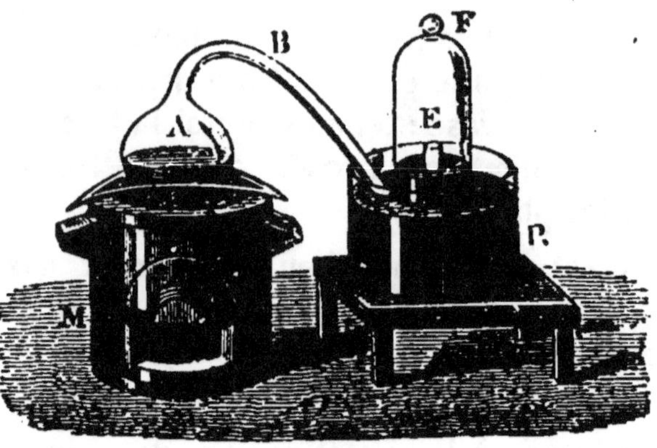

Fig. 29.
Appareil de Lavoisier pour l'analyse de l'air.

cinquième, comme l'attestait le mercure de la cuve monté
dans la cloche. Le mercure chauffé prenait donc à l'air un
cinquième de son volume, et le gaz restant n'était plus capable d'entretenir la combustion. Lavoisier avait ainsi fait
l'analyse de l'air.

Il poussa plus loin cette expérience, l'une des plus remar
quables qui aient été faites. Il recueillit l'oxyde de mercure,
le chauffa dans un tube, s'assura qu'il en sortait de l'oxygène, et en envoyant ce gaz se mêler à l'azote de la cloche,
il reconstitua l'air qui remplissait l'appareil avant l'expérience.

45. L'air active le feu. — Que faisons-nous pour
faire brûler plus vivement le charbon ou le bois dans nos
foyers ? Nous dirigeons avec un soufflet de l'air sur le combustible ; nous ouvrons le cendrier de nos poëles ou bien
nous dégageons la grille sur laquelle repose le coke ou la
houille ; alors à l'arrivée de l'air la flamme prend plus de
développement. Fermons-nous au contraire les ouvertures,
ou bien couvrons-nous de cendres les charbons allumés, la
combustion cesse de se propager. Il lui faut de l'air pour
qu'elle puisse s'effectuer, ainsi que nous le démontre avec
évidence l'expérience de chaque jour.

46. L'air et les êtres vivants. — L'air est indispen-
sable à tous les êtres vivants, qui meurent lorsqu'ils en sont

privés. Ceux même qui vivent dans l'eau ne font pas exception à la règle ; ils ne peuvent vivre que dans l'eau aérée ; ils périraient dans de l'eau récemment bouillie ou privée d'air. Enfermés dans un espace limité, ils pourraient continuer quelque temps à vivre, mais ils ne tarderaient pas à s'affaiblir et à périr, comme la bougie allumée placée sous une cloche s'affaiblit et s'éteint. Il faut de l'air à l'animal pour vivre, comme il faut de l'air à la bougie pour brûler.

Résumé.

L'air, qui est invisible, remplit tous les vases que nous croyons vides. Pour mettre sa présence en évidence, on lui fait remplir une cloche ou un vase auparavant plein d'eau.

Les corps combustibles brûlent quelque temps dans un air confiné, puis ils s'éteignent et l'air a quelque peu diminué de volume.

L'air renferme deux gaz : l'oxygène, qui fait brûler les corps, et l'azote.

L'azote n'entretient pas la combustion ni la vie ; on l'obtient en enlevant à une masse d'air limitée l'oxygène qu'elle contient.

L'air renferme exactement 21 litres d'oxygène et 79 litres d'azote pour 100 litres.

L'air dissous dans l eau est plus riche en oxygène, il en renferme 32 ° %.

Outre l'oxygène et l'azote, l'air renferme encore un peu de vapeur d'eau, un peu d'acide carbonique et des poussières et des germes organisés.

Lavoisier a fait l'analyse et la synthèse de l'air en produisant de l'oxyde de mercure et en le décomposant ensuite pour en retirer l'oxygène qu'il avait pris à l'air.

L'air active la combustion. Il est indispensable aux êtres vivants.

Devoirs.

9. Montrer que l'air est formé de deux gaz et trouver la proportion de ces gaz.

10. Décrire la célèbre expérience de Lavoisier.

CHAPITRE VI.

LES CHARBONS.

47. La braise de boulanger. — Nous voyons journellement brûler le bois dans nos foyers ; et si nous le laissons se consumer en entier, il n'en reste rien qu'un peu de cendres; il a disparu peu à peu en produisant une flamme brillante et de la fumée que la cheminée a entraînée au dehors. Mais si nous couvrons d'une épaisse couche de cendres la bûche de bois enflammée, elle ne donne plus de flamme ; elle reste encore longtemps rouge ; le lendemain, nous la retrouvons en charbon noir.

Le boulanger chauffe son four avec des buchettes de bois ; maisil ne les laisse pas se réduire en cendres ; quand elles ne donnent plus de flamme, qu'elles n'échaufferaient plus assez rapidement ie dôme du four, il en retire les fragmentsincandescents pour les enfermer dans une grand boîte de tôle et les y refroidir à l'abri de l'air.

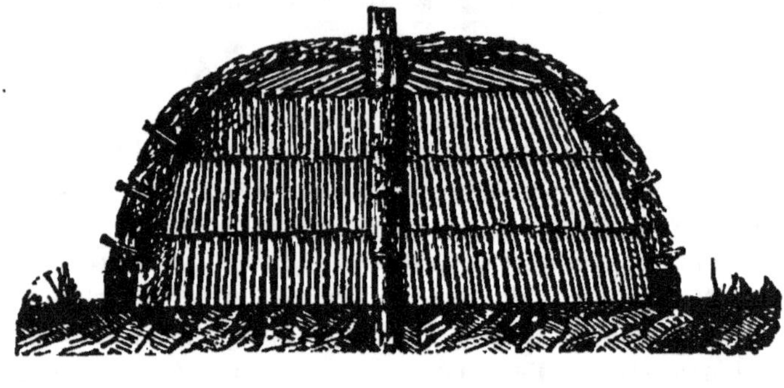

Fig. 30.
Vue d'ensemble et coupe d'une meule de charbon de bois des forêts.

Il obtient ainsi la braise, ce charbon noir en menus morceaux, si facile à rallumer.

Le bois contient donc du charbon associé à d'autres éléments, que la chaleur fait dégager sous forme de gaz inflammables ou de fumée Et quand on limite la combustion du bois, le charbon reste comme résidu.

48. Le charbon de bois. — C'est sur ce principe que repose la fabrication en grand du charbon de bois. Dans les forêts, sur une aire battue, les charbonniers disposent, autour de quelques branches plantées verticalement, de petites buchettes longues de 3o à 4o centimètres, en plusieurs lits superposés de manière à donner à l'ensemble la forme d'une grande calotte (fig. 3o). Le bois est recouvert d'une couche de terre et de mottes de gazon qui ne laissent libres que la cheminée centrale et quelques évents à la base du tas. On met le feu au centre avec des broussailles sèches. La combustion marche lentement parce que l'air n'arrive qu'avec difficulté, et le bois ne brûle qu'à demi. Quand le charbonnier suppose que la meule est bien prise dans toutes ses parties, il arrête le feu en bouchant toutes les ouvertures et laisse refroidir le tout. A la place du bois, on trouve, en démolissant le tas, le charbon qui a conservé la forme des buchettes. Rallumé, ce charbon brûle sans flamme mais en dégageant beaucoup de chaleur.

49. La houille et le coke. — La houille est un charbon noir à cassure brillante que l'on trouve en couches ordinairement peu épaisses, mais souvent profondes, dans certains terrains. Les notions de géologie nous apprennent que les couches de houille ont été formées par les débris de grands végétaux accumulés pendant une période très ancienne et recouverts depuis des couches de terre et de pierres sous lesquelles nous les trouvons.

La houille brûle avec une longue flamme ; c'est le conbustible le moins coûteux et le plus employé dans nos petits appareils de chauffage comme dans les grands fourneaux de l'industrie.

Si, comme on le fait pour le bois, on brûle la houille en vase clos, en lui refusant l'air qui la consumerait entièrement et n'en laisserait que des cendres, il n'en sort qu'une fumée et un gaz inflammable dont on se sert sous le nom de **gaz l'éclairage**, et il reste un résidu poreux, léger, spongieux, qui est le **coke**. Ce coke est un charbon léger qui brûle sans flamme et sans fumée, mais en dégageant beaucoup de chaleur ; seulement il est plus difficile à allumer que la houille ou le charbon de bois et il nécessite un bon tirage pour bien brûler.

Il est intéressant de faire en petit dans un laboratoire, cette préparation qui extrait de la houille un gaz inflammable en laissant le coke comme résidu. Pour cela, on remplit aux deux tiers une cornue de terre de menus morceaux de houille ; on la munit d'une allonge se rendant à un flacon surmonté d'un tube effilé (fig. 31) et on la chauffe fortement ; on voit le flacon se remplir peu à peu d'une matière noire goudronneuse, tandis qu'un gaz se dégage par le tube effilé et produit, si on l'allume, une longue flamme très brillante. L'opération terminée, on retire de la cornue des morceaux de coke.

Fig. 31.

Appareil de laboratoire pour montrer la préparation du gaz de la houille.

50. Le charbon des matières animales et végétales.

— Toutes les matières qui proviennent des végétaux ou des animaux renferment du charbon dans leur composition et le laissent comme résidu si on les brûle incomplètement, en limitant l'accès de l'air qui provoquerait une combustion complète. Le bois vient de nous en fournir un premier exemple ; nous allons en prendre quelques autres et brûler un tissu de coton ou de fil, une mèche imbibée de térébenthine, un os.

Si nous jetons dans un foyer une petite pièce de toile, elle y prend feu d'abord à la surface, puis elle noircit ; ce n'est plus alorsque du charbon ; mais ce charbon brûle entièrement en quelques instants si le foyer est actif : il ne reste rien ou presque rien de l'étoffe. Mais si au lieu de la brûler ainsi à l'air libre, nous la chauffons dans un creuset que nous aurons rempli et fermé, quand le creuset sera refroidi, nous y trouverons les fragments de toile devenus noirs, carbonisés, c'est-à-dire réduits en charbon ; et ce charbon a quelque intérêt ; il est aussi inflammable que l'amadou, l'étincelle d'un briquet suffit à y mettre le feu.

Faisons une petite lampe dont le liquide combustible sera l'essence de térébenthine, et allumons la mèche ; la flamme est fumeuse ; elle dépose sur les corps que l'on met au dessus une couche d'un charbon fin, très divisé, très léger. Nous appelons ce charbon **noir de fumée**. Il est, en effet, d'un beau noir et inaltérable ; il sert comme couleur pour la peinture et il est la base de l'encre d'imprimerie.

Jetons un os dans un foyer ardent : il brûle avec flamme et fumée ; et si nous le laissons un temps suffisant, il n'en reste qu'une matière blanche et friable qui constitue la cendre d'os ; c'est une matière minérale de nature pierreuse, qui faisait la solidité de l'os et qui en formait les deux tiers.

Ce qui a brûlé, c'est de la matière organique, que nous pourrions, par un autre traitement, obtenir sous forme de colle forte.

Chauffons, au contraire, les fragments d'os en vase clos : il s'en dégagera bien encore un peu de fumée, mais l'air n'arrivant pas en quantité suffisante, le charbon restera, donnant sa couleur à toute la masse qui sera entièrement noire. Nous aurons *le noir d'os* ou **noir animal**, charbon particulier, qui n'est pas combustible, qui est mélangé intimement de la partie minérale de l'os, mais qui nous est précieux à cause de sa propriété d'absorber les matières colorantes.

Voilà les principaux charbons que nous donne la combustion incomplète des produits végétaux et animaux. Nous allons étudier leurs propriétés essentielles. Nous en retiendrons d'abord deux, la facilité avec laquelle ils absorbent les gaz et les matières colorantes, et leur propriété de brûler à l'air qui en fait les combustibles les plus employés.

51. Le charbon est désinfectant. — Il ne semble pas au premier abord que le charbon puisse absorber les odeurs. Rien n'est cependant plus facile à prouver. Prenons de l'eau corrompue qui sent mauvais, ou de l'eau ordinaire dans laquelle nous mettrons un peu de foie de soufre, cette substance jaune que l'on dissout dans l'eau pour faire un bain sulfureux ; jetons dans cette eau une poignée de poussière de charbon ; agitons et filtrons, l'eau passera limpide et sans odeur ; elle était infecte, elle est devenue bonne à boire.

Cette propriété du charbon est utilisée dans les filtres où l'on fait passer l'eau de citerne ou l'eau de rivière avant de la boire. Ces filtres sont devenus communs et indispensables dans les contrées où l'on manque d'eau de source et où l'on n'a pour l'alimentation que l'eau de pluie recueillie des toits.

Veut-on envoyer au loin des viandes ? Il faut les empêcher de se corrompre ; c'est encore au charbon que l'on a recours. Après les avoir enveloppées de papier, on les entoure de poussière de braise de boulanger ou de charbon de bois, et elles se conservent ainsi quelque temps sans odeur.

52. Le noir animal est décolorant. — Si on agite du vin rouge avec du noir animal et qu'on filtre (fig. 32), il passe au filtre un liquide incolore ; le charbon a arrêté la matière colorante, et lorsque le noir employé a été au préalable bien lavé, d'abord à l'acide et ensuite à l'eau, il n'enlève au liquide que sa couleur et il lui laisse son goût et toutes ses autres propriétés.

L'industrie sucrière fait un grand emploi du noir animal. Le sucre n'est pas blanc quand il est à l'état de jus extrait de la betterave ; on le filtre plusieurs fois sur du noir pour lui donner la blancheur que nous connaissons au sucre cristallisé.

Fig. 32.
Le vin rouge agité avec du noir d'os puis filtré, passe incolore.

53. La combustion du charbon à l'air. — Presque
tous les charbons brûlent et se consument à l'air quand ils
sont allumés, les uns facilement comme la braise et le charbon de bois, les autres plus difficilement comme le coke.

Nous avons déjà brûlé le charbon dans l'oxygène et constaté que les deux corps forment, par leur combinaison, un
gaz acide invisible que nous appelons l'acide carbonique.

Il en est de même dans l'air, l'acide carbonique se produit également. Comme il est invisible, nous avons recours
à un réactif pour signaler et révéler sa présence, et ce réactif
c'est l'eau qui a été quelque temps au contact de la chaux.
L'eau de chaux limpide devient trouble au contact de l'acide
carbonique ; et ce trouble se produit quand on verse de l'eau
de chaux dans un bocal où l'on vient de faire brûler un morceau de charbon.

54. Le graphite. — Avant de quitter ce chapitre con-
sacré au charbon, il nous reste à signaler encore deux variétés de ce corps si répandu dans toute la nature : il nous faut
citer les propriétés du graphite et du diamant.

Le *graphite* (d'un mot grec qui signifie *écrire*) est aussi
appelé **plombagine** ou **mine de plomb**, à cause de son
aspect métallique et bien que le plomb n'entre en rien dans
sa composition. C'est une matière solide, brillante, d'un gris
noirâtre, qui laisse sur les doigts et le papier une tache lui-
sante. On l'emploie pour former l'âme des crayons ; on l'utilise aussi pour donner du brillant à la fonte. Les chimistes
en font des creusets pour fondre les métaux ; ces creusets
rougissent bien au feu, mais ils ne se consument pas ; ce
charbon particulier est incombustible dans nos foyers ordinaires.

Le graphite est cependant bien du charbon, car lorsqu'on
le tient longtemps fortement chauffé, dans une atmosphère
d'oxygène, il produit de l'acide carbonique comme le charbon ordinaire. C'est un produit naturel que l'on trouve en
roches dans certains pays, notamment en Sibérie.

55. Le diamant. — Il paraît invraisemblable au promier abord que le diamant, si limpide, si transparent, si brillant, soit du charbon comme le premier morceau venu de charbon de bois, de houille et de coke. Et cela est cependant. Si l'on soumet le diamant à une forte chaleur, en présence de l'air ou de l'oxygène, il ne brûle pas, mais il donne naissance à de l'acide carbonique.

Pour le chimiste, le diamant est du charbon pur de tout mélange et cristallisé. Pour le vulgaire, c'est une pierre limpide d'un grand prix qui prend un très vif éclat à la lumière lorsqu'il a été taillé en facettes (fig. 33). Cette taille est difficile, car le diamant est si dur qu'aucun corps ne l'entame et qu'on ne peut l'user qu'avec sa propre poussière. Les diamants sont fort rares, surtout les gros ; bien taillés, il sont d'un prix extrêmement élevé. Mais c'est un fait bien curieux qu'une substance aussi jolie et aussi brillante ait

Fig. 33.
Diamant taillé.

la même nature chimique que le charbon ordinaire, noir et sans éclat.

Résumé.

Le bois allumé, mis sous la cendre ou enfermé dans un étouffoir, se convertit en charbon noir.

On fait le charbon de bois, dans les forêts, en faisant brûler incomplètement le bois dans un espace où il ne peut arriver qu'une quantité d'air insuffisante.

La houille que l'on trouve en couches dans certains points du sol, brûle avec flamme à l'air ; brûlée en vase clos, elle dégage le gaz d'éclairage et le goudron, et elle laisse comme résidu le coke.

Les matières animales et végétales incomplètement brûlées, en vase clos, laissent aussi un résidu de charbon : l'un est le noir d'os ou noir animal, l'autre le noir de fumée.

Le charbon en poudre absorbe les odeurs ; il peut servir de désinfectant.

Le noir animal agité avec un liquide coloré retient la couleur du liquide.

Le graphite est un charbon naturel d'aspect fibreux, de couleur grise, que l'on emploie sous le nom de plombagine pour lustrer la fonte et pour faire l'âme des crayons. Le diamant est du carbone pur et cristallisé. Il est très dur, mais lorsqu'il est taillé, il réfléchit et réfracte la lumière ; il est d'un prix très élevé.

Devoirs.

11. Indiquer les charbons naturels et artificiels en caractérisant chacun d'eux.

12. Quelles sont les principales propriétés des charbons?

CHAPITRE VII.

L'ACIDE CARBONIQUE.

56. Moyen d'obtenir l'acide carbonique. — Nous connaissons déjà l'acide carbonique, ce gaz invisible que le charbon donne en brûlant à l'air ou dans l'oxygène; nous savons même déjà révéler sa présence par le trouble qu'il produit dans l'eau de chaux limpide. Nous pourrions l'obtenir par la combustion d'un morceau de charbon; mais nous ne l'aurions pas pur, il serait mélangé de l'azote de l'air. Pour avoir l'acide carbonique sans mélange d'autre gaz, nous aurons recours aux pierres calcaires, marbre, pierre à bâtir ou craie. Si, en effet, on arrose ces pierres d'un acide, il se produit un bouillonnement tumultueux occasionné par l'acide carbonique qui se dégage.

Mettons dans un flacon à deux tubulures de l'eau et des fragments de marbre (fig. 34), et versons de l'acide chlorhydrique par le tube à entonnoir. L'effervescence se produit et le tube recourbé, dont l'extrémité plonge dans la cuve

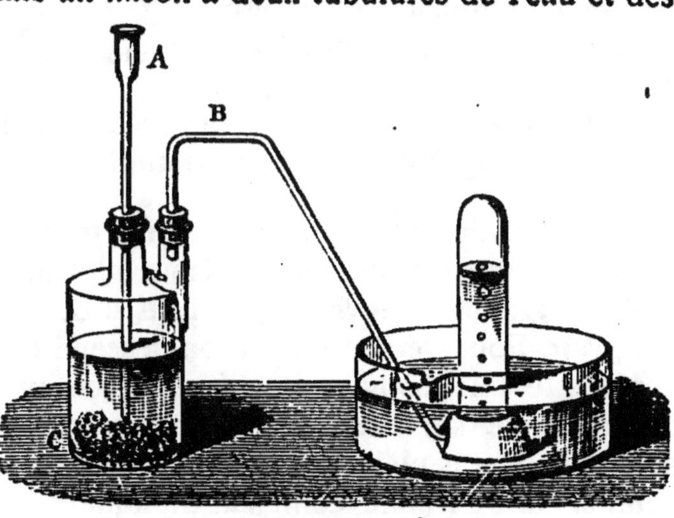

Fig. 34.
Appareil à préparer l'acide carbonique.

à eau, dégage l'acide carbonique, que l'on recueille dans des éprouvettes ou des flacons avec la plus grande facilité.

57. Les propriétés du gaz carbonique. — Le gaz carbonique est incolore, il a une saveur légèrement aigrelette quand il est dissous dans l'eau. Il ne rougit pas facilement le tournesol, mais il le colore seulement en rouge vineux : ce n'est en effet qu'un acide faible, plus faible que la plupart des autres acides que nous connaissons, même que le vinaigre ; c'est pour cela que le vinaigre fait dégager l'acide carbonique de la craie.

L'acide carbonique éteint les corps enflammés ; la preuve en est bientôt faite : on plonge une bougie allumée dans une éprouvette de gaz carbonique (fig. 35), la bougie s'éteint aussitôt.

Puisqu'il éteint les corps en combustion, il ne doit pas être respirable. On peut s'en assurer en plongeant une souris dans un bocal d'acide carbonique :

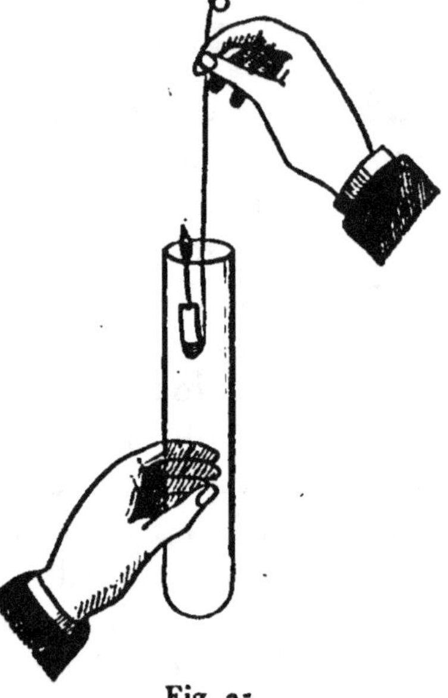

Fig. 35.
Une bougie allumée s'éteint dans l'acide carbonique.

l'animal succombe très vite dans ce gaz qui ne peut pas remplacer l'oxygène pour la respiration.

58. L'acide carbonique est un gaz lourd. — Le gaz carbonique est une fois et demie plus lourd que l'air ; il pèse 2 grammes environ par litre, il doit donc tomber dans l'air. Pour vérifier ce fait, on descend dans une large éprouvette une bougie allumée qui continue à y brûler, puis on verse dans cette éprouvette le contenu gazeux d'une autre éprouvette pleine d'acide carbonique, comme on le ferait si cette dernière contenait un liquide (figure 36). On ne voit rien tomber, mais la bougie s'éteint. Si on la retire, qu'on la rallume et qu'on la replonge, elle s'éteint aussitôt ;

l'éprouvette inférieure contient l'acide carbonique tombé de la première ; la bougie allumée, plongée un instant dans celle-ci, ne s'éteint pas.

On fait encore une autre expérience. On fait dégager pendant quelques instants seulement de l'acide carbonique dans un grand bocal posé sur la table ; ce gaz va occuper le fond du bocal, tandis que l'air occupe le dessus ; on ne voit pas la séparation des deux couches de gaz, puisque toutes deux sont invisibles. Mais si on laisse tomber dans le bocal des bulles de savon, ces bulles descendent dans la couche d'air et, arrivées à la couche d'acide carbonique, elles rebondissent sur le gaz lourd. Descend-on une bougie allumée, elle brûle dans le haut du bocal et elle s'éteint dans le bas. A une certaine hauteur la flamme pâlit ; elle se ravive si on la remonte, elle s'éteint si on la descend. C'est là que se trouve la séparation de l'air et du gaz carbonique ; au-dessus la combustion est possible, au-dessous elle ne peut avoir lieu.

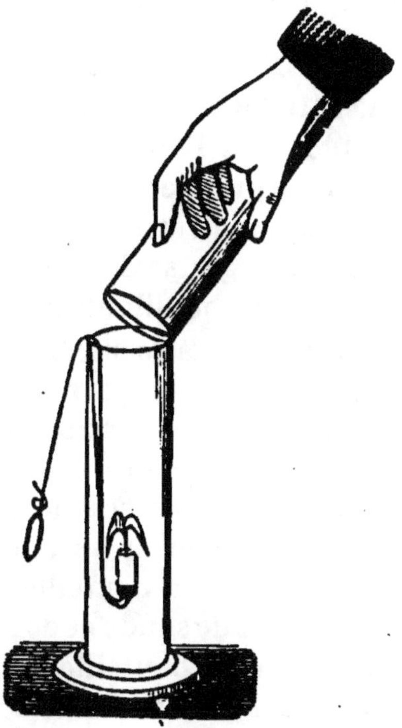

Fig. 36.

L'acide carbonique est lourd, il tombe d'une éprouvette dans l'autre et il éteint la bougie allumée.

Cette expérience est très saisissante ; elle fait bien comprendre ce qui se passe dans la grotte de Pouzzoles près de Naples, appelée la *grotte du chien*, à cause du triste rôle qu'on y fait remplir au chien pour intéresser les visiteurs. Cette grotte célèbre est une excavation naturelle dont la partie basse est remplie d'acide carbonique, dégagé des fissures du sol, tandis que le reste est plein d'air. Un homme debout n'y court aucun danger parce que sa tête est dans l'air, tandis qu'un chien y périt parce qu'il est tout entier dans la couche asphyxiante.

Ainsi, à cause de son poids, l'acide carbonique occupe les parties basses des cavités où il se dégage; il est fréquent au fond des puits de mines, des grottes et des carrières.

59. L'acide carbonique et les boissons gazeuses.

— L'acide carbonique n'est pas très soluble dans l'eau dans les conditions ordinaires; mais sous une pression forte il se dissout en bien plus grande quantité; seulement, aussitôt que cesse la pression qui le retenait, le gaz se dégage en faisant mousser le liquide ou en le faisant bouillonner et déborder hors du vase.

Nous allons faire une bouteille d'eau gazeuse et nous pourrons suivre ainsi la formation du gaz carbonique, sa dissolution dans l'eau et sa sortie du liquide. Nous remplissons d'eau une bouteille à parois fortes, après avoir préparé un bon bouchon très souple et un collier de forte ficelle pour le fixer solidement au col de la bouteille. Nous versons vivement dans la bouteille un mélange de deux poudres, du bicarbonate de soude et de l'acide tartrique; nous bouchons rapidement la bouteille et nous fixons solidement le bouchon. Le bicarbonate de soude remplace ici la craie ou le marbre pour donner l'acide carbonique; l'acide tartrique, qui est retiré du dépôt que laisse le vin sur les tonneaux, remplace l'acide chlorhydrique pour faire dégager le gaz carbonique. Celui-ci monte en bulles dans le haut de la bouteille; il se comprime lui-même et se dissout dans l'eau, et si le bouchon n'était pas bien fixé, il sauterait sous la forte pression que le gaz lui fait subir. Au bout de peu de temps le liquide est calme. Mais si l'on coupe les liens du bouchon, celui-ci saute avec détonation; le gaz comprimé s'échappe vivement et fait jaillir le liquide en flots écumeux.

Les boissons mousseuses comme le cidre, la bière, le vin de Champagne, la limonade doivent leur propriété à l'acide carbonique. Celui-ci s'y est formé peu à peu par une transformation de la substance sucrée que nous étudierons plus tard. Ce gaz s'est fait pression à lui-même; il s'est dissous en grande quantité, et c'est lui qui communique une saveur aigrelette et piquante à ces liquides.

60. L'acide carbonique et l'eau de chaux. —

Nous savons déjà que l'acide carbonique produit un trouble blanc dans l'eau de chaux. Si le gaz passe quelques instants seulement dans le liquide, le trouble blanc se rassemble, se précipite, comme disent les chimistes, au fond du verre; c'est un corps solide analogue à la craie; il est formé d'acide carbonique et de chaux; nous l'appelons *carbonate de chaux.*

Mais si, au lieu d'arrêter le dégagement gazeux, nous le laissons continuer quelque temps, les flocons blancs, d'abord produits, disparaissent peu à peu et le liquide redevient limpide. Ainsi, sous nos yeux, l'eau chargée d'acide carbonique a dissous du carbonate de chaux, autrement dit de la pierre.

Ce que nous venons de réaliser dans cette simple expérience, la nature le fait en grand. Les eaux de pluie prennent de l'acide carbonique en traversant l'air; elles acquièrent ainsi la propriété de dissoudre un peu du carbonate de chaux sur lequel elles passent en descendant dans les couches du sol; et voilà comment l'eau de source la plus limpide, qui nous paraît absolument pure, contient le plus souvent un peu de calcaire. Et ce calcaire ne nous est pas inutile dans l'eau que nous buvons; c'est lui qui contribue à former une partie de la substance minérale des os.

Continuons cette instructive expérience, elle a encore quelque chose à nous apprendre. Prenons cette eau limpide où du carbonate de chaux est dissous à la faveur de l'acide carbonique; laissons-la à l'air dans un ballon : elle perdra peu à peu son gaz, et en même temps, le carbonate de chaux que le gaz retenait dissous formera un dépôt pierreux sur le vase. Voilà l'origine de ce dépôt terreux que les meilleures eaux de fontaines laissent à la longue sur nos carafes et qui ternit la transparence du verre. Un lavage à l'eau est impuissant à enlever ce dépôt; mais à présent que nous connaissons sa nature, il va nous être facile de le dissoudre; quelques gouttes d'acide ou même simplement un filet de vinaigre vont le décomposer, comme ils décomposent les calcaires, et un lavage à l'eau l'enlèvera entièrement.

Au lieu de laisser longtemps à l'air l'eau chargée de carbonate de chaux, chauffons-la (fig. 37) : elle perdra très rapidement son gaz carbonique, elle deviendra trouble, et le dépôt du calcaire se fera promptement sur les parois du ballon. Nous comprenons ainsi pourquoi l'ébullition trouble certaines eaux et laisse dans les vases un dépôt pierreux très adhérent et très dur.

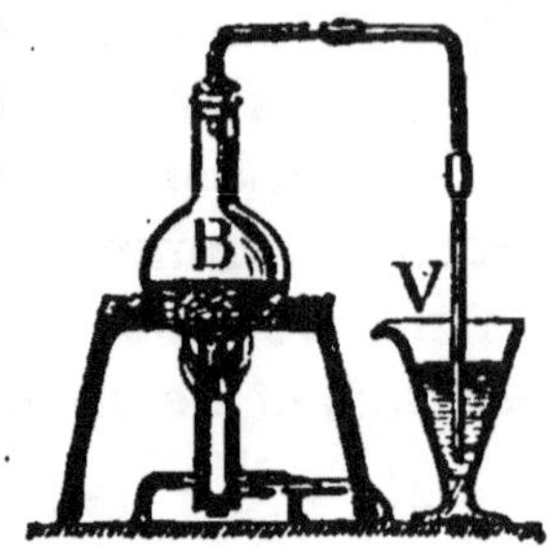

Fig. 37.

L'eau chargée d'acide carbonique se trouble par l'ébullition ; elle dégage du gaz carbonique qui trouble l'eau de chaux.

Nous comprenons également que des eaux en sortant du sol déposent un enduit pierreux sur les bords de leur source, ou sur les objets qu'on y plonge, comme le fait la célèbre fontaine de St-Allyre, à Clermont-Ferrand.

61. Les sources d'acide carbonique.

— L'acide carbonique existe dans l'air, comme on peut s'en assurer facilement en exposant à l'air de l'eau de chaux sur une soucoupe ou une assiette ; on retrouve l'eau de chaux couverte d'une pellicule blanche de carbonate de chaux. L'air contient ordinairement quatre dix-millièmes d'acide carbonique, c'est-à-dire environ 4 litres par 10 mètres cubes.

Les deux sources les plus constantes de gaz carbonique, sont la respiration des animaux et la combustion.

La respiration rejette dans l'air de l'acide carbonique ; on le prouve en soufflant par un tube dans un verre contenant de l'eau de chaux : celle-ci blanchit assez promptement (fig. 38).

Fig. 38.

Les gaz de la respiration contiennent de l'acide carbonique.

L'acide carbonique s'accumule donc dans une chambre close quand plusieurs personnes s'y trouvent ; et il est urgent d'y renouveler l'air, sans quoi la respiration y serait gênée.

La combustion du charbon dans nos foyers, celle de nos bougies et de nos lampes, développe aussi de l'acide carbonique. Il est facile de le prouver en recueillant dans un flacon les produits gazeux qui s'échappent d'un bec de gaz ou d'une bougie. La fig. 39 indique le dispositif à monter pour cette expérience. Le bec de gaz est surmonté d'un entonnoir relié à un flacon plein d'eau qui est muni d'un siphon. On allume le bec de gaz et on amorce le siphon ; le liquide du flacon s'écoule lentement en appelant les gaz de la combustion. Quand le flacon est vide d'eau, il est plein de ces gaz, et on y constate facilement la présence de l'acide carbonique par le tournesol et par l'eau de chaux.

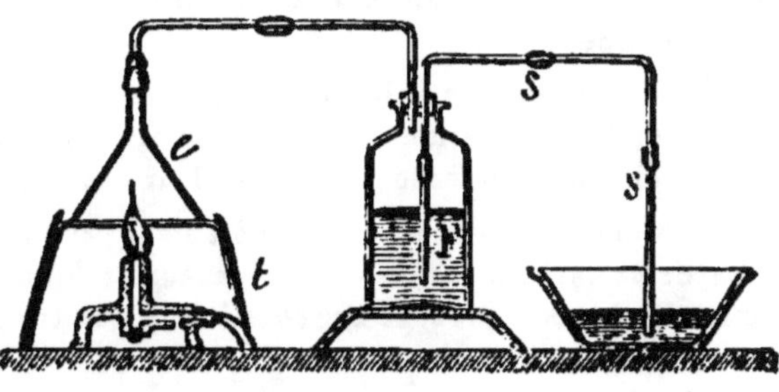

Fig. 39.
Une flamme ou un foyer dégage de l'acide carbonique.

L'acide carbonique produit par la combustion du charbon dans nos cheminées ou dans nos poëles à tuyaux, est entraîné hors des appartements par le tirage qui active le foyer. Il n'en serait pas de même si l'on brûlait du charbon dans un réchaud ouvert au milieu d'un appartement. Aussi ne doit-on jamais brûler le charbon que sous une cheminée à bon tirage. Il se produit souvent, dans un réchaud allumé que l'on a couvert en partie de charbon noir, un autre gaz que l'acide carbonique, aussi invisible que lui, mais bien plus nuisible, parce qu'il est vénéneux ; on l'appelle **l'oxyde de carbone** et on le voit brûler avec une petite flamme bleue au-dessus du charbon allumé. Il importe de ne pas oublier que c'est un gaz extrêmement vénéneux et qu'il faut éviter avec soin tout ce qui peut en produire dans les appartements

Résumé.

On obtient l'acide carbonique en faisant agir un acide sur du marbre ou sur de la craie.

Le gaz carbonique est très lourd, on peut le transvaser. Il éteint les corps en combustion. Il pèse une fois et demie plus que l'air. Il occupe les parties basses des grottes et des cavités où il se dégage.

Il est peu soluble dans l'eau, mais l'eau peut en retenir une certaine quantité quand la pression est forte. Les boissons mousseuses doivent leurs propriétés à l'acide carbonique.

L'acide carbonique trouble l'eau de chaux; aussi l'eau de chaux sert-elle à montrer la présence de ce gaz dans l'air. L'eau très chargée d'acide carbonique peut dissoudre une certaine quantité de carbonate de chaux tout en restant limpide.

L'acide carbonique existe dans l'air, en petite quantité. La respiration en produit; la combustion de nos lampes et de nos foyers en produit également; mais les plantes en consomment pour leur nutrition.

Dans la combustion du charbon à l'air il peut se produire aussi un autre gaz, l'oxyde de carbone, qui est très vénéneux et dont il faut se préserver en n'allumant le charbon que sous une cheminée à bon tirage.

Devoirs.

13. Comment peut-on faire facilement de l'eau gazeuse?

14. Quelles sont les précautions qu'il faut prendre pour éviter les effets de l'oxyde de carbone?

CHAPITRE VIII.

LE SOUFRE.

62. Les propriétés du soufre. — Nous avons le soufre sous deux aspects : en cylindres un peu coniques longs de dix centimètres au plus, c'est le *soufre en canons ;* en poudre fine sous le nom de *fleur de soufre.*

C'est un corps solide d'une couleur jaune citron. Si on en tient un morceau à la main, près de l'oreille, on entend des craquements qui feraient croire à un brisement de la masse ; on les attribue à la difficulté avec laquelle la cha-

leur se propage des couches externes aux couches internes;
le soufre n'est donc pas bon conducteur de la chaleur.

Il n'est pas davantage bon conducteur de l'électricité;
quand on le frotte avec un morceau de drap, il conserve
l'électricité aux points touchés, et il est alors capable d'attirer des corps légers comme des barbes de plumes ou de
petits fragments de papier. Retenons en passant que la première machine électrique était formée d'un globe de soufre
que l'on animait d'un mouvement de rotation et que l'on
frottait pendant ce mouvement.

63. La fusion du soufre. — Quand on chauffe de la
glace, elle devient liquide, puis, si on continue de chauffer,
le liquide passe en vapeur. Il n'en est pas tout à fait de
même pour le soufre. Nous allons en chauffer quelques
morceaux dans un ballon de verre pour suivre plus facilement ses transformations. A un moment donné, le soufre
solide est devenu un liquide jaune et coulant comme de
l'huile; un thermomètre plongé dans ce liquide accuserait
une température de 110°. Nous continuons de chauffer; le
liquide brunit fortement; il devient aussi pâteux que du
goudron épais, et, en renversant le ballon, ce corps pâteux
coule à peine. Chauffons encore davantage, le soufre redevient plus liquide, puis il finit par bouillir, et le ballon se
remplit alors de vapeurs d'un rouge foncé. Ainsi le soufre
peut bien passer par les trois états; mais entre son état de
liquide coulant et son état de vapeur, il redevient presque
solide.

64. La fleur du soufre, le soufre mou. — Produisons beaucoup de vapeur de soufre; cette vapeur tend
à sortir du ballon; mais dans le col de celui-ci, elle est
brusquement refroidie; elle repasse alors à l'état solide et
elle prend l'aspect d'une poussière jaune très fine; nous
faisons ainsi de la *fleur de soufre*. La fleur de soufre n'est
donc pas, comme on pourrait le croire tout d'abord, du
soufre solide réduit en poudre par le frottement et tamisé,
c'est de la vapeur qui a été subitement refroidie et qui a
pris brusquement l'état solide sans passer à l'état liquide.

Cessons de chauffer le ballon où nous faisions bouillir le soufre, le liquide redeviendra pâteux en refroidissant. Si alors nous le versons sous forme d'un mince filet et de haut dans une terrine d'eau, il y sera brusquement solidifié; il conservera la forme de fils et nous pourrons l'étirer comme du caoutchouc : voilà le *soufre mou* qui d'ailleurs ne tarde pas longtemps à redevenir dur et cassant.

65. Le soufre en cristaux. — Faisons fondre du soufre dans un vase de terre assez large et assez profond, et aussitôt le solide fondu, retirons le vase du feu et laissons-le refroidir. Au bout de quelque temps, la surface du liquide se couvre d'une croûte solide; elle a été en effet, comme les parois aussi, plutôt refroidie que le centre du vase. Si on perce la croûte, qu'on l'enlève et qu'on vide le soufre liquide resté dans le vase, on surprend le corps dans son travail d'arrangement; on voit sur les parois (fig. 40) un grand nombre d'aiguilles longues et brillantes : ce sont de petits prismes à faces taillées et de formes parfaitement géométriques; c'est le soufre cristallisé.

Si on avait laissé le vase se refroidir sans y toucher, on n'aurait eu qu'une masse solide sans cristaux bien apparents, comme le sont les canons du soufre ordinaire; les premiers cristaux formés auraient été cachés par le reste de la masse devenue solide.

Fig. 40.
Cristaux de soufre obtenus par le refroidissement du soufre fondu.

66. Le soufre et son dissolvant. — Le soufre est complètement insoluble dans l'eau; mais il peut disparaître presque entièrement dans un liquide que nous appelons le sulfure de carbone, parce qu'il est formé de soufre et de charbon combinés. Ce liquide est très volatil; abandonné sur une soucoupe, il ne tarde pas à disparaître en vapeurs. Quand il a dissous du soufre, si on le laisse évaporer, il abandonne le soufre comme résidu solide; mais alors ce soufre présente des formes géométriques comme les corps

que l'on obtient par l'évaporation des liquides qui les rete-
naient ; c'est encore du soufre cristallisé.

67. Le soufre brûle. — Le soufre est combustible ;
il brûle à l'air avec une petite flamme bleue en produisant
un gaz invisible qui provoque la toux quand on le respire.
Tout le monde connaît ce phénomène ; chacun de nous a
vu les grandes allumettes qui ont à chaque bout un peu de
soufre solide ; quand on les met au contact d'un charbon
incandescent, ou des gaz chauds qui sortent par l'extrémité supérieure du verre d'une lampe allumée, le soufre
prend feu, brûle avec sa flamme bleue, ne laisse aucun résidu et met le feu au bois sec qu'il recouvre. Chacun peut
faire ces allumettes en trempant l'extrémité de petits
fragments de bois sec dans un peu de soufre fondu.

68. Le gaz du soufre brûlé ou l'acide sul-
fureux. — Nous pou-
vons recueillir le gaz invisible que le soufre donne en brûlant ; pour cela
nous . brûlons du soufre
dans une petite coupelle
de terre placée au-des-
sous d'un entonnoir dont
l'extrémité   supérieure

Fig. 41.
Moyen de recueillir le gaz du soufre brûlé.

est reliée à un flacon plein d'eau muni de deux tubes,
comme l'indique la figure 41. Un des deux tubes du flacon
sert de siphon. Lorsque le soufre est allumé, on amorce
le siphon, l'eau du flacon s'écoule et le gaz produit par le
soufre vient remplir le flacon.

Versons dans ce gaz du soufre quelques gouttes de teinture bleue de tournesol, elle y rougit ; ce gaz est donc un
acide ; nous l'appelons l'**acide sulfureux**

Plongeons dans ce gaz des bouts de bois enflammés, ils
s'éteignent immédiatement sans que le gaz s'allume.

Laissons-y séjourner un petit bouquet de violettes imbibées d'eau, ces fleurs perdent leur couleur et blanchissent.

Nous pouvons donc dire que le gaz du soufre brûlé est *acide, qu'il éteint les corps en combustion* sans brûler lui-même, *qu'il décolore les corps colorés.*

Nous avons un moyen de mettre mieux encore en évidence la propriété décolorante de l'acide sulfureux. Nous préparons une dissolution d'un corps que les chimistes modernes appellent le permanganate de potasse et que les anciens appelaient le caméléon minéral : cette dissolution est d'un beau violet foncé. Nous la versons à l'aide d'un entonnoir dans un flacon plein de gaz sulfureux ; elle s'y décolore entièrement en y tombant et devient complètement blanche.

69. Les usages du soufre. — Le soufre en fleur est employé pour le soufrage de la vigne ; au moment de la floraison de la vigne, on envoie sur les fruits naissants de la fleur de soufre à l'aide d'un petit soufflet, dans le but de détruire l'oïdium, petit champignon qui ferait plus tard sécher la graine du raisin.

Le soufre en canon entre dans la composition de la poudre et dans la préparation des allumettes.

On l'emploie aussi pour éteindre les feux de cheminées, à cause de la propriété de l'acide sulfureux d'éteindre les corps qui brûlent. On allume des morceaux de soufre à l'entrée de la cheminée dont la suie est enflammée ; on baisse le tablier ; le soufre allumé produit de l'acide sulfureux que le tirage de la cheminée fait monter et qui éteint la suie enflammée en arrivant à son contact.

Enfin on emploie le soufre pour le blanchiment de la laine et de la soie. Ces deux substances, imbibées d'eau, sont suspendues dans une chambre où l'on brûle du soufre pour la remplir d'acide sulfureux. Cet acide se dissout dans l'eau qui imbibe la laine et la soie et il détruit la matière qui les colore en jaune ; un lavage à grande eau enlève cette matière, et la laine ou la soie sont alors d'un beau blanc.

On peut de même enlever très rapidement une tache de

fruits sur une étoffe ; on mouille la tache ; on la place au-dessus de l'extrémité d'un petit cône de carton formant cheminée à l'entrée duquel on allume un morceau de soufre ou un petit paquet d'allumettes (fig. 42). L'acide sulfureux qui se produit monte dans le cône, se dissout dans l'eau qui imbibe la tache et fait disparaître promptement

Fig. 42.
Moyen d'enlever une tache à l'aide du gaz sulfureux produit par le soufre brûlé.

celle-ci. Il ne reste plus qu'à bien laver l'étoffe à grande eau.

Résumé.

Le soufre se présente sous deux formes : en canons et en fleur; il n'est pas conducteur de la chaleur ; il s'électrise par le frottement.

Le soufre fond à 110° et prend l'aspect d'un liquide jaune ; à 220° il devient pâteux et brun ; à 330° il reste brun et liquide ; à 440° il passe en vapeurs d'un rouge vif.

La vapeur de soufre refroidie lentement donne un liquide qui repasse par l'état pâteux et qui à 110° commence à se prendre en cristaux solides. Refroidie brusquement, la vapeur de soufre donne le soufre en fleur.

Les cristaux de soufre obtenus par le refroidissement sont en longues aiguilles prismatiques.

Le soufre est soluble dans le sulfure de carbone, et l'évaporation du dissolvant laisse déposer le solide en octaèdres. On dit que le soufre est dimorphe parce qu'il prend deux formes cristallines très différentes.

Le soufre brûle avec une petite flamme bleue ; il produit un gaz invisible en brûlant, c'est l'acide sulfureux. Cet acide, d'une odeur très caractéristique, éteint les corps en combustion et décolore les corps colorés.

Le soufre est employé en fleur pour la vigne et dans les soufroirs pour les laines et les soies, à cause de l'acide sulfureux qu'il produit.

Devoirs.

15 Comment montre-t-on que le gaz du soufre brûlé est acide, qu'il teint les corps en combustion et qu'il est décolorant ?

16. Comment fait-on la fleur de soufre ?

CHAPITRE IX.

LE PHOSPHORE.

70. L'inflammabilité du phosphore. — Voici le phosphore, un corps solide, jaune, qui se laisse rayer par l'ongle et qui possède une légère odeur d'ail. Sa propriété la plus frappante est d'être extrêmement inflammable et de brûler avec une flamme brillante en dégageant d'abondantes vapeurs blanches. Lorsqu'il est divisé, il prend feu spontanément à l'air; le frottement suffit à l'enflammer. Aussi on le conserve toujours dans l'eau ; et il est prudent de ne le manier et de ne le couper que dans ce liquide.

Abandonnons-en un morceau à l'air, il s'enveloppe de vapeurs blanches et s'échauffe ; et si on le touche avec une tige de fer chauffée à 60°, il prend feu de suite et brûle complètement.

On l'obtient très facilement liquide en le mettant dans de l'eau chauffée à plus de 44°; il prend alors l'aspect d'une huile jaune un peu épaisse.

Il ne se dissout pas dans l'eau, ni dans l'alcool, et cependant l'eau où du phosphore a séjourné produit une lueur quand on l'agite à l'air dans l'obscurité; on pense qu'elle doit cette propriété à de très fines parcelles de phosphore qu'elle tient en suspension.

On peut le dissoudre, comme le soufre, dans le sulfure de carbone, et la solution obtenue sert à une expérience curieuse. On en imbibe des feuilles de papier à filtre qu'on laisse ensuite sur la table; ces feuilles sèchent par la disparition du sulfure de carbone, et elles s'enflamment spontanément parce qu'elles se trouvent recouvertes de phospore très divisé.

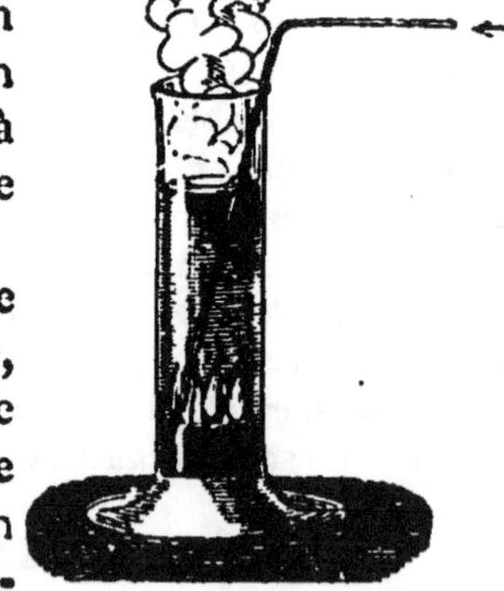

Fig. 47.
Moyen de réaliser la combustion du phosphore sous l'eau.

71. La combustion du phosphore sous l'eau. —

Nous avons vu le phosphore brûler dans l'oxygène avec un
très vif éclat. Sa com-
binaison avec ce gaz
peut également être
opérée sous une cou-
che d'eau. Pour la réa-
liser, on verse dans
une éprouvette (fig.
43) de l'eau chauffée à
plus de 50°; on y laisse
tomber quelques mor-
ceaux de phosphore
qui s'y liquéfie et se
rassemble au fond de
l'éprouvette. On plon-
ge dans l'éprouvette
un long tuyau de pipe
dont on met l'extré-
mité supérieure, par un

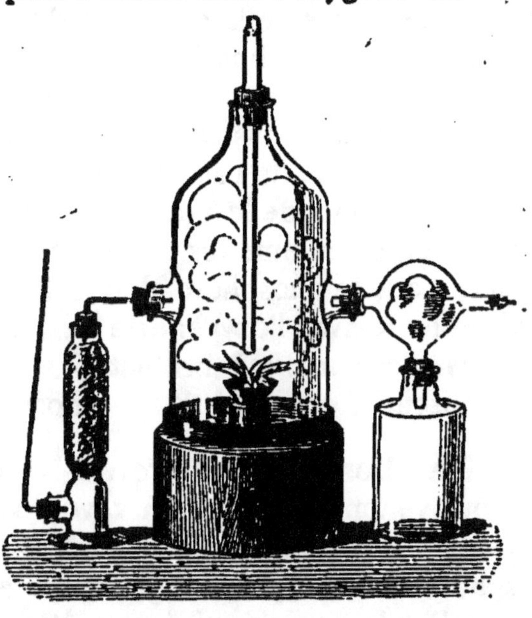

Fig. 44.

Préparation de l'acide phosphorique sec.

tube de verre coudé et un tube de caoutchouc, en communication avec une source d'oxygène. Sitôt que le gaz oxygène
se dégage au contact du phosphore liquide, celui-ci brûle
avec une grande énergie, et on a ainsi l'étonnant spectacle
d'une belle flamme au fond de l'eau.

72. L'acide phosphorique, la phosphorescence. —

Toutes les fois que le phosphore brûle dans l'oxygène ou
dans l'air, il produit d'abondantes vapeurs blanches ; nous
connaissons déjà sous le nom d'*acide phosphorique* ce produit du phosphore brûlé, ce corps formé par la combinaison
du phosphore et de l'oxygène. Voulons-nous en recueillir
une certaine quantité, nous nous servons d'une cloche tubulée comme l'indique la fig. 44. Nous laissons tomber un
morceau de phosphore, par le tube central, dans le godet
de terre qui est au fond de la cloche, nous y mettons le
feu avec un fil de fer chauffé ; et après avoir bouché le tube
central, nous soufflons, avec un soufflet, par le tube de

gauche, de l'air qui se dessèche ayant d'arriver dans la cloche. L'acide phosphorique produit se dépose en flocons neigeux sur les parois de la cloche et du ballon qui la suit.

Le morceau de phosphore exposé à l'air prend aussi l'oxygène de l'air, et c'est pour cela qu'il s'entoure de vapeurs blanches. Nous avons déjà utilisé cette propriété pour faire l'analyse de l'air. Le phosphore luit dans l'obscurité, tout le monde le sait, ne serait-ce que pour avoir frotté la nuit des allumettes contre un corps un peu humide.. On pense que le phosphore doit cette propriété à sa combinaison lente avec l'oxygène de l'air, et on qualifie de *phosphorescents* les corps qui brillent plus ou moins vivement dans l'obscurité comme brille le phosphore.

73. Le phosphore rouge. — Toutes les propriétés que nous venons de passer en revue sont celles du phosphore ordinaire appelé aussi parfois *phosphore blanc*. Ce phosphore blanc, exposé longtemps à la lumière, se couvre d'une pellicule rouge, qui paraît être un corps nouveau, mais qui n'est en réalité qu'une autre forme, qu'un autre aspect du phosphore. De même que le carbone se présente à la fois sous les formes si différentes de charbon noir, de graphite brillant et de diamant si bien cristallisé et si transparent, de même le phosphore se présente sous deux formes diverses : le **phosphore blanc** et le **phosphore rouge**. On transforme le phosphore ordinaire en phosphore rouge en le chauffant longtemps dans un vase fermé, à l'abri de l'air. Le phosphore rouge n'est pas lumineux, à moins d'être fortement chauffé ; il ne se dissout pas comme l'autre dans le sulfure de carbone ; aussi on ne peut pas le faire déposer en cristaux d'une dissolution, et c'est pour ce motif qu'on l'a appelé **amorphe**, autrement dit incapable de prendre une forme cristallisée. Il ne s'enflamme qu'à 260° et surtout il n'est pas vénéneux, tandis que le phosphore blanc constitue un poison violent et entre dans la plupart des pâtes à empoisonner les rats.

Ainsi, l'action de la chaleur ou de la lumière sur le phosphore est très curieuse ; elle change l'aspect du corps sans en changer la nature ; elle diminue l'inflammabilité et elle fait d'un poison un corps inoffensif.

74. Les allumettes phosphorées. — Qui de nous ne connaît et ne manie les allumettes à bout garni de phosphore ? Tout le monde en use comme du moyen le plus rapide et le plus commode de se procurer du feu : un simple frottement contre un corps solide un peu rugueux, et l'allumette s'enflamme !

Il y a bien des sortes d'allumettes, mais on peut les rassembler en deux groupes :

1° Les allumettes au phosphore ordinaire, qui prennent feu par le frottement contre toute surface rugueuse ;

2° Les allumettes au phosphore rouge ou amorphe, qu'on ne peut allumer généralement qu'en les frottant sur une paroi préparée de la boîte qui les contient.

Les allumettes au phosphore ordinaire sont en bois ou encore en fils tressés recouverts de cire ou de l'acide stéarique qui forme les bougies. Les premières sont d'abord soufrées, puis ensuite on garnit le bout d'une pâte inflammable, ordinairement colorée en rouge ou en bleu, contenant du phosphore mélangé à du sable fin et à de la colle forte. Le frottement de cette pâte sableuse contre un corps rugueux développe assez de chaleur pour enflammer le phosphore qui à son tour enflamme le soufre et celui-ci le bois.

En Angleterre et en Suède, on remplace le soufre par la paraffine (matière des bougies transparentes) pour éviter l'acide sulfureux qu'il est désagréable de respirer.

Les allumettes au phosphore amorphe, en bois à bout soufré ou à bout paraffiné, ou encore en cire, ne s'enflamment pas sur un objet quelconque, parce qu'elles ne portent pas le phosphore ; celui-ci est répandu sur une portion extérieure de la boîte. Le bout de l'allumette porte une pâte formée de corps qui peuvent brûler facilement, quand une fois on y met le feu. Le frottement sur la boîte en détache une parcelle de phosphore qui s'enflamme et qui met le feu à l'allumette.

Ces allumettes sont bien préférables aux premières, puisqu'elles ne sont pas vénéneuses et qu'elles ne s'enflamment pas comme les autres par le moindre frottement ; il est regrettable qu'on ne puisse pas encore les fabriquer à très bon marché.

75. L'état naturel du phosphore, sa découverte et sa préparation.

— Le phosphore n'existe nulle part dans la nature tel que nous venons de le manier ; mais il est assez répandu à l'état de combinaisons que l'on désigne sous le nom de *phosphates*.

On le trouve dans la matière minérale des os, dans le cerveau, dans l'urine, dans la laitance des poissons.

Brandt de Hambourg, qui l'a découvert en 1669, le retirait de l'urine. Un siècle plus tard, Gahn et Schèele indiquèrent le moyen de l'extraire des os : c'est encore des os calcinés en poudre blanche qu'on le retire aujourd'hui. Son nom (phosphore ou *porte-lumière*) lui vient de sa propriété de luire ; et sa découverte, à cause de cette propriété, excita au plus haut point la curiosité des chimistes contemporains de Brandt.

76. Les feux follets.

— Le phosphore en se combinant avec l'hydrogène produit un gaz bien curieux. Ce gaz jouit de la propriété de brûler aussitôt qu'il arrive à l'air, en produisant une fumée blanche disposée en couronnes qui vont en s'étendant à mesure qu'elles montent quand le gaz brûle dans un air tranquille. Dans nos laboratoires,

Fig. 45.
Moyen de produire l'hydrogène phosphoré.

nous produisons ce gaz en chauffant dans un petit ballon un morceau de phosphore avec une solution de potasse.

Le gaz se dégage par un tube dans l'eau d'une terrine, et

chaque bulle s'enflamme en arrivant à l'air et produit une couronne de fumée (fig. 45).

On peut encore l'obtenir plus facilement, en jetant dans l'eau des morceaux de craie qui ont été soumis à des vapeurs de phosphore et qui sont alors d'un brun noirâtre avec une forte odeur d'ail. Le gaz se dégage de ces morceaux, monte bulle à bulle à la surface du liquide et s'enflamme à sa sortie (fig. 46).

Si l'on dispose d'une certaine quantité de ce corps appelé *phosphure de calcium*, on le brise en petits morceaux ; on le met au fond d'une terrine que l'on remplit de sable sec et que l'on porte dehors. Puis on verse un peu d'eau sur la surface du sable. Cette eau descend, arrive sur le phosphure de calcium, le

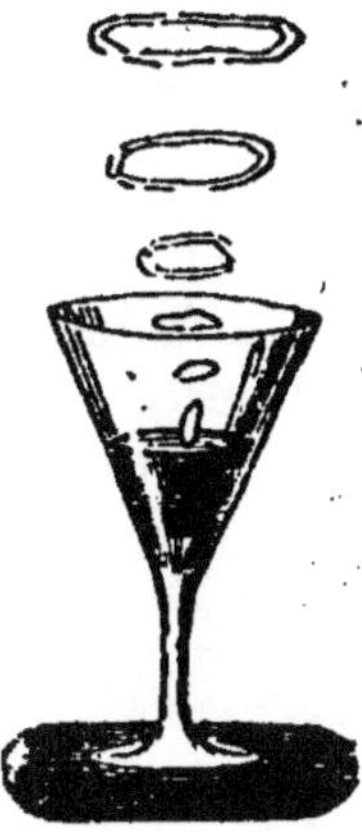

Fig. 46.

Production d'hydrogène phosphoré inflammable par le phosphure de calcium.

décompose, fait produire le gaz phosphoré, et le gaz vient se dégager au-dessus du sable et s'enflamme en arrivant à l'air. On a ainsi, en petit, le phénomène que l'on a remarqué maintes fois dans les anciens cimetières et auquel on a donné le nom vulgaire de *feux follets*.

Résumé.

Le phosphore est un solide jaune à odeur d'ail, que l'on conserve habituellement dans l'eau. Il est très inflammable, peut prendre feu spontanément à l'air s'il est divisé, par le frottement ou par une température de 60°.

Le phosphore brûle sous l'eau au contact de l'oxygène gazeux, quand il est liquide ou très divisé.

A l'air le phosphore s'enveloppe de vapeurs blanches qui proviennent de son oxydation lente. A l'air sec il donne en brûlant l'acide phosphorique.

On pense que la propriété de luire dans l'obscurité est due à l'oxydation.

Le phosphore rouge ou amorphe est moins inflammable que le phosphore ordinaire ou blanc; il n'est pas vénéneux.

Les allumettes phosphorées sont de plusieurs sortes suivant qu'on s'est servi du phosphore rouge ou du phosphore blanc, et que le support est en bois ou en fil enduit d'un corps combustible. On les enflamme en les frottant contre une surface rugueuse.

Le phosphore, découvert par Brandt de Hambourg dans l'urine, se retire aujourd'hui de la cendre d'os qui contient du phosphate de chaux.

La combinaison du phosphore et de l'hydrogène donne un gaz brûlant spontanément à l'air, c'est le gaz des feux follets.

Devoirs.

17. Énoncer les propriétés du phosphore rouge et celles du phosphore blanc.

18. Comment classe-t-on les allumettes phosphorées ?

CHAPITRE X.

LE CHLORE.

77. Les propriétés caractéristiques du chlore. —
Le chlore est un gaz d'une couleur jaune verdâtre et d'une odeur suffocante. Il ne faut pas en respirer, car il irrite les poumons, il occasionne une toux violente.

Il pèse deux fois et demie plus que l'air et trente-cinq fois et demie plus que l'hydrogène ; aussi on peut le

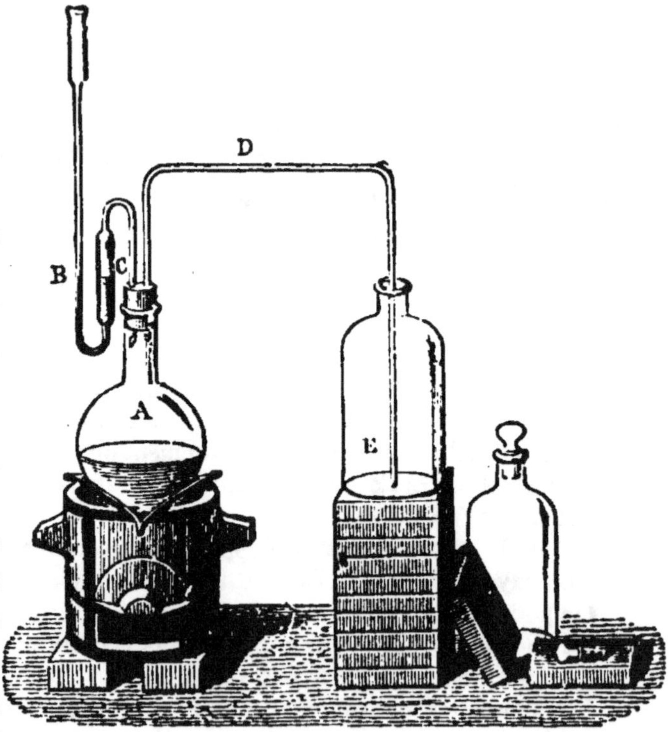

Fig. 47.

Appareil à préparer le chlore et à le recueillir par déplacement d'air.

recueillir par déplacement d'air dans un flacon sec. On fait plonger jusqu'au fond du flacon le tube par lequel le gaz se dégage de l'appareil qui le produit (fig. 47). Le chlore qui arrive reste d'abord dans le fond du flacon, comme on le constate par la coloration verte qui apparaît, puis le gaz, continuant d'arriver, monte peu à peu en chassant l'air ; le flacon est bientôt .plein ; on le bouche et on le remplace par un autre. En peu de temps, on en remplit quatre ou cinq pour les expériences.

On peut aussi le recueillir sur l'eau comme les autres gaz que nous avons étudiés précédemment ; mais l'eau retient une partie du gaz, se colore en jaune et dégage l'odeur irritante du chlore.

Le chlore se combine vivement avec beaucoup de corps simples en dégageant de la chaleur, parfois de la lumière. On peut dire qu'il brûle les mêmes corps que l'oxygène, à l'exception du charbon, sur lequel il n'a aucune action. Parmi les corps combustibles, le phosphore n'a pas même besoin d'être allumé pour s'unir vivement au chlore. Si on descend dans un flacon de chlore un petit godet de terre portant un morceau de phosphore, celui-ci s'enflamme et dégage des vapeurs qui résultent de sa combinaison avec le chlore et qu'on appelle le *chlorure de phosphore.*

Fig. 48.
Combustion de l'antimoine
dans le chlore.

78. Le chlore et les métaux. — La plupart des métaux s'unissent au chlore ; quelques-uns peuvent y brûler. Voici quelques exemples parmi les plus frappants.

Jetons dans un flacon de gaz chlore de la poudre d'antimoine : nous la voyons tomber sous forme d'une pluie de feu (fig. 48) : le métal brûle dans le gaz en produisant d'abondantes vapeurs blanches. La combinaison du chlore et de l'antimoine a donc eu lieu avec un vif dégagement de chaleur et de lumière, et les vapeurs blanches sont la forme nouvelle sous laquelle les deux corps sont unis : ce nouveau corps est le **chlorure d'antimoine.**

Chauffons jusqu'à la rougir une spirale de fil de fer ou de cuivre, et plongeons-là dans un flacon de gaz chlore : la spirale, qui a cessé un court instant d'être incandescente, le redevient vivement au contact du gaz : elle s'enveloppe de vapeurs qui déposent une poudre fine sur les parois du flacon : elle se ronge en partie. Ici encore il y a eu combinaison vive du gaz avec le métal, et le produit formé est le **chlorure de fer** ou le **chlorure de cuivre,** suivant le métal employé.

Nous connaissons le mercure ou vif-argent ; nous savons comme il coule sur le verre sans s'y attacher. Versons-en quelques gouttes dans un flacon de chlore et promenons-les sur les parois : voilà ce métal qui se colle au verre et qui y reste bien fixé sous forme d'un enduit miroitant ; c'est que le mercure s'est combiné au chlore et, au lieu du métal si mobile, il n'y a plus dans le flacon que du **chlorure de mercure** qui adhère au verre. Cette expérience fait comprendre suffisamment pourquoi on ne peut recueillir le gaz chlore sur la cuve à mercure.

Ainsi donc, nous nous souviendrons que le chlore s'unit aux métaux et engendre avec eux des *chlorures.* Le plus répandu de ces chlorures est le **sel marin** ou **chlorure de sodium** qui sert journellement dans l'alimentation.

79. Le chlore et l'hydrogène. —Le chlore se combine avec l'hydrogène aussi bien qu'avec les métaux. Pour réaliser cette combinaison, nous remplissons à moitié de chlore gazeux une large éprouvette renversée sur l'eau ; nous achevons de la remplir avec du gaz hydrogène, puis nous approchons son ouverture d'une flamme. Le mélange des deux gaz détone assez fortement et l'éprouvette se remplit de vapeurs blanches. Y verse-t-on de la teinture de tournesol, elle y rougit. Ces vapeurs blanches, formées de la combinaison du chlore et de l'hydrogène, sont donc un corps

acide, c'est l'**acide chlorhydrique**, que l'on pourrait appeler aussi logiquement le *chlorure d'hydrogène*.

Dans cette expérience, l'union des deux gaz a été déterminée par le contact d'une flamme ; la lumière diffuse est également apte à la produire. Ainsi nous abandonnons quelque temps, dans une salle éclairée, un vase plein de chlore au contact d'un vase plein d'hydrogène (fig. 49) ; le mélange nous paraît incolore, et si nous ouvrons les deux flacons, au lieu du chlore et de l'hydrogène, il s'en dégage des vapeurs blanches d'acide chlorhydrique, comme de l'éprouvette de l'expérience précédente ; la lumière a suffi pour faire combiner les deux gaz.

Fig. 49.
Combinaison du chlore et de l'hydrogène.

A la lumière solaire, la combinaison est instantanée, et elle se produit avec une vive explosion qui fait voler le flacon en éclats. Quand on veut faire l'expérience sans danger, on remplit un flacon moitié de chlore, moitié d'hydrogène ; on le bouche et on le porte à l'ombre, à quelque distance, puis on y projette les rayons solaires à l'aide d'un miroir : l'explosion a lieu et le vase est brisé.

Nous pouvons donc dire que le chlore et l'hydrogène ont une puissante affinité l'un pour l'autre, qu'ils se combinent vivement aussitôt qu'ils sont en contact, et cette propriété va nous rendre compte des principaux usages du chlore.

80. Le chlore enlève l'hydrogène aux corps composés.

— Le chlore a une si grande facilité de combinaison avec l'hydrogène qu'il prend ce dernier gaz même dans les corps composés qui le contiennent. Expose-t-on de l'eau de chlore au soleil, on en voit se détacher de petites bulles gazeuses ; après quelque temps l'eau ne sent plus le chlore ; ce n'est plus en effet qu'une dissolution faible d'acide chlorhydrique. Voici ce qui s'est passé : le chlore a pris à l'eau son hydrogène sous l'action de la lumière, et l'oxygène devenu libre s'est dégagé.

Si au lieu d'eau on met au contact du chlore une matière

organique colorée, comme de l'indigo en solution, la couleur est rapidement enlevée : le chlore prend l'hydrogène de la matière organique ; celle-ci se trouve désorganisée ou en partie détruite, et elle n'a plus alors les mêmes propriétés qu'avant.

Plongeons dans un flacon de chlore un papier trempé dans l'essence de térébenthine : le papier prend feu, brûle avec une flamme rougeâtre et un dégagement abondant de fumée, et il reste un résidu de charbon noir. Voici l'explication de cette curieuse expérience : l'essence de térébenthine est formée d'hydrogène et de charbon ; le chlore laisse le charbon qu'il ne peut attaquer et prend l'hydrogène ; sa combinaison avec ce dernier corps développe assez de chaleur pour mettre le feu à la masse de papier qui brûle incomplètement et se charbonne en quelques instants.

81. Le chlore est décolorant. — Nous venons de voir que le chlore décolore l'indigo ; il agit de même sur la plupart des matières colorantes fournies par les végétaux. L'expérience la plus saisissante que nous puissions faire pour le prouver consiste à verser dans un flacon de chlore le contenu d'un encrier : le liquide agité passe du noir au jaune pâle. Au lieu d'opérer de cette manière, prenons un papier écrit humecté d'eau et plongeons-le dans un flacon de chlore ; les caractères disparaissent très rapidement, et le papier, retiré du flacon, puis lavé, est aussi net que s'il n'avait pas servi.

Mais le chlore est sans action sur l'encre d'imprimerie, parce que celle-ci doit sa coloration noire au charbon, tandis que l'encre ordinaire la doit à une matière végétale, la noix de galle. Aussi le chlore sert-il à enlever les taches d'encre ordinaire que l'on peut avoir faites sur les livres ou les gravures.

82. Le chlore est désinfectant. — Les exhalaisons malsaines sont dues à des matières animales et végétales en décomposition ; le chlore détruit ces mauvaises odeurs parce qu'il désorganise les substances qui les produisent ; aussi est-il un puissant agent de désinfection. On l'emploie pour assainir les salles d'hôpitaux, dans les temps d'épidémie surtout ; on s'en sert journellement pour les fosses d'aisance et tous les lieux malsains.

83. Formes sous lesquelles on emploie le chlore.

— Le chlore gazeux n'est pas d'un emploi commode ; aussi on ne le produit guère, comme nous venons de le faire, que dans les laboratoires.

L'eau de chlore, que l'on obtient en faisant passer du gaz chlore dans de l'eau, est déjà d'un emploi plus facile ; mais elle ne se conserve bien que dans des flacons en verre noir.

L'eau de Javel se conserve mieux ; c'est une solution étendue de potasse où l'on a envoyé un courant de chlore , elle doit son nom au village de Javel, aujourd'hui dans Paris, où sa fabrication a d'abord été essayée. L'exposition à l'air lui fait perdre lentement son chlore ; un acide que l'on y verse en dégage le chlore très rapidement. Elle est employée au blanchiment des tissus légers.

Le produit le plus employé comme source de chlore est le **chlorure de chaux,** corps solide en poudre blanche qu'il faut conserver en lieu sec et qui sent fortement le chlore quand il est exposé à l'humidité. Sa dissolution remplace avantageusement l'eau de Javel et l'eau de chlore.

Il est intéressant de faire avec un même appareil ces trois derniers corps en même temps qu'on prépare le chlore gazeux. La fig. 50 représente le dispositif. Le premier ballon, que l'on chauffe légèrement, contient le bioxyde de manganèse et l'acide chlorhy-

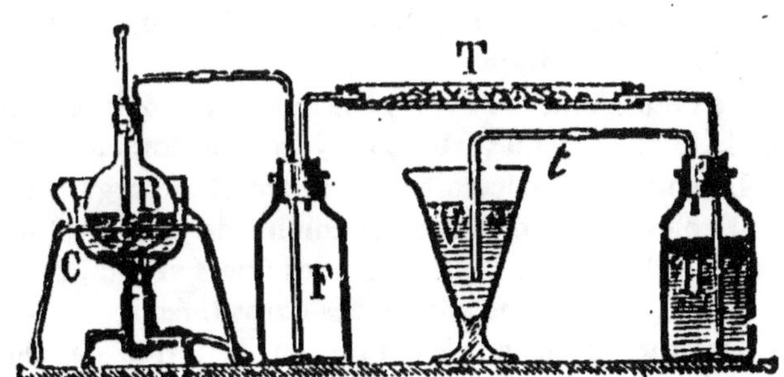

Fig. 50.

Appareil monté pour recueillir le chlore gazeux, faire du chlorure de chaux, de l'eau de chlore et de l'eau de Javel.

drique. Le chlore gazeux qui s'en dégage vient d'abord remplir un flacon vide, puis il passe dans un tube contenant de la chaux en poudre, puis dans un flacon contenant une solution de potasse et enfin dans un verre d'eau. On a ainsi en peu de temps toutes les formes sous lesquelles le chlore est habituellement employé.

L'usage le plus fréquent du chlorure de chaux, c'est le blanchiment des tissus de chanvre et de lin, et des chiffons qui doivent servir pour les pâtes à papier. On montre très facilement la puissance de décoloration que possède ce produit du chlore. On prend une toile écrue, d'une coloration jaune foncé ; on l'imbibe bien d'une dissolution de chlorure de chaux, puis on la trempe dans de l'acide chlorhydrique étendu ; ce liquide fait dégager le chlore du chlorure de chaux au contact de la fibre végétale ; et après quelques instants, si on lave l'étoffe à grande eau, elle est d'un blanc éclatant. C'est ainsi qu'on blanchit les toiles depuis que Berthollet a fait connaître les propriétés décolorantes du chlore.

Résumé.

Le chlore est un gaz verdâtre, irrespirable, plus lourd que l'air. On peut le recueillir par déplacement d'air, aussi bien que sur l'eau.

Il se combine vivement avec beaucoup de corps simples.

L'antimoine en poudre jeté dans un flacon de chlore s'y enflamme. Le cuivre chauffé se combine au chlore avec incandescence. Le chlore se combine donc vivement avec les métaux en donnant des chlorures.

Le chlore et l'hydrogène se combinent instantanément et avec explosion à la lumière solaire, plus lentement à la lumière diffuse ; il y a production d'acide chlorhydrique.

Le chlore enlève l'hydrogène aux corps composés, à l'eau sous l'influence de la lumière, à un carbure d'hydrogène comme l'essence de térébenthine.

Le chlore est décolorant ; d'abord il désorganise les corps colorés en leur enlevant l'hydrogène ; et comme de plus il est oxydant en présence de l'eau, il détruit les couleurs sur les fibres végétales.

Il détruit aussi les odeurs des corps infects.

On emploie surtout le chlore sous la forme de chlorure de potasse ou eau de Javel et sous celle de chlorure de chaux. Ces deux produits perdent leur chlore, lentement à l'air et très rapidement sous l'action d'un acide.

Devoirs.

19. Indiquer les propriétés du chlore.

20. Quelles sont les formes sous lesquelles le chlore sert à désinfecter et à blanchir ?

CHAPITRE XI.

LA SILICE.

84. Les silex, la pierre à fusil. — On trouve un peu partout ces cailloux durs de couleur grise, blonde ou noire, dont les morceaux anguleux produisent des étincel· les quand on les frappe vivement avec un morceau de fer. Ce sont les **silex**, qui prennent le nom de *meulières*, quand ils sont en blocs caverneux sur leur pourtour.

Il y a longtemps que l'on se sert de leurs éclats. Les silex éclatés, tranchants ou pointus, formaient les seules armes de nos arrière-ancêtres, et nous en trouvons encore des spécimens en flèches, en couteaux, en haches, dans les cavernes. A côté de ces instruments primitifs on en trouve d'autres également en silex, mais en morceaux polis par le frottement et non plus seulement façonnés en éclats : ce sont les armes de la seconde période de l'âge de pierre, c'est-à-dire de l'époque où l'humanité ne connaissait pas encore les métaux. Ces témoins des anciens âges nous ré· vèlent que la dureté du silex a été connue des premiers hommes.

Depuis la découverte des métaux, on se sert des silex pour battre le briquet et obtenir par le frottement des étin- celles qui mettent le feu à un corps très facilement combus- tible comme l'amadou ; on les employait encore au com- mencement de ce siècle dans les armes à feu, dans les fusils à pierre.

Le frottement du fer contre le silex détache de petites parcelles de chacun des deux corps frottés, surtout du fer, qui est le moins dur des deux ; et la chaleur dégagée porte à l'incandescence ces petits fragments du métal. Si l'on bat quelque temps le briquet au-dessus d'une feuille de papier et que l'on examine à la loupe les parcelles tombées sur la feuille, on distingue bien celles qui ont été détachées du silex de celles qui sont tombées du fer.

La matière des silex porte en chimie le nom de **silice** ou encore celui d'**acide silicique** ; c'est un composé formé d'oxygène combiné avec un métalloïde appelé *silicium*, comme l'acide carbonique est formé de ce même oxygène allié au carbone.

85. Les sables. — Dans le lit des rivières qui roulent leurs eaux sur les terrains granitiques, on trouve un sable fin, blanc ou coloré ; ce sable est de la silice réduite en grains plus ou moins menus par le frottement que le cours d'eau produit. Le sable blanc est de la silice pure ; le sable coloré est de la silice mélangée de matières étrangères qui lui donnent leur coloration.

Comme les eaux arrachent des parcelles sableuses à toutes les roches sur lesquelles elles coulent, les sables sont rarement formés de silice seulement. Mais si on les lave avec un acide fort comme l'acide chlorhydrique, cet acide attaque et dissout tout ce qui est calcaire et laisse inattaqué ce qui est siliceux. Il est donc très facile d'obtenir la silice d'un sable quelconque.

86. Les autres états de la silice. — Les **agates** sont aussi l'une des formes sous lesquelles nous trouvons la silice à l'état naturel ; elles ont une cassure terne et écailleuse comme les silex proprement dits ; mais elles sont susceptibles de devenir brillantes et lisses par le frottement. La silice y est ordinairement colorée par des substances diverses qui se trouvent disséminées dans sa masse. Il y en a d'un blanc ou d'un gris bleuâtre, d'un jaune brun, d'un rouge souvent très beau, d'un vert pomme, et d'autres qui présentent un mélange agréable de couleurs diverses et que l'on emploie principalement pour la taille des camées.

La nature nous offre en outre la silice pure, d'une parfaite transparence, avec des formes cristallines en prismes à six pans terminés par des pyramides ; c'est le **cristal de roche** ou le **quartz**. Le quartz est le plus souvent blanc, en grands cristaux, ou même en petits fragments déposés dans des géodes ou dans les cavités des gros cailloux. Il peut être coloré en violet améthyste ou en jaune et même en noir ; toujours il est transparent.

On le distingue de tous les autres cristaux naturels, non seulement par sa forme, mais aussi par sa dureté: une pointe d'acier trempé ne le raye pas.

Il représente l'état cristallisé de la silice naturelle, tandis que les agates et les silex en représentent l'état amorphe. Ce n'est pas le premier exemple que nous rencontrons d'un corps qui offre de notables différences dans son aspect suivant qu'il est cristallisé ou non, et nous devons encore avoir présent à la mémoire le cas bien surprenant du carbone, noir et opaque quand il est amorphe, si limpide et si brillant quand il constitue le diamant.

87. La silice gélatineuse. — Faisons chauffer fortement dans un creuset du sable lavé à l'acide, autrement dit de la silice, avec du carbonate de soude ; la masse fond, les deux corps s'unissent. Le contenu du creuset, versé sur une plaque, se prend en une masse qui a l'apparence du verre et qu'on nomme le **verre soluble**. Cette masse vitreuse, qui ne diffère pas pour l'aspect du verre ordinaire, peut en effet se dissoudre dans l'eau.

Faisons cette dissolution et versons-y un acide : la silice quitte la soude avec laquelle elle était combinée et elle se dépose en une masse blanche d'apparence gélatineuse.

Voilà la silice des laboratoires : desséchée, c'est une poudre sableuse capable de rayer, d'user un grand nombre de corps ; fondue, elle prend l'apparence du silex incolore.

88. Les silicates naturels. — Nous venons de faire le silicate de soude ; nous aurions pu faire également le silicate de potasse. Tous deux sont solubles dans l'eau ; mais ce sont les seuls silicates qui jouissent de cette propriété. Les autres sont des produits insolubles.

Les silicates naturels sont nombreux et leur composition est très complexe ; ils constituent des minéraux répandus dont le granit est un des exemples.

Ils ne se désagrègent partiellement que par une action très prolongée de l'eau, aidée de moyens mécaniques comme le frottement et la pulvérisation. Les argiles ou terres fortes proviennent de cette lente désagrégation.

Soumis à une forte chaleur avec des corps comme la potasse ou la chaux, les sables siliceux donnent le *verre*, ce composé transparent, cassant, mais insoluble, dont nous faisons un si grand usage. Les *argiles* cuites, depuis les briques jusqu'à la porcelaine et les *verres*, sont les deux formes principales sous lesquelles nous employons la silice que la nature nous offre dans ses sables, ses cailloux et la plupart de ses roches.

Résumé.

Les silex écaillés, tranchants ou pointus, sont très communs dans beaucoup de couches du sol. Ils ont servi de premières armes aux premiers hommes. On s'en sert encore pour battre le briquet.

La matière principale des silex porte, en chimie, le nom d'acide silicique.

Les sables granitiques des torrents ou de la première partie des principaux fleuves contiennent beaucoup de silex.

Les agates sont une autre forme de la silice. Le quartz ou cristal de roche est de la silice pure et cristallisée.

On obtient un silicate soluble en fondant du sable siliceux avec de la soude. Et l'on peut retirer de ce silicate la silice sous une forme gélatineuse quand elle est humide, et sous la forme d'une poussière très dure quand elle est sèche.

Les silicates naturels sont nombreux. Leur décomposition continue et très lente à l'air donne naissance aux argiles et aux terres argileuses.

Toutes les argiles cuites, depuis la brique jusqu'à la porcelaine, sont des silicates multiples. Le verre est aussi formé de silicates.

Devoirs.

21. Sous quels états trouve-t-on la silice dans la nature ?

22. Quelles sont les principales applications des silicates et des argiles qui en proviennent

CHAPITRE XII

LES MÉTAUX. — LES ACIDES. LES BASES ET LES SELS.

89. Généralités sur les métaux. — Les métaux sont des corps simples dont le caractère le plus apparent est l'éclat brillant qu'ils peuvent prendre quand ils sont fraîchement coupés, limés ou coulés ; ils conduisent bien la chaleur et l'électricité ; de plus, et c'est là leur caractère chimique important, en se combinant à l'oxygène ils donnent habituellement des oxydes ou bases.

Les métaux sont nombreux et très différents les uns des autres dans leur aspect et leurs usages. Tous sont solides, à l'exception du mercure qui est liquide, mais celui-ci se congèle et devient solide aussi en un lingot brillant, si on le refroidit jusqu'à 40° au-dessous de zéro.

La plupart des métaux, d'abord bien brillants, se ternissent peu à peu, se voilent d'un enduit où rien ne se reconnaît de la couleur et de l'éclat primitifs. Le plomb, si brillant quand on vient de le couper, se couvre d'un enduit gris ; le fer se rouille ; le cuivre se revêt d'une couche verdâtre. L'or conserve sa couleur et son éclat ; l'argent aussi, mais, un peu moins. Ces deux derniers sont les métaux précieux ; mais leur inaltérabilité est à vrai dire la seule propriété qui puisse nous les faire apprécier. Ils sont trop peu durs pour pouvoir servir comme les métaux usuels et en particulier comme le fer que rien ne peut remplacer.

90. Couleur des métaux. — Beaucoup de métaux présentent une teinte d'un blanc grisâtre ; tels sont l'aluminium, l'étain, le fer, le zinc. Le cuivre est rouge, l'or jaune, l'argent d'un blanc brillant avec reflets jaunâtres. Mais ces apparences peuvent être modifiées suivant l'état du métal ; ainsi l'or, obtenu en poudre et retiré par des procédés chimiques d'un liquide qui le contenait, est d'un noir violacé ; l'argent dans les mêmes conditions est d'un gris terreux ; mais ces deux poudres, si éloignées de l'aspect du métal, en reprennent le brillant et la couleur propres quand on les comprime fortement ou qu'on les frotte avec un corps dur. L'or en feuilles présente un autre phéno-mène : placée entre deux lames de verre et vue par transparence, la feuille d'or apparaît avec une franche coloration verte.

91. Fusion des métaux. — Tous les métaux ont pu être fondus et amenés à l'état liquide par l'ac-tion de la chaleur. Mais il y a de très grandes diffé-rences dans le plus ou moins de facilité de cette opé-ration. Ainsi on fait fondre une feuille d'étain étalée sur une feuille de papier en présentant le papier au-dessus de charbons allumés ; l'étain a fondu avant que le papier ne brûle. On fait fondre du plomb, dans une cuiller de fer, sur un foyer quelconque. Il faut déjà plus de chaleur et l'emploi du fourneau et du creuset pour fondre le zinc. Il en faut bien plus encore pour fondre l'argent et le cuivre. Ce n'est qu'à une température très élevée que fond le fer ; et il faut le chalumeau oxhydrique et la plus haute température que nous sachions produire pour fondre le platine.

92. Métaux en feuilles et en fils. — Soumis au choc du marteau certains métaux s'allongent et peuvent être amenés en lames ou en feuilles ; on dit qu'ils sont malléables : l'or, l'argent, le cuivre, l'étain sont dans ce cas : on fait des feuilles d'étain pour éta-mer les glaces et aussi pour envelopper les matières d'origine organique et les soustraire à l'humidité ; on fait des feuilles d'or très minces pour la dorure.

L'or, l'argent, le platine, le fer, le cuivre peuvent être étirés en fils plus ou moins fins.

On essaye sur les fils la ténacité des métaux, c'est-à-dire leur résistance à se rompre sous un effort. C'est le fer qui est le plus tenace, un fil de 2 millimètres de diamètre ne se rompt que sous l'action d'un poids de 250 kilogrammes, tandis qu'un poids de 10 kilogrammes suffit à rompre un fil de plomb de mêmes dimensions.

Pour réduire les métaux en feuilles on emploie le laminoir, ou bien l'on a recours au battage au marteau. Le laminoir est composé de deux cylindres d'acier supportés par des montants et placés parallèlement à une petite distance l'un de l'autre ; ils peuvent être mis en mouvement et ils roulent en sens inverse. Veut-on aplatir une plaque de fer, on amincit le bord et on l'engage entre les deux cylindres, elle est bientôt entraînée par le mouvement des cylindres, et comme ceux-ci ne peuvent s'écarter, la lame diminue d'épaisseur et s'étale. C'est ainsi que l'on fait les feuilles de zinc, de cuivre, de plomb, et celles de fer que l'on appelle habituellement de la *tôle*.

93. Classification des métaux. — Si l'on considère avant tout les caractères extérieurs des métaux on peut en faire quatre groupes.

Les *métaux précieux* qui ne s'altèrent pas à l'air, comme l'or et le platine auxquels on joint aussi l'argent et le mercure ;

Les *métaux usuels*, nombreux et très différents les uns des autres, mais tous très employés, tels sont, le cuivre, le plomb, l'étain, le zinc et surtout le fer ;

Les *métaux dont les oxydes ont l'aspect de terres*, tel est l'aluminium, le magnésium et aussi le métal dont la chaux est l'oxyde, le calcium ;

Les *métaux alcalins* dont les oxydes sont très solubles mais en même temps très caustiques.

Thénard. chimiste célèbre du commencement de ce

siècle, a proposé une classification qui repose sur un caractère chimique ; il a groupé les métaux d'après la facilité avec laquelle ils prennent l'oxygène de l'air ou l'oxygène de l'eau.

94. Les acides. — Nous connaissons déjà les acides ; nous avons appris à constater leur propriété de rougir la teinture de tournesol ; nous savons de plus qu'ils sont le plus habituellement formés par la combinaison des métalloïdes avec l'oxygène, et nous n'avons pas oublié la manière dont les chimistes forment les noms de ces corps composés.

Dans le cours de ces leçons nous avons rencontré l'acide carbonique, l'acide phosphorique et l'acide sulfureux. Mais il y en a d'autres qui ont de fréquents usages, notamment l'acide sulfurique et l'acide azotique, dont il nous faut dire quelques mots.

95. L'acide sulfurique. — L'acide sulfurique, de tous le plus employé, est un liquide huileux et lourd ; on l'appelait autrefois **huile de vitriol**. Étendu de mille fois son volume d'eau, il colore encore la teinture de tournesol en rouge franc. Ce fait est facile à prouver : prenons un grand verre d'eau, laissons-y tomber deux ou trois gouttes d'acide sulfurique, puis un peu de tournesol, le liquide vire au rouge immédiatement.

Le mélange d'acide sulfurique et d'eau dégage beaucoup de chaleur et ne doit être fait qu'avec précaution. Il convient de ne jamais verser l'eau dans l'acide, mais bien l'acide dans l'eau et en agitant le mélange.

Verse-t-on de l'acide sulfurique dans de l'eau, peu à peu et en mêlant les deux liquides, le vase s'échauffe au point de brûler les doigts qui le tiennent, des vapeurs s'échappent du mélange, et un thermomètre que l'on y plonge monte très vite et peut atteindre jusqu'à 100 degrés.

On peut donc dire que l'acide sulfurique est très

avide d'eau. Il enlève l'eau à différents corps, au bois par exemple. Si l'on met des copeaux de bois dans un peu d'acide sufurique, les copeaux noircissent et se charbonnent, l'acide se colore fortement en brun.

Le mélange d'eau et d'acide sulfurique attaque le zinc ou le fer en dégageant de l'hydrogène : c'est cette réaction que nous avons utilisée pour préparer l'hydrogène.

L'acide sulfurique est l'acide dont les usages sont les plus nombreux ; la France seule en fabrique par année plus de 70 millions de kilogrammes.

96. L'acide azotique. — L'acide azotique porte le nom vulgaire d'**eau-forte**; quand il est concentré, il répand des vapeurs d'un rouge brun qui provoquent la toux. Il attaque les métaux avec violence en produisant ces mêmes vapeurs ; ainsi une feuille d'étain, des copeaux de cuivre, des morceaux de fer s'y dissolvent rapidement.

On se sert de l'acide azotique pour graver le cuivre après avoir recouvert le métal d'un vernis protecteur dans les endroits où l'acide ne doit pas mordre.

Veut-on décaper rapidement des objets de cuivre rouge, on les plonge dans de l'acide azotique qui en ronge la surface ; on les retire pour les plonger dans l'eau et les sécher ensuite ; ils ont alors le brillant métallique.

Pour rendre brillant le cuivre des ustensiles de cuisine, on emploie, non l'acide azotique, mais l'acide oxalique dissous dans l'eau : c'est ce que les ménagères appellent *l'eau de cuivre*.

97. Les bases. — Nous connaissons déjà quelques **oxydes** que nous savons être produits par la combinaison des métaux avec l'oxygène ; nous avons appris à les nommer, et nous avons constaté que ceux qui sont solubles dans l'eau ramènent au bleu la teinture de tournesol rougie par un acide.

La plupart des oxydes sont insolubles, comme

l'oxyde de fer ou rouille, l'oxyde de zinc, la chaux. On les désigne aussi bien sous le nom général de **bases** que sous celui d'**oxydes**.

Une de leurs propriétés saillantes c'est de se combiner avec les acides pour donner des composés qui diffèrent et de l'acide et de la base et qu'on nomme des **sels**.

98. Les sels. — Dans le langage vulgaire, l'expression de *sel* n'éveille que l'idée du sel marin ou sel de cuisine qui communique sa saveur à nos aliments. Dans le langage chimique, c'est différent, on appelle **sels** des corps très divers, colorés ou incolores, qui n'ont pas forcément une saveur salée, mais dont la plupart peuvent être considérés comme résultant de l'union chimique d'un oxyde avec un acide.

L'acide sulfurique et la potasse. — Prenons comme exemple la potasse, un oxyde fort, très caustique, brûlant la langue comme le ferait un charbon ardent, et, d'autre part, l'acide sulfurique considéré comme le plus fort de tous les acides. Le premier corps bleuit fortement le tournesol, le second le rougit non moins fortement. Mélangeons-les, en versant peu à peu l'un dans l'autre, il arrivera un moment où le liquide ne rougira plus le tournesol bleu et ne bleuira plus le tournesol rouge : l'acide n'aura plus sa propriété essentielle, ni l'oxyde non plus, l'un aura *neutralisé* l'autre. Le liquide ne sera plus caustique comme la base, ni fortement aigre comme l'acide.

Évaporons ce liquide; après quelque temps, si nous le laissons refroidir, il déposera de beaux cristaux brillants, mais sans saveur; à la place des deux premiers corps, l'un très âcre, l'autre très corrosif, nous aurons un corps insipide et inoffensif.

Voilà un *sel*, comme le chimiste l'entend. Ce sel porte le nom de *sulfate de potasse*, qui rappelle bien son mode de formation ou, si l'on veut, sa composition.

L'acide azotique et l'ammoniaque. — Prenons l'*eau-forte* comme acide et l'alcali volatil ou ammoniaque comme base, et remarquons tout d'abord que si nous évaporions séparement chacun de ces liquides, il n'en resterait rien, tout se dissiperait en vapeurs.

Le premier rougit le tournesol, le second le bleuit. Mélangeons-les jusqu'à ce que le liquide soit sans action sur le tournesol bleu ou rouge. Puis évaporons le mélange, et quand il est suffisámment réduit, laissons-le refroidir. Il s'y dépose de beaux cristaux transparents d'un corps solide formé par la combinaison de l'acide avec l'alcali ou base; voilà encore un sel; nous l'appelons l'*azotate d'ammoniaque.*

99. Les noms des sels. — Nous pourrions multiplir les exemples; les deux précédents peuvent nous suffire et nous faire trouver la règle suivie pour dénommer les sels, afin que le nom rappelle à la fois l'oxyde et la base.

Voici cette règle : changer en **ate** la terminaison **ique** de l'acide et faire suivre du nom de la base.

C'est ainsi que l'acide azotique nous donnera les **azotates** de potasse, de chaux, de plomb, d'argent, etc. ;

L'acide carbonique, les **carbonates** de potasse, de soude, de chaux, de plomb, etc. ;

L'acide phosphorique, les **phosphates** (ici une légère altération pour cause d'euphonie) ;

L'acide sulfurique, les **sulfates** (même altération que dans le cas précédent).

Et nous comprendrons, sans qu'il soit besoin d'insister, combien doivent être nombreux et divers les sels que le chimiste peut faire ou que la nature peut nous offrir, puisque chaque acide pourra en donner un ou plusieurs avec chaque base.

Résumé.

Les métaux ont pour caractères physiques d'être bons conducteurs de la chaleur et de l'électricité et pour caractère chimique de donner des oxydes.

Ils diffèrent les uns des autres au point de vue de la fusibilité et par la facilité de les réduire en lames, en feuilles ou en fils.

On peut les classer en métaux précieux, en métaux usuels, en métaux dont les oxydes ont l'aspect terreux et en métaux alcalins.

Thénard les a groupés d'après la manière dont ils prennent l'oxygène de l'eau ou de l'air.

Un acide rougit la teinture de tournesol ; un oxyde ou une base ramène au bleu cette teinture rougie.

La combinaison d'un acide et d'une base porte le nom de sel : on réalise facilement cette combinaison entre l'acide sulfurique et la potasse d'une part, et entre l'acide azotique et l'ammoniaque d'autre part.

Dans les deux cas, l'acide neutralise la base et le sel formé peut cristalliser.

Les noms des sels sont formés du nom de l'acide.

Devoirs.

23. Comment peut-on classer les métaux ?

24. Comment sont formés les sels ; comment nomme-t-on les sels ?

CHAPITRE XIII

NOTIONS SOMMAIRES SUR LES CORPS ORGANIQUES.

100. Les éléments chimiques des corps vivants. — Les différentes portions du corps de l'animal ou de la plante sont-elles composées des mêmes éléments que l'on trouve dans les corps bruts ? Telle est la question qui se pose.

A priori, sans étude préalable, chacun de nous répondrait très probablement non ; nous nous refuserions à voir dans le pain, la viande, les fruits, les mêmes corps simples que dans une pierre, les mêmes métaux et métalloïdes dont nous connaissons déjà quelques-uns.

Notre réponse sera tout autre si nous la demandons à l'expérience. Faisons griller du sucre ou du pain et, au-dessus de la fumée qui se répand, exposons une lame de verre; celle-ci se couvre d'une fine rosée; le pain contenait donc de l'eau et nous savons que l'eau est formée d'hydrogène et d'oxygène. Le pain se grille, se noircit et finalement il n'en reste plus que du charbon.

Charbon, oxygène et hydrogène, voilà donc les principaux éléments de sa substance.

Il en est de même des autres corps de la nature vivante; tous, sans exception, laissent du charbon pour résidu quand ils sont incomplètement brûlés; et l'eau apparaît le plus souvent dans la fumée qu'ils produisent.

Nous allumons une chandelle ou une bougie, la matière fond peu à peu, monte dans la mèche et se résout en gaz éclairant. Mais le premier corps froid venu placé dans la flamme se recouvre de noir de fumée, d'une couche formée des fines parcelles du charbon de la substance.

Tout dans la nature organique se ramène aux éléments de la nature minérale. La matière vivante emprunte ses matériaux à la matière brute, pour les lui rendre quand la vie aura cessé dans l'animal ou la plante.

101. L'aspect des corps vivants. — Si les éléments sont les mêmes dans les corps bruts et dans les corps vivants, la forme en est bien différente. Lorsqu'on examine au microscope une parcelle quelconque d'une plante, on y reconnaît des cavités globulaires ou allongées que l'on appelle **cellules, fibres ou vaisseaux**; et cette structure que la vie donne à la matière est bien plus complexe encore dans une partie quelconque du corps de l'animal. Une feuille, la partie farineuse d'une graine, les fibres du bois, la sève, un morceau d'os ou de chair, le lait et le sang, voilà des portions d'êtres vivants qui n'ont jamais la forme géométrique, taillée, cristalline des corps bruts et qui se modifient sans cesse sous l'influence de la vie.

Mais de ces substances organisées, vivantes, on peut retirer des corps qui, une fois isolés, n'ont plus rien de la forme que la vie leur avait donnée, qui peuvent prendre fréquemment la forme cristalline et ressembler d'aspect aux corps minéraux : tel est l'acide citrique extrait du jus de citron, tel aussi est le sucre extrait de la pulpe de betterave, l'amidon du blé, la fécule de pomme de terre, la gélatine des os, l'albumine de l'œuf.

Toutes ces substances sont appelées **substances organiques** : ce sont les matériaux de la substance vivante. Entre les mains des chimistes, ces corps se transforment, se métamorphosent, se combinent, comme le font les corps minéraux eux-mêmes. On y trouve des acides, des bases, des sels et des corps combustibles qui brûlent avec flamme ; ils offrent une source féconde d'études intéressantes et utiles.

102. Les principaux éléments des substances organiques.

— Le carbone, l'hydrogène, l'oxygène et l'azote, tels sont les corps simples qui associés à deux, à trois ou à quatre, composent les substances organiques. Les autres éléments de la chimie minérale peuvent intervenir aussi, mais en bien moins grande quantité et pour ainsi dire comme d'une manière accessoire à côté de ceux-là. Ainsi, pour ne citer que quelques exemples, le soufre existe dans les œufs et le phosphore dans la substance nerveuse.

Avec cette simplicité d'éléments constitutifs, quelle variété de formes ne présentent pas les corps organiques ! Quelles différences de propriétés entre les essences à odeur suave de la parfumerie et les principes irritants de l'ail et de la moutarde ; entre le jus de raisin, l'alcool qui s'y développe et le vinaigre qu'il peut produire ; entre la fécule et le sucre que l'on en peut tirer !

On peut faire deux grands groupes dans les corps organiques : ceux qui ne contiennent pas d'azote et ceux qui en ont. On les distingue facilement les uns des autres : jette-t-on un composé azoté, comme de l'albumine sèche ou un bout de gélatine, sur des charbons ardents ? il répand une forte odeur de corne brûlée, ce que ne fait pas le composé qui n'a dans sa substance que du carbone, de l'hydrogène et de l'oxygène.

On peut encore employer un moyen moins grossier pour établir cette distinction. On fait fondre dans un petit tube d'essai, avec un fragment de potasse, la matière à essayer. Si cette matière contient de l'azote, elle dégage de l'ammoniaque que l'on reconnaît en lui faisant bleuir un papier rouge de tournesol présenté à l'entrée du tube.

103. Les principaux composés organiques. — Nous ne pouvons songer à faire l'étude des principaux composés chimiques empruntés au règne animal. Mais nous pouvons du moins indiquer leur groupement et en citer quelques-uns dont le nom et les usages nous sont déjà connus.

En première ligne se placent les *composés de carbone et d'hydrogène*, tels que le *gaz des marais* qui se dégage du dépôt bourbeux des eaux croupissantes, les *pétroles*, le *gaz de la houille*, la *benzine*, l'*essence de térébenthine*, corps tous combustibles, brûlant avec une flamme plus ou moins brillante ou plus ou moins fumeuse.

En second lieu viennent les *composés de carbone, d'hydrogène et d'oxygène*. Ceux-là sont les plus nombreux. Ce sont d'abord les *alcools* et leurs dérivés, puis les corps neutres comme la *cellulose du bois*, l'*amidon*, la *fécule* et les *sucres*.

Nous connaissons l'alcool de vin et l'alcool de bois, aussi les deux acides qu'ils engendrent par leur oxydation, c'est-à-dire le vinaigre de bois et le vinaigre de vin.

Les alcools sont nombreux, nombreux aussi les acides qu'ils produisent, plus nombreux encore les éthers qu'ils peuvent donner, et dont la plupart sont formés par l'action des acides sur les alcools comme les sels minéraux résultent de l'action des acides sur les bases.

Tous les *corps gras, huiles, beurres, graisses et suif*, malgré leur différence d'aspect, ne renferment non plus que du carbone, de l'hydrogène et de l'oxygène; ils font partie de la catégorie des corps hydro-carbonés.

Enfin le troisième groupe comprend les *corps azotés* d'origine végétale ou d'origine animale dont le *blanc d'œuf* ou *albumine* est l'exemple le plus commun.

Résumé.

Les différentes portions d'une plante ou du corps d'un animal sont formées des mêmes corps simples que les minéraux.

Tous les corps de la nature vivante contiennent du carbone et de l'hydrogène; ils donnent en brûlant de l'eau et de l'acide carbonique et ils laissent un résidu de charbon quand on les brûle en vase clos.

La matière vivante a une forme particulière que la vie lui a donnée; elle se présente en cellules, en fibres, en vaisseaux formant par leur assemblage les différents tissus. Mais on en tire des corps comme la fécule ou le sucre, l'amidon ou l'acide citrique qui ont l'aspect extérieur des corps minéraux et qui subissent des transformations chimiques nombreuses.

Ces substances organiques sont surtout formées de quatre corps simples : le carbone, l'hydrogène, l'oxygène et l'azote.

On peut les grouper d'après leur composition. Les composés qui ne renferment que du carbone et de l'hydrogène comprennent les pétroles, le gaz de la houille, la benzine, les essences.

Les corps qui contiennent du carbone, de l'hydrogène et de l'oxygène comptent les alcools et leurs dérivés, la cellulose, l'amidon, les sucres; les corps gras liquides et solides.

Enfin les composés qui renferment les quatre éléments dont l'azote, comprennent les substances alimentaires que l'on a appelées aliments plastiques; l'albumine en est l'exemple le plus commun.

HISTOIRE NATURELLE

INTRODUCTION

1. Corps bruts et corps organisés.. — L'histoire naturelle étudie les corps qui entrent dans la constitution du globe ou qui sont répandus à sa surface. Ces corps forment deux catégories bien distinctes :

Ceux qui apparaissent comme des masses inertes, formées par la réunion de parties semblables, pouvant s'accroître par la juxtaposition de nouvelles particules, se conservant indéfiniment avec le même aspect et les mêmes propriétés, ce sont les *corps bruts* ou corps inorganiques;

Les autres jouissent d'une activité propre; ils naissent de corps semblables à eux; ils se développent, puis décroissent et meurent; ils sont constitués par la réunion de parties hétérogènes et dissemblables; ils sont en un mot doués de la vie : on les appelle les *corps organisés* ou les *corps vivants*, ce sont les plantes et les animaux.

2. Animaux et plantes. — Les caractères communs à tous les êtres organisés sont qu'ils naissent, se nourrissent, se reproduisent et meurent.

La vie des végétaux se borne à ces actes essentiels. Fixés au point où ils naissent, ils prennent au sol et à l'atmosphère les principes nécessaires à leur développement et ils laissent tomber autour d'eux les germes des nouveaux êtres qui perpétueront l'espèce.

La vie des animaux est plus complexe; non seulement ils se nourrissent et se reproduisent, mais ils ont la faculté de *sentir* et de se *mouvoir*; ils cherchent leurs aliments et les préparent pour se les assimiler; ils les introduisent tels que la nature les leur offre dans une cavité inté-rieure, l'*estomac*, où, par une fonction spéciale appelée *digestion*, ces aliments sont réduits en sucs nourriciers comparables à ceux que les plantes trouvent tout pré-parés dans la terre.

3. Divisions de l'histoire naturelle. — L'examen des corps bruts et des corps vivants forme les deux grandes branches de l'histoire naturelle.

La première est appelée *minéralogie* (histoire des miné-raux) lorsqu'elle s'applique spécialement à l'examen des roches; on la nomme *géologie* (histoire de la terre) lors-qu'elle étudie la constitution du globe et qu'elle cherche à découvrir les conditions de sa formation.

La seconde comprend la *botanique* (histoire des plantes) et la *zoologie* (histoire des animaux). On lui donne égale-ment le nom de *biologie* qui signifie histoire de la vie.

ZOOLOGIE

CHAPITRE PREMIER

DESCRIPTION SOMMAIRE DU CORPS DE L'HOMME

4. Le corps de l'homme. — Le corps de l'homme contient une charpente solide formée d'*os*, c'est le *squelette* qui soutient les chairs, qui protège les organes intérieurs, qui assure au corps sa forme et ses mou-vements.

Le corps peut être divisé pour l'étude en trois parties :
la tête, le tronc et les membres.

5. La tête. —
La tête comprend
deux parties, le *crâ-
ne* et la *face*. Le crâ-
ne est une boîte os-
seuse qui contient le
cerveau et qui porte
les cheveux. La *face*
porte les yeux, les
fosses nasales, la
bouche, la mâchoire
supérieure qui est
fixe et la mâchoire
inférieure qui est
mobile, et en outre
les ouvertures qui
communiquent avec
les oreilles.

La tête est réunie
au tronc par le cou
dont la mobilité per-
met à la face de se
tourner dans diver-
ses directions.

6. Le tronc.
— Le tronc com-
prend deux parties :
e thorax et l'abdo-
nen.

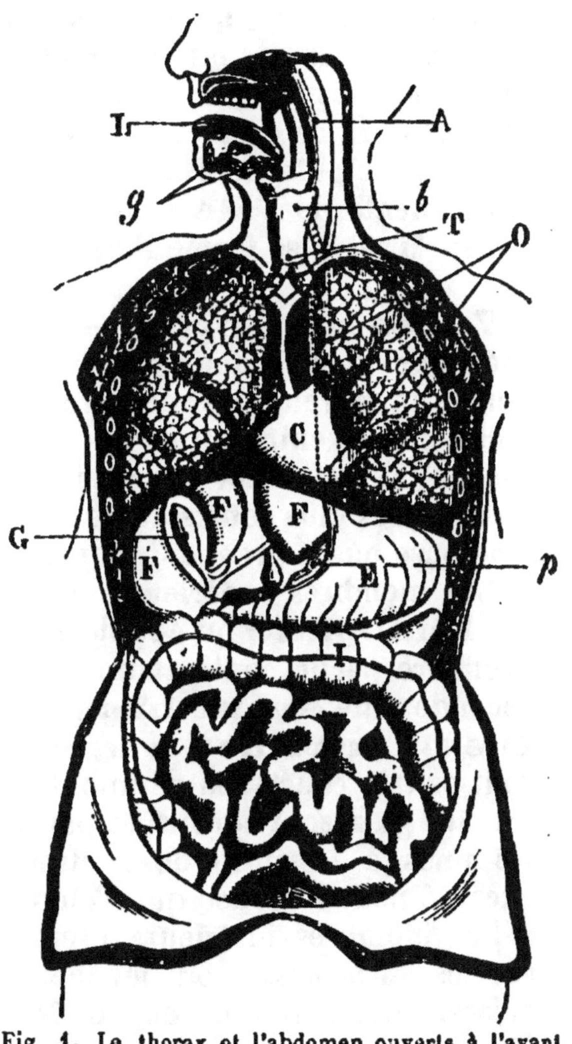

Fig. 1. Le thorax et l'abdomen ouverts à l'avant pour montrer les principaux organes du corps de l'homme. — A, arrière-bouche. — L, langue. — *g.* glandes salivaires. — O, œsophage. — E, estomac. — F, foie. — G, vésicule biliaire. — *p*, pancréas. — *i*, intestin grêle. — I, gros intestin. — *b*, larynx. — T, trachée-artère. — P, poumons. — C, cœur.

Le **thorax** est une cage formée à l'arrière par la
colonne vertébrale, en avant par le **sternum**, sur les
côtés par les **côtes**; il est séparé de l'abdomen par
une grande cloison bombée, le diaphragme (fig. 1).

Dans le thorax se trouvent le **cœur**, organe de la

circulation du sang, les **poumons**, organes de la respiration qui reçoivent l'air par la **trachée-artère**.

L'abdomen, limité en arrière par la colonne vertébrale, en bas par les os du bassin, sur les côtés et en avant par des muscles, contient les organes de la digestion et ceux de la sécrétion urinaire : d'une part l'**estomac** et l'**intestin** avec ses replis où séjournent les aliments, le **foie** et le **pancréas**; d'autre part les **reins** où se forme l'urine et la **vessie**.

7. Les membres. — Il y a quatre membres symétriques deux à deux; les membres inférieurs qui servent à la marche, les membres supérieurs qui servent à saisir et à retenir tout ce qui doit servir à l'homme. Les uns et les autres formés d'os longs dans leur première partie, d'os plus courts aux extrémités, sont appuyés sur une base où ils prennent leur point d'appui (fig. 2).

Les membres supérieurs ou bras se relient au tronc par l'**omoplate** ou épaule et par la **clavicule**. La première partie contient un seul os, l'**humérus**; la seconde, dite **avant-bras**, en porte deux, le **cubitus** et le **radius**; la troisième ou *poignet* contient huit os très courts; la paume de la **main** a cinq os, et les **doigts** sont constitués par des phalanges articulées les unes à la suite des autres, au nombre de trois, excepté pour le pouce qui n'en a que deux.

Les membres inférieurs prennent leur point d'appui sur les *os du bassin* ou hanche. La première partie, la cuisse, porte un seul os, le **fémur**; la seconde, la jambe, contient deux os, le **tibia** et le **péroné**; à l'articulation de la cuisse et de la jambe, au genou, se trouve la **rotule**. La troisième partie est le tarse composé de sept os réunissant le pied à la jambe; le pied a cinq os et cinq orteils à phalanges.

La dernière phalange de chaque doigt est revêtue à sa face supérieure par une lame cornée, aplatie, l'*ongle*, qui s'accroît continuellement.

Les os des membres sont revêtus de muscles destinés

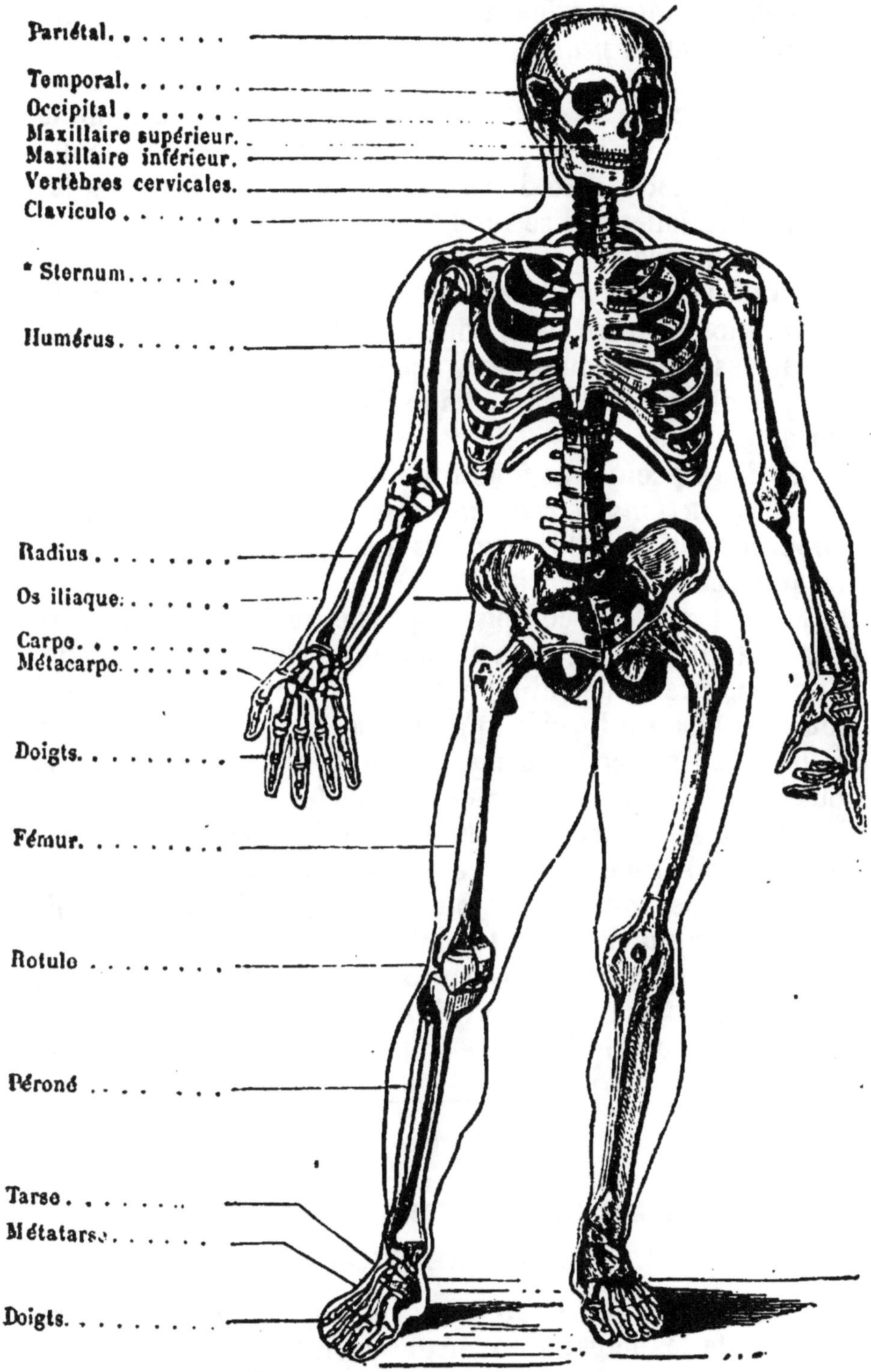

Fig. 2. — Le squelette de l'homme.

à les faire mouvoir les uns sur les autres; le tout est recouvert par la *peau*.

8. Les fonctions et les organes. — L'homme se nourrit; il se meut volontairement et il a la faculté de sentir, c'est-à-dire de se connaître et de connaître les objets extérieurs, de se rendre compte de ses besoins et de les satisfaire.

Le mouvement volontaire et la sensibilité, d'une part; la nutrition d'autre part, sont trois fonctions principales qui nécessitent pour leur accomplissement une série d'appareils ou d'*organes* disposés pour concourir à un but déterminé.

Les deux premières fonctions ont été groupées sous le nom de *fonctions de relation* ou de la vie animale; elles comprennent tous les organes de la *locomotion* et tous les appareils de la *sensibilité*.

La **nutrition** comprend plusieurs fonctions secondaires, toutes relatives à la conservation de l'individu. L'homme prend des aliments qu'il prépare, qu'il *digère* pour en faire un liquide qui puisse être *absorbé* par les tissus et se mêler au sang. Le sang court, *circule* dans tout le corps pour y porter ses richesses nutritives; il doit venir se mettre en contact avec l'air atmosphérique par la *respiration*, et perdre dans des *organes sécréteurs* les substances inutiles à la nutrition qui doivent être indirectement ou directement rejetées. Ainsi, digestion, circulation, respiration, absorption et sécrétions, voilà les principales divisions du travail nutritif, et chacune d'elles mérite une description.

CHAPITRE II·

DES FONCTIONS DE NUTRITION

I. — DIGESTION

9. Appareil digestif. — La **digestion** est l'ensemble des actes au moyen desquels les aliments solides et liquides sont introduits dans l'organisme et transformés en une matière qui puisse être absorbée et servir à l'entretien de la vie.

Une telle fonction nécessite deux séries d'organes, d'abord une cavité propre à recevoir les aliments et à les contenir pendant qu'ils subissent le travail digestif; en second lieu, des organes sécréteurs versant les liquides

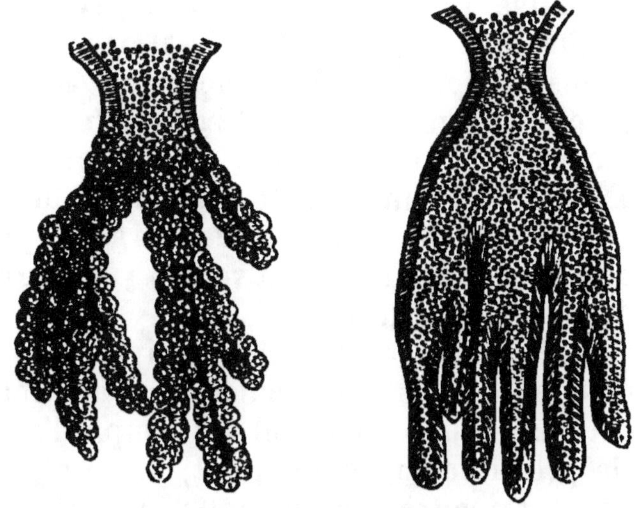

Fig. 3. — Glandes de l'estomac.

dont l'action doit transformer les aliments en matière absorbable.

La cavité porte le nom de **tube digestif;** c'est un long tube ouvert aux deux bouts, commençant à la **bouche,** continuant par l'**œsophage,** présentant une poche, l'**estomac,** puis un long tube mince, l'**intestin grêle,** enfin un tube plus large, le **gros intestin,** dont l'anus est l'extrémité.

Les organes sécréteurs sont la **salive** produite par les glandes salivaires qui se trouvent dans la bouche au nombre de trois paires; le **suc gastrique** produit dans l'estomac par des glandes nombreuses dont la paroi est garnie (fig. 3); le **suc pancréatique** produit par une glande, le **pancréas,** qui se trouve près de l'estomac et de la première partie de l'intestin; la **bile** produite par le **foie;** le liquide intestinal produit par la paroi interne de l'intestin grêle.

10. Marche des aliments. — Les aliments, introduits dans la bouche, sont déchirés et broyés par les **dents,** pièces solides implantées dans les deux mâchoires au nombre de trente-deux, huit **incisives,** quatre **canines** et vingt **molaires.** Ils sont ensuite imbibés de salive, retournés par la **langue** et rassemblés· en petite boule appelée **bol alimentaire** et envoyés dans le fond de la bouche ou **arrière-bouche** où ils pénètrent dans l'**œsophage.**

Les aliments pressent l'entrée de l'estomac ou le **cardia** et séjournent dans le grand cul-de-sac jusqu'à ce qu'ils soient bien imbibés de suc gastrique et en partie transformés; ils s'avancent vers le **pylore** et pénètrent dans l'intestin grêle.

A leur entrée dans l'intestin, ils reçoivent le suc pancréatique et la bile; ils marchent en suivant toutes les circonvolutions du tube intestinal qui remplit l'abdomen. Pendant la première partie du trajet, ils se séparent en deux portions, l'une très liquide appelée le **chyle,** qui à travers les villosités du tube intestinal est absorbée par les vaisseaux nombreux et ténus que l'on appelle les **vaisseaux chylifères,** transportée par eux dans le *canal thoracique* et déversée dans la veine sous-clavière gauche; l'autre, formée des résidus inutiles à l'organisme, continue sa marche dans le gros intestin pour être ensuite expulsée.

11. Réactions que subissent les aliments. — Les aliments subissent d'abord l'action de la salive; ce liquide aqueux contient un principe actif, la **ptyaline** qui agit sur les aliments féculents insolubles pour les transformer en substance sucrée, soluble dans les liquides de l'organisme.

Arrivés dans l'estomac, ils trouvent le suc gastrique; c'est un liquide aqueux, légèrement acide et contenant un principe azoté, la **pepsine**, qui agit sur les matières albuminoïdes telles que le blanc d'œuf, la viande, la caséine du lait ou du fromage, pour les transformer en peptones solubles et assimilables.

A l'entrée de l'intestin grêle, le suc pancréatique vient imbiber les aliments; il a une double action; d'une part il continue l'effet de la salive sur les féculents pour les rendre solubles, d'autre part il émulsionne et divise les corps gras pour les mettre en état de pouvoir être absorbés par les vaisseaux chylifères.

La **bile** produite par le foie sert de balai du tube digestif.

Le chyle absorbé par les chylifères est porté dans le sang auquel il se mêle et où il apporte des matériaux nouveaux. Celui qui est absorbé par les veines de l'intestin passe au foie par la *veine-porte* et il y est en partie converti en une substance sucrée, le *glycogène*, que le sang reprend à mesure des besoins de l'économie.

II. — RESPIRATION

12. Appareil respiratoire. — **La respiration** a pour but de mettre le sang en contact avec l'air atmosphérique.

L'appareil respiratoire comprend deux parties : un organe où a lieu, sur la plus grande surface possible, le contact du sang et de l'air : ce sont les **poumons;** un conduit amenant l'air dans cet organe, c'est la **trachée-artère.**

La trachée-artère commence en arrière et en dessous de la bouche par une sorte d'entonnoir, le **larynx**, qui est l'organe de la voix. Elle se continue sous la forme d'un tube large, maintenu constamment ouvert par des arcs cartilagineux, jusqu'au sommet de la poitrine où elle se divise en deux branches, l'une pour chaque poumon, qui se subdivisent elles-mêmes à l'infini en des ramuscules dont l'ensemble porte le nom de bronches (fig. 4) et dont les plus fines extrémités se rendent dans de petits sacs, les vésicules pulmonaires.

Il y a deux poumons, qui remplissent presque toute la cavité de la poitrine en comprenant entre eux le cœur.

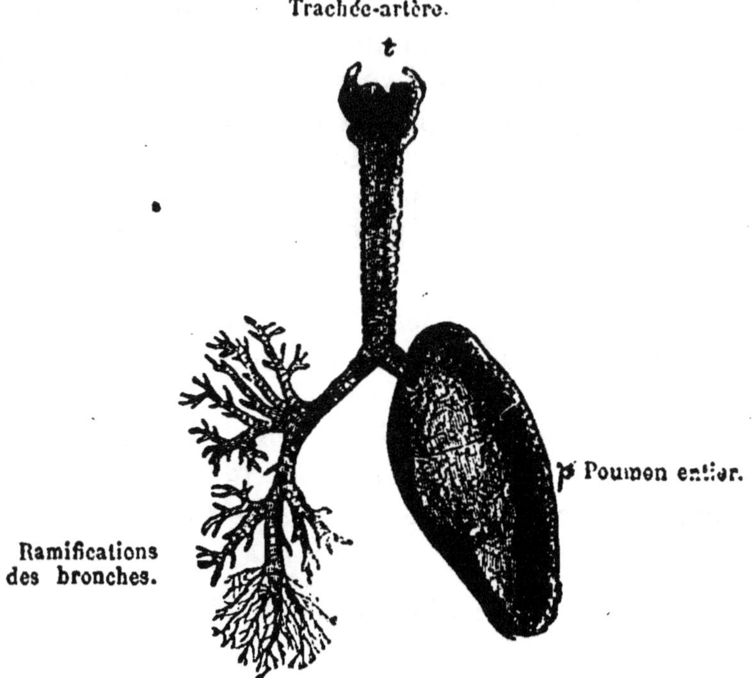

Fig. 4. — Trachée-artère et ramifications des bronches.

Ils sont enveloppés de la *plèvre* dont les replis les protègent. Leur tissu est très spongieux, formé des vésicules et d'une multitude de vaisseaux sanguins qui amènent le sang, le répandent sur une énorme surface et le remportent quand il a fait échange avec l'air.

13. Mécanisme de la respiration. — L'acte par lequel une certaine quantité d'air pénètre dans les poumons, s'appelle l'**inspiration;** le rejet de l'air constitue l'**expiration.** Un homme adulte fait en moyenne vingt inspirations par minute.

L'inspiration est produite par l'agrandissement de la cavité thoracique, amenée par un double phénomène musculaire, le relèvement des côtes et l'abaissement du diaphragme.

Le sang perd l'acide carbonique qu'il contient et il prend de l'oxygène; de noirâtre qu'il était, il redevient rose; ce changement de couleur et de propriétés est appelé **l'hématose.** Le sang contenant de l'oxygène est redevenu propre à effectuer dans les tissus de chaque organe la combustion qui entretient la chaleur animale.

III. — CIRCULATION

14. Appareil circulatoire. — La circulation est l'ensemble des actes qui assurent le mouve-

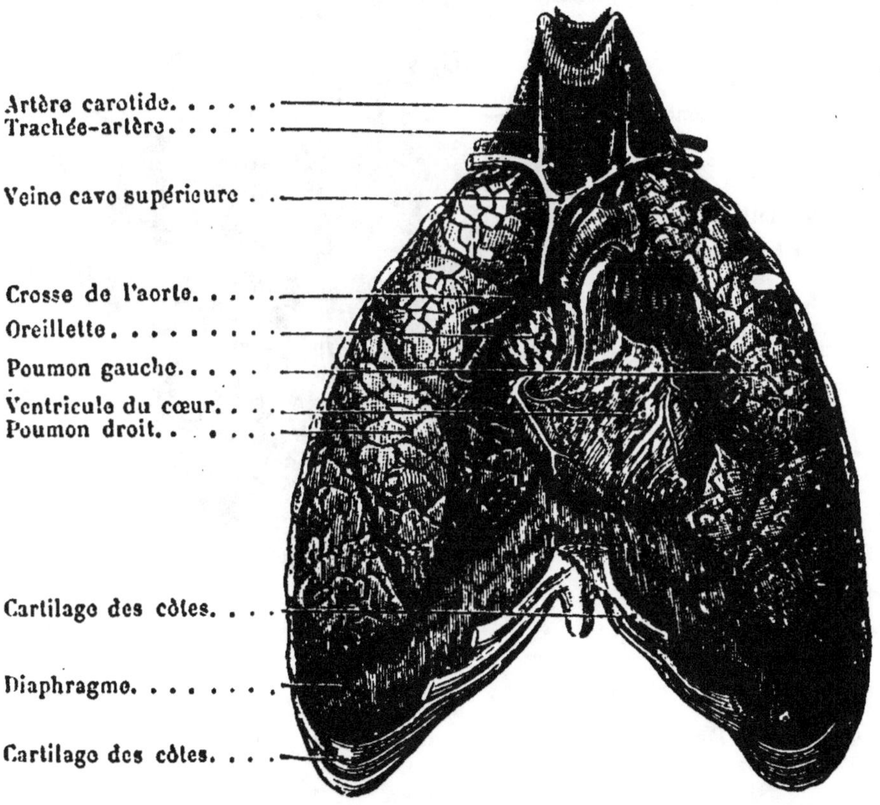

Fig. 5. — Cœur et poumons.

ment continu du sang dans toutes les parties du corps.

Le sang est un liquide rouge, formé des matériaux

extraits des aliments et propre à nourrir les organes, c'est-à-dire à réparer leurs pertes, à les entretenir et à les accroître. Il est très liquide sous l'influence de la vie et contient une multitude de petits *globules* que l'on considère comme des cellules vivantes. Il se coagule quand il est extrait des vaisseaux qui le contiennent. Il chemine sans cesse dans des canaux complètement clos où il est mis en mouvement par un organe central, le *cœur*, situé entre les deux poumons (fig. 5).

Comme il doit aller perdre l'acide carbonique et prendre de l'oxygène dans les poumons, il y a deux cir-

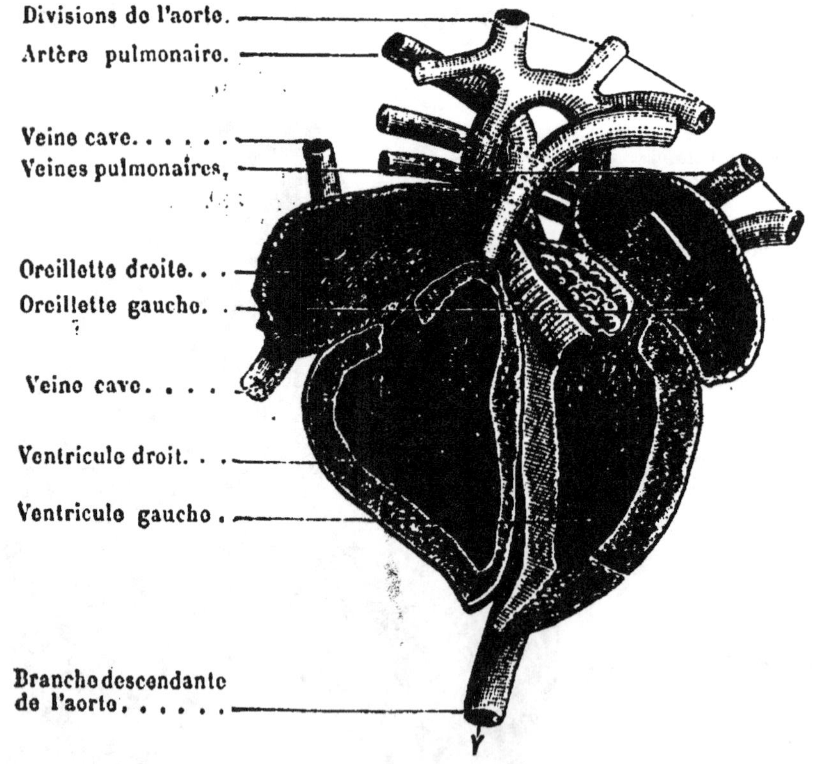

Fig. 6. — Cœur ouvert et vaisseaux qui y aboutissent.

culations : la **grande circulation** dans laquelle le sang parti du cœur va dans tous les organes et revient au cœur; la **petite circulation** dans laquelle le sang va du cœur aux poumons, pour revenir au cœur.

Dans chacun de ces deux trajets, il y a deux systèmes de canaux : ceux qui emmènent le sang du cœur soit aux poumons, soit dans toutes les parties du corps et que l'on nomme **artères;** ceux qui ramènent le sang au cœur et qui portent le nom de **veines.**

Le **cœur** est un gros muscle creux de la grosseur du poing et de la forme d'un cône posé la pointe en bas. Il est creusé de quatre cavités : deux **oreillettes** et deux **ventricules** (fig. 6). Chaque oreillette communique seulement avec le ventricule correspondant; c'est donc comme s'il y avait deux cœurs accolés : le cœur droit et le cœur gauche avec chacun deux cavités. La moitié droite ne renferme jamais que du sang *veineux* ou *noir*, qu'elle reçoit du corps et qu'elle envoie aux poumons; la moitié gauche ne renferme que du sang rouge ou artériel qu'elle reçoit des poumons et qu'elle envoie dans tout le corps.

Le cœur est comme soutenu par les vaisseaux qui y arrivent ou qui en partent : les deux *veines caves* qui débouchent dans l'oreillette droite, l'*artère pulmonaire* qui part du ventricule droit et se dédouble; les quatre *veines pulmonaires* qui débouchent dans l'oreillette gauche et l'*artère aorte* qui part du ventricule gauche.

Les **artères** ont dans leurs membranes un tissu élastique qui les tient toujours ouvertes.

Les veines sont plus molles et peuvent s'aplatir lorsqu'elles sont vides; mais elles présentent des valvules (fig. 7) qui s'opposent au retour du sang.

Le mouvement du sang est dû aux contractions du cœur qui s'effectuent régulièrement. A chaque contraction du ventricule gauche, il pénètre du sang dans l'artère aorte et par elle dans tout

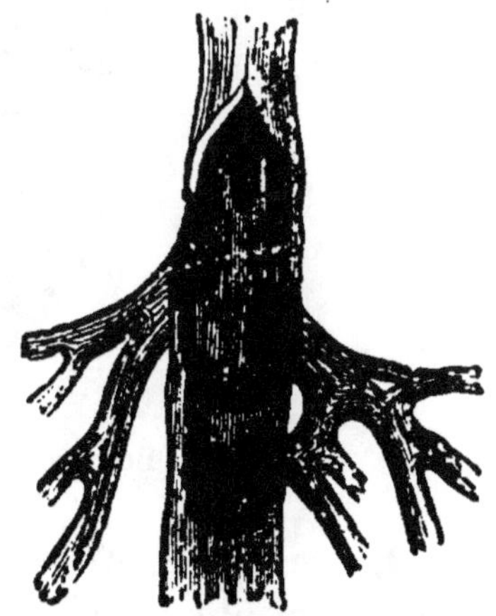

Fig. 7. — Portion de veine ouverte pour montrer les valvules.

le réseau. L'aorte se ramifle en gros troncs qui se divisent à l'infini pour porter le sang dans chaque organe. De minces vaisseaux appelés **capillaires** réunissent les artères aux dernières ramifications des veines; et le sang, après s'être disséminé, se rassemble et revient au cœur par deux vaisseaux seulement.

IV. — SÉCRÉTIONS

15. Sécrétion urinaire.—Les **sécrétions** ont pour but d'extraire de l'organisme des produits liquides ou solides destinés à être de nouveau utilisés par lui ou rejetés comme inutiles.

Le principal appareil chargé de débarrasser le corps des produits inutiles qui pourraient être dangereux pour l'organisme, c'est l'appareil urinaire dont l'organe principal est le **rein**.

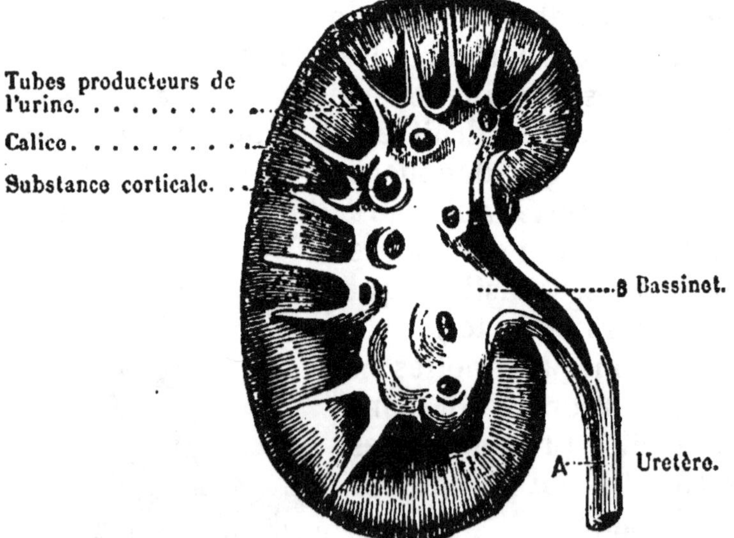

Fig. 8. — Rein coupé pour montrer l'organisation intérieure.

Le rein (fig. 8) est un organe double formé d'un tissu compact abondamment nourri de sang, dans lequel sont une multitude de tubes qui extraient du sang le liquide spécial appelé *urine ;* ces tubes déversent l'urine dans une cavité appelée le bassinet; et elle est conduite dans la vessie pour être rejetée au dehors.

L'urine contient un principe azoté, l'*urée*, qui représente la forme sous laquelle les matériaux azotés sont expulsés de l'organisme. C'est à la transformation de cette urée à l'air qu'est due l'odeur ammoniacale de l'urine en décomposition.

CHAPITRE III

FONCTIONS DE RELATION : SENSIBILITÉ ET MOUVEMENT

I. — ORGANES DU MOUVEMENT

16. La locomotion s'exerce par le déplacement, les unes par rapport aux autres, des diverses parties du squelette : elle met en œuvre deux sortes d'organes :

Les **os** qui sont des pièces inertes ne pouvant se déplacer par elles-mêmes : ce sont les organes passifs ;

Les **muscles** qui sont destinés à faire mouvoir les os et qui représentent les organes actifs.

17. Muscles. — Les muscles qui forment la chair sont des amas de filaments rouges placés à côté les uns des autres, réunis en groupe, et terminés le plus habituellement par une petite corde blanche, le **tendon**, que l'on désigne improprement dans le langage vulgaire sous le nom de nerf.

C'est par les tendons que les muscles sont fixés sur les os qu'ils doivent faire mouvoir.

Les filaments des muscles ont la propriété remarquable de se contracter, de se raccourcir sous l'impulsion de la volonté; alors leurs extrémités se rapprochent l'une de l'autre; et si l'une est attachée sur un os fixe et l'autre sur un os mobile autour du premier, la contraction du muscle a pour effet de faire mouvoir l'os mobile sur lequel il est fixé.

Les muscles sont nombreux et très différents dans leurs formes et dans leurs effets ; il y en a qui commandent de grands mouvements, d'autres de petits déplacements ; les uns étendent le bras ou les doigts, d'autres fléchissent les mêmes organes; il y en a qui courbent la tête, d'autres qui la font tourner. Chaque mouvement d'un organe est commandé par un muscle.

18. Os. — Les os sont des pièces solides de formes diverses toujours constituées par deux substances, l'une organique, cartilagineuse, qui en forme la trame, l'autre calcaire formée de phosphate et de carbonate de chaux qui donne à l'os sa résistance et sa solidité. Cette dernière partie représente environ les deux tiers du poids de l'os : c'est elle qui reste sous forme de cendres blanches quand on calcine les os en vase ouvert.

Les os sont joints entre eux par des ligaments ou des membranes qui constituent les **articulations** et qui permettent les mouvements. Celles des membres permettent des mouvements étendus et variés ; celles des os du thorax ne sont susceptibles que de mouvements restreints ; celles des os de la tête sont fixes et immobiles.

Les os ont été partagés d'après leur structure et leurs dimensions en **os longs,** à tête, creux à l'intérieur comme ceux des membres; en **os courts**, tels que ceux du poignet, des doigts, de la colonne vertébrale ; en **os plats**, tels que ceux du crâne.

La portion essentielle du squelette est la colonne vertébrale. Elle se compose de trente-deux **vertèbres** et chacune d'elles est formé d'un corps avec des ailettes qui portent le nom d'apophyses et servent d'attache aux muscles. Les vertèbres sont superposées par leur corps; leurs arceaux laissent le long de la colonne un canal pour abriter la moelle épinière. Il y a sept *vertèbres cervicales,* douze *vertèbres dorsales* portant chacune une paire de côtes, cinq *vertèbres lombaires,* cinq soudées en un seul os, le *sacrum*, servant d'attache au bassin et trois vertèbres *coccygiennes*.

Les os sont comme les leviers que les muscles font mouvoir (fig. 9). Le muscle représente la puissance; la

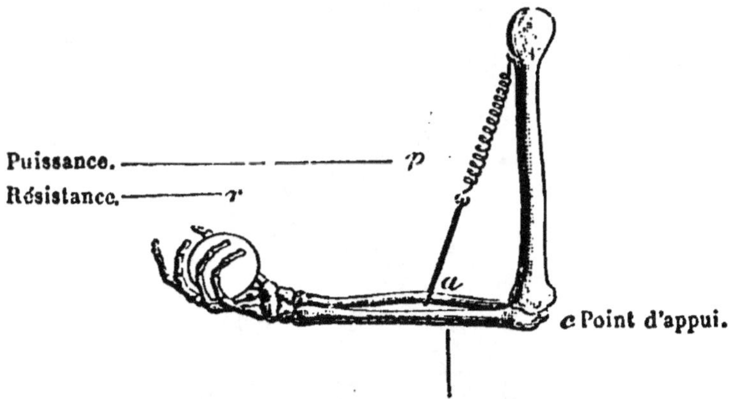

Fig. 9. — Exemple de l'action d'un muscle sur un os. (Levier du 3ᵉ genre.)

résistance est représentée par la difficulté du déplacement de l'os mobile; les bras de levier varient de longueur suivant les cas; en général, dans les membres le bras de levier de la puissance est très court; le mouvement de l'extrémité de l'os est alors grand par rapport à celui de l'extrémité du muscle.

Les muscles reçoivent les excitations des nerfs qui y apportent les ordres de la volonté.

II. — SYSTÈME NERVEUX

19. Système cérébro-spinal. — Le système nerveux qui gouverne la sensibilité et les mouvements volontaires comprend deux portions distinctes : une partie centrale, l'*encéphale* et des cordons ou filaments, les **nerfs**, qui vont de la partie centrale dans les diverses parties du corps.

L'encéphale comprend le **cerveau**, le **cervelet**, et la **moelle épinière**; elle est protégée par les os du crâne et par la colonne vertébrale; elle est enveloppée par trois membranes que l'on nomme les **mé-**

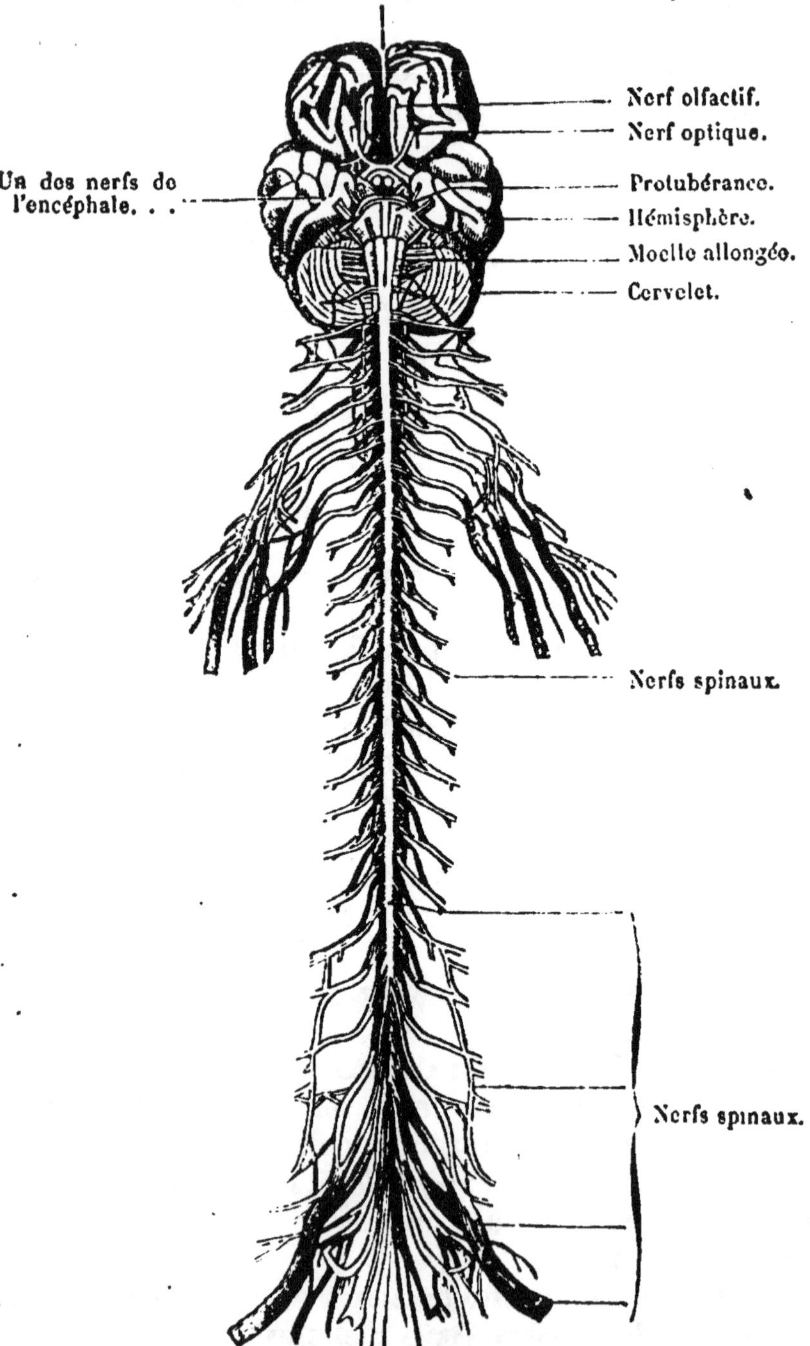

Fig. 10. — Système nerveux cérébro-spinal.

ninges et elle donne naissance aux nerfs sur toute sa longueur (fig. 10).

Le **cerveau** qui occupe tout le crâne apparaît comme formé de deux hémisphères séparés en dessus par une scissure, mais réunis en dessous et présentant à leur surface des anfractuosités (fig. 11). Vu en dessous

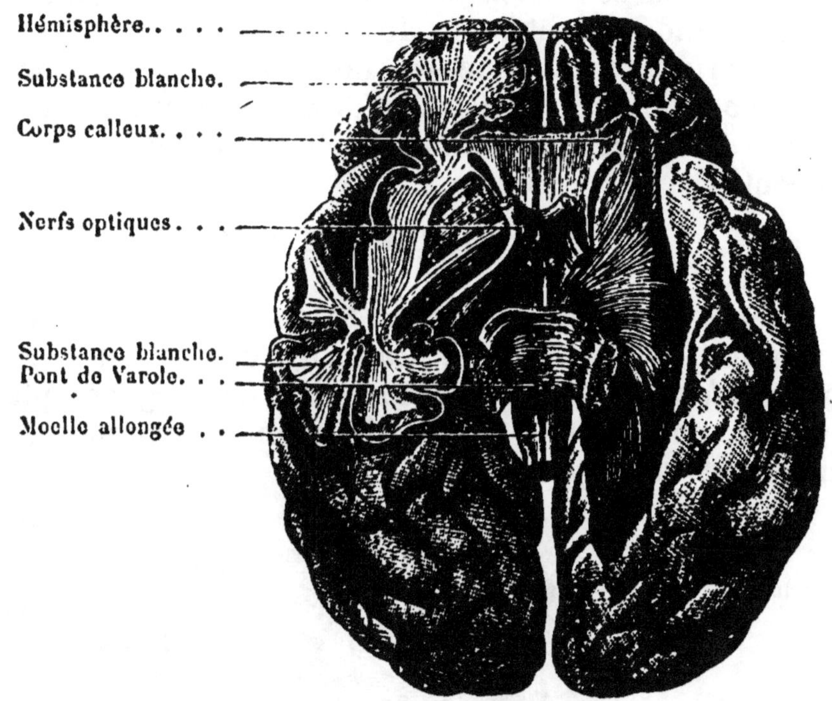

Fig. 11. — Cerveau humain (vu en dessous).

il présente les **lobes olfactifs** d'où partent les nerfs de l'odorat, puis les **nerfs optiques** qui vont aux yeux, puis la **moelle allongée** qui est la partie supérieure de la moelle épinière et enfin le cervelet. Coupé, le cerveau laisse voir deux substances, une *blanche* qui occupe le centre, une *grise* à la périphérie. Il sort de la partie de l'encéphale contenue dans la boîte crânienne douze pairs de nerfs qui vont aux principaux organes de la face.

La disposition des deux matières blanche et grise est la même dans le cervelet; mais elle est inverse dans la moelle épinière où la substance blanche est extérieure.

A la hauteur de chaque vertèbre, la moelle épinière

produit deux nerfs symétriques, l'un à droite, l'autre à gauche; et chacun d'eux naît par deux groupes de racines, les unes en communication avec la substance blanche, les autres avec la substance grise.

Ces nerfs sont à la fois sensitifs et moteurs, c'est-à-dire qu'ils portent au cerveau les impressions reçues par l'organe où ils se rendent et ils portent dans l'organe les ordres de mouvement venus du cerveau.

Les nerfs ne sont donc que des conducteurs; l'encéphale possède seule la direction de tout l'organisme; tout les ordres en partent et toutes les informations viennent y aboutir.

III. — ORGANES DES SENS

20. Sens. — L'homme possède cinq sens. L'un d'eux, le *toucher*, s'exerce par la peau; les quatre autres : le *goût*, l'*odorat*, l'*ouïe* et la *vue*, ont des organes plus localisés, une fonction plus limitée, on les nomme quelquefois des sens spéciaux.

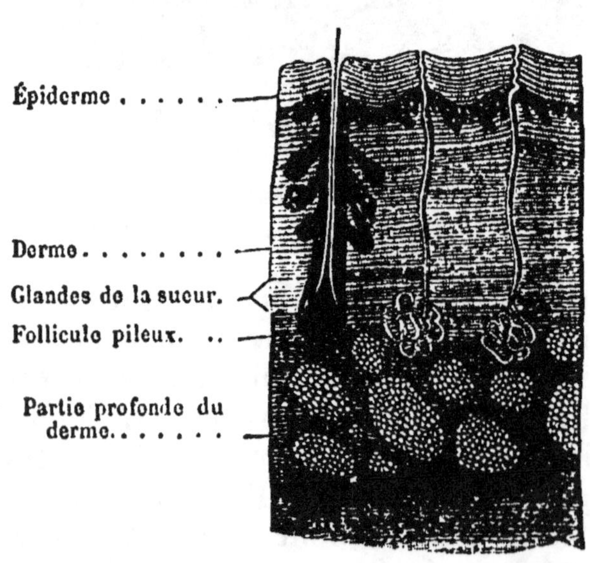

Fig. 12. — Peau.

21. Le toucher et la peau. — Le toucher nous fait apprécier la forme des corps, leurs dimensions, leur dureté, tous leurs caractères physiques. Il s'exerce par la peau dont les diverses régions sont inégalement sensibles, et plus particulièrement par la main qui peut, grâce à sa disposition, se mouler sur les objets et en suivre tous les contours.

La **peau** comprend deux couches, l'une un peu sèche, l'**épiderme** ; l'autre plus épaisse, le **derme** (fig. 12). L'épiderme est une couche protectrice dont la portion extérieure se renouvelle. Le frottement peut lui faire gagner de l'épaisseur.

Le derme présente à sa surface un grand nombre de petites saillies, les **papilles**, qui sont unies à l'épiderme. Il contient les vaisseaux, les glandes de la sueur, les capsules d'où naissent les poils, des masses graisseuses et un grand nombre de nerfs qui le rendent très sensible même au choc de l'air.

22. Le goût qui nous fait percevoir la saveur des corps a son siège dans la cavité buccale et en particulier sur la face supérieure de la **langue**. La langue est très riche en papilles dans lesquelles viennent des fibrilles nerveuses ; elle est toujours imbibée de salive.

23. L'odorat a son siège dans les *fosses nasales* sur le trajet que l'air suit pour se rendre à l'appareil respiratoire. Les fosses nasales sont tapissées par une membrane à replis dans laquelle viennent s'épanouir les ramifications des nerfs olfactifs. Quand l'air chargé d'un gaz ou d'une vapeur odorante vient frapper cette membrane, les filets du nerf olfactif transportent au cerveau les impressions qu'ils ont reçues.

24. L'ouïe et l'oreille. — L'oreille est l'appareil chargé de recueillir et d'apprécier les sons ; elle est contenue dans une cavité existant de chaque côté de la tête et qui ouvre à l'extérieur. Elle comprend trois parties (fig. 13).

L'oreille externe formée du *pavillon* à replis cartilagineux et du *conduit auditif*.

L'oreille moyenne qui est séparée de la précédente par une membrane tendue, le *tympan*, et qui constitue une chambre où arrive l'air par un canal, la *trompe d'Eustache*, communiquant à la bouche. Au fond de la cavité, deux fenêtres membraneuses, la *ronde* et l'*ovale*, séparent l'oreille moyenne de l'oreille interne; une chaîne de quatre *osselets* articulés entre eux est tendue du tympan à la fenêtre ovale.

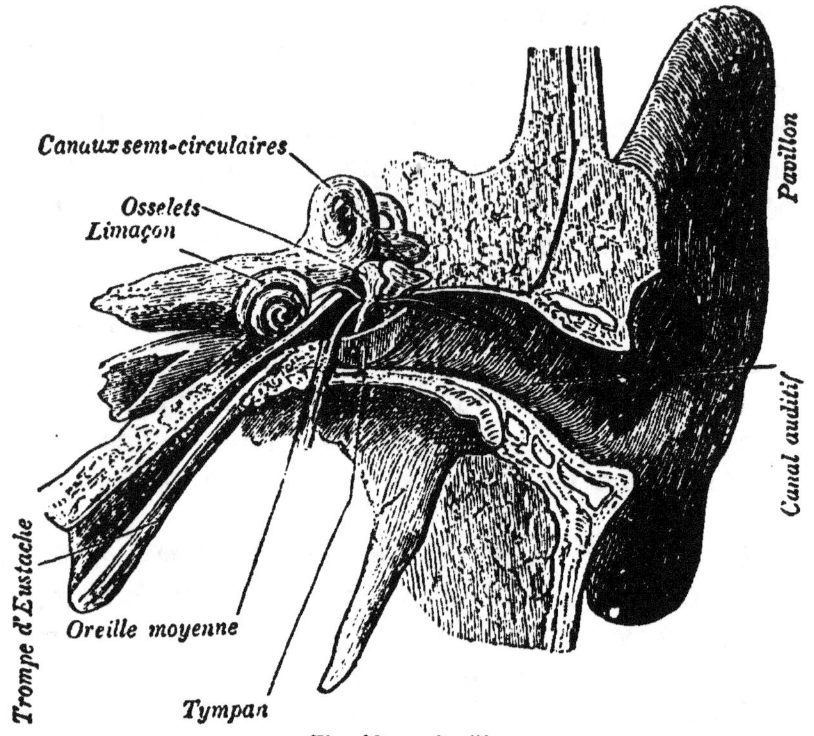

Fig. 13. — Oreille.

L'oreille interne comprend le *vestibule*, le *colimaçon* et les *canaux semi-circulaires;* elle est remplie d'un liquide et reçoit les nombreuses fibrilles du nerf acoustique.

Les vibrations qui forment les sons, recueillies par le pavillon, arrivent par le conduit auditif au tympan; elles sont transmises à l'oreille interne par les osselets et par l'air de la chambre, et elles agissent sur le nerf acoustique qui en transmet l'impression au cerveau.

23. L'œil et la vue. — L'œil, l'organe de la vision, se compose d'un globe contenu dans une cavité appelée **l'orbite** où il est protégé par des coussins graisseux et en avant par les replis cutanés qu'on appelle les **paupières** et qui sont garnis de cils. Six muscles, quatre droits et deux courbes participent à ses mouvements. La *glande lacrymale* produit un liquide qui humecte constamment sa surface libre.

Le **globe** (fig. 14), la partie essentielle, est formé extérieurement par la **sclérotique** qui à l'avant est transparente et porte le nom de **cornée.**

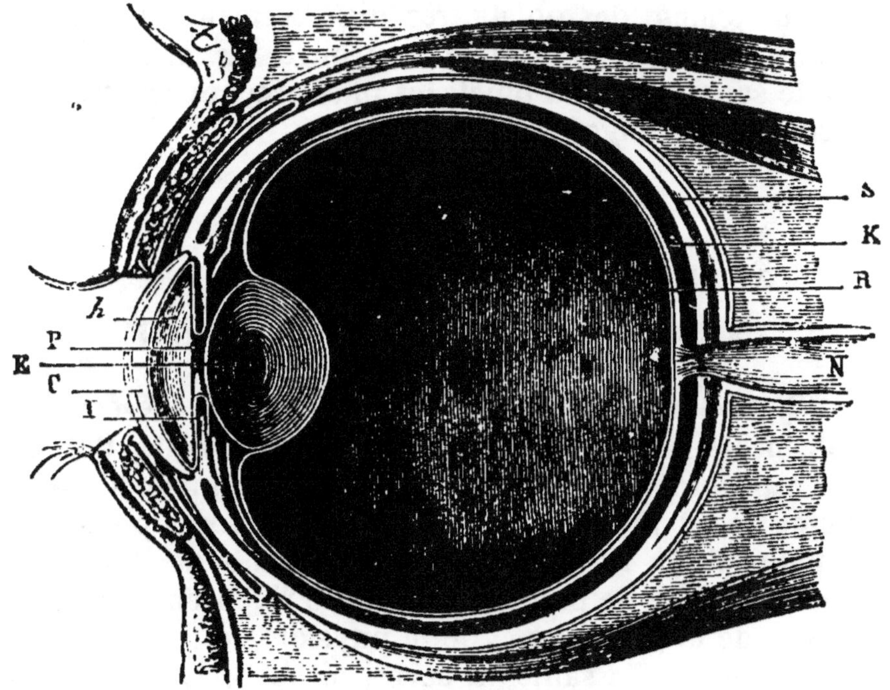

Fig. 14. — L'œil (coupe du globe).

S. Sclérotique. — K. Choroïde. — R. Rétine. — N. Nerf optique.
C. Cornée transparente. — I. Iris. — P. Pupille. — E. Cristallin.
h. Chambre antérieure.

A l'avant, sous la cornée, est une membrane de couleur variable, l'**iris**, percée en son milieu d'une ouverture, la **pupille.** Derrière la pupille est le **cristallin,** lentille transparente et gélatineuse, enchâssée dans un anneau musculaire et qui partage l'œil en deux chambres. Dans la chambre postérieure, sous la sclérotique est la **choroïde,** membrane épaisse et opaque qui fait de l'œil une chambre noire, puis à l'intérieur la **rétine,** membrane sensible aux rayons lumineux qui est comme l'épanouissement du nerf optique.

L'œil fonctionne comme une chambre noire dont la pupille est l'ouverture, le cristallin, la lentille et la rétine le fond sensible. Les objets placés devant l'œil font leur image renversée sur le fond, et la rétine transmet au cerveau l'impression reçue.

L'œil d'ailleurs s'accommode à la distance; il peut voir nettement des objets très différemment éloignés, à moins que la trop grande courbure du cristallin ne limite son action aux objets les plus proches comme cela arrive dans la myopie.

CHAPITRE IV

QUELQUES NOTIONS D'HYGIÈNE

26. Rôle de l'hygiène. — L'hygiène est l'art de conserver et même de perfectionner la santé. Ce n'est pas à proprement parler une science distincte par elle-même; c'est plutôt l'application des sciences physiques et naturelles à la conservation de la santé de l'homme; c'est une suite de préceptes appuyés rigoureusement sur les lois de la physique et de la physiologie.

En assurant la santé du corps, on favorise la santé de l'esprit; la vie est une malgré son apparente dualité, et l'équilibre des facultés intellectuelles et morales ne va pas sans l'équilibre physique. L'hygiène vise donc le développement complet de l'individu. Elle a surtout un grand intérêt pour l'enfance et pour la jeunesse, car, suivant le mot de Rousseau, avant de développer l'intelligence, il convient de développer les forces qu'elle est appelée à gouverner.

27. Hygiène privée. Alimentation. — L'alimentation a un double problème à résoudre; elle doit réparer nos tissus, refaire sans cesse nos muscles, nos os, notre sang en un mot; elle doit, en outre, produire la chaleur et les mouvements. Ces deux rôles ont fait partager les aliments en deux groupes :

1° Les **aliments azotés**, la viande, le lait, les œufs, qui sont susceptibles, une fois digérés, de se changer en tissus vivants;

2° Les **aliments de combustion**, féculents, sucres et graisses, destinés à être brûlés pour fournir la chaleur et, par elle, le mouvement.

Il faut des uns et des autres dans une bonne alimentation, des aliments azotés pour réparer et accroître le corps, des aliments hydrocarbonés pour subvenir à la combustion respiratoire. Le régime ne doit donc être ni exclusivement animal ni exclusivement végétal.

Le lait et l'œuf, qui sont les premiers aliments de tout le règne animal, sont des aliments complets où le jaune dans l'un, le beurre dans l'autre, représentent le corps gras, et le blanc ainsi que la caséine l'élément azoté.

L'eau est la base des boissons; le vin est très salutaire, l'alcool à très faible dose aussi; mais l'alcool pris en excès engendre des désordres organiques très graves qui peuvent conduire à la folie et à la mort.

28. Respiration. — L'air est l'aliment respiratoire qui doit apporter au sang l'oxygène; il en passe journellement dans les poumons d'un adulte environ 10,000 litres.

Il peut être vicié par bien des causes, par des gaz qui tiennent la place de l'oxygène et qui n'ont aucun de ses effets sur le sang. C'est ainsi que l'air exhalé par la respiration est un air vicié, qui n'est plus salubre.

Dans les champs, l'air se renouvelle constamment et l'on respire toujours un air pur. Dans les habitations, dans les appartements où l'on doit séjourner et où l'on ne peut donner un cubage assez grand pour que l'air expiré ne devienne pas une gêne, il faut opérer le renouvellement de l'air par la ventilation bien comprise et souvent appliquée.

20. L'exercice. — Le travail musculaire a une action directe sur la composition du sang et sur la production de chaleur; il accélère la circulation et la respiration; il favorise la plupart des fonctions pour le bien de la santé.

La nécessité de l'exercice s'impose à tout âge et à tous, mais avec plus de force quand il s'agit de la jeunesse; aussi les jeux, la marche, la danse, la natation, tous les exercices du corps ont-ils été recommandés de tout temps. On y ajoute les exercices de la gymnastique, réglés et calculés dans leur forme et dans leur durée; ils ont pour objet de fortifier et d'améliorer, non tel ou tel muscle à l'exclusion des autres, mais bien toutes les régions musculaires, et d'assurer un développement harmonieux du corps.

30. Hygiène de l'école. — La première question à résoudre en ce qui regarde l'école, c'est celle de *l'emplacement*, le choix d'un terrain sablonneux ou calcaire, perméable aux eaux de pluie, les meilleures conditions d'orientation d'air et de lumière, un espace en rapport avec la population scolaire.

S'il convient que toutes les dépendances, préau, jardin, cour, soient commodément aménagés, c'est la classe qui doit avant tout préoccuper l'hygiéniste; l'enfant y séjourne cinq ou six heures par jour, il faut qu'il y trouve les conditions les plus propres à assurer le fonctionnement normal de ses organes, un espace suffisant, un air pur, une température convenable, une lumière qui l'éclaire sans le fatiguer; un mobilier commode, à sa taille, qui évite les attitudes vicieuses et favorise l'attitude normale.

CHAPITRE V

GRANDS TRAITS DE LA CLASSIFICATION

31. Base de la classification. — Les êtres qui composent le règne animal sont si nombreux qu'il a fallu, pour en rendre l'étude possible, les réunir en groupes, les classer à l'aide des ressemblances qu'ils présentent. Si l'on s'était contenté de n'étudier ces ressemblances que sur un ou deux organes, comme, par exemple, les membres, et de grouper ensemble les animaux sans membres, les animaux à deux membres, à quatre, à six et à huit membres, on aurait fait une *classification artificielle*, parce qu'on aurait réuni des animaux que la nature n'a pas faits semblables, bien qu'ils aient un ou deux organes analogues.

On a dû chercher les ressemblances par le plus grand nombre de caractères, par l'organisation générale et non plus par un seul organe; on a cherché à construire des groupes naturels d'êtres organisés dans toutes leurs parties d'une manière analogue et dont un puisse être choisi comme type des autres ; on a appliqué la *méthode naturelle*.

L'espèce, composée d'individus tous semblables et ressemblant aussi à ceux qui leur ont donné naissance, se présentait comme la première base de la classification. Mais les espèces diverses sont si nombreuses qu'il a fallu les grouper en **genres,** les genres en **familles,** les familles en **tribus,** les tribus en **ordres,** les ordres en **classes** et enfin les classes en **embranchements.**

A priori, on peut procéder plus simplement et faire deux grands groupes d'animaux, ceux qui ont des os, un squelette intérieur, une colonne vertébrale, et que l'on appellera les **vertébrés;** et ceux qui n'ont pas d'os, pas de pièces solides à l'intérieur du corps, pas de vertèbres, que l'on pourra appeler les **invertébrés.** Mais il vaut mieux adopter les grands groupes naturels proposés par Cuvier et dans lesquels les invertébrés se trouvent groupés d'après leurs caractères généraux tirés de la forme du corps, de la disposition des centres nerveux et de la nature des parties solides qui servent à la locomotion.

32. Embranchements.. — Cuvier a divisé le règne animal en quatre embranchements :

1° Les **vertébrés**, qui ont un squelette intérieur : le chien et le mouton, un oiseau, un lézard, une grenouille, un poisson ;

2° Les **annelés** ou **articulés**, qui ont le corps en anneaux successifs à surface durcie : un hanneton, une écrevisse, un scorpion ;

3° Les **mollusques**, qui ont le corps mou, sans squelette intérieur ni extérieur, souvent une coquille calcaire : l'huître, la moule, l'escargot ;

4° Les **zoophytes**, dont le nom veut dire animal-plante ; quelques-uns ressemblent, en effet, aux plantes, comme l'anémone de mer et les polypes.

33. Les vertébrés. — Outre le squelette intérieur qui est leur principal caractère, les vertébrés ont tous le sang rouge, le système nerveux avec une partie centrale analogue à l'encéphale de l'homme et des nerfs, les principaux organes de nutrition semblables à ceux que nous avons décrits dans le corps de l'homme.

Ils sont très différents de forme et de taille ; mais ils se groupent en cinq classes bien distinctes :

Les **mammifères**, qui mettent au monde leurs petits vivants et qui les nourrissent du lait de leurs mamelles ;

Les **oiseaux**, organisés pour le vol, avec le corps couvert de plumes ;

Les **reptiles**, à corps écailleux et à membres courts ,

Les **poissons**, qui respirent l'air dissous dans l'eau et dont les membres sont des palettes appelées nageoires ;

Les **amphibiens**, qui ressemblent aux poissons par la forme du corps et le mode de respiration dans les premiers temps de leur vie, et qui prennent ensuite des membres et une respiration aérienne.

Chacune de ces classes se subdivise à son tour en ordres, tribus, familles, genres et espèces dont nous ne citerons ici que les types les plus importants, en réservant pour les deux chapitres suivants les espèces nuisibles et les espèces utiles.

I. — LES MAMMIFÈRES

34. Aux caractères déjà indiqués, ajoutons que les mammifères ont le sang chaud, le cœur à quatre cavités, la circulation complète; que leur corps toujours pourvu de membres en possède souvent deux paires, que la peau est habituellement couverte de poils.

Au point de vue des fonctions organiques, tous les mammifères se ressemblent; mais il y a entre eux bien des différences dans la forme des membres, des dents, de l'estomac, suivant leur genre de vie.

On les groupe en treize ordres distincts, y compris celui des bimanes dont l'homme est le représentant. Sans suivre pas à pas cette division scientifique, on peut les grouper, d'après leur genre de vie, en *carnivores* et en *herbivores*.

35. Carnivores. — Les *carnivores*, qui se nourrissent de chair, ont des incisives tranchantes, des canines longues et pointues et des molaires tranchantes aussi. Leurs pattes sont armées d'ongles recourbés en griffes.

On y place en première ligne les **carnassiers**, la famille des *chats*, qui comprend les grands carnassiers des contrées chaudes, lion, panthère, tigre; et la famille des *chiens*, à laquelle on rapporte toutes les espèces de chiens, le loup, le renard et le chacal; aussi la famille des *ours*, et enfin la famille des petits carnivores qui s'attaquent aux petits mammifères et aux oiseaux, comme le putois, la fouine, la belette, l'hermine.

Un second groupe comprend ceux qui se nourrissent plus particulièrement d'insectes et qu'on nomme **insectivores :** c'est la taupe, le hérisson, la musaraigne, la chauve-souris.

Un troisième groupe comprend les carnivores qui se

nourrissent de viande, de poissons et qui vivent dans l'eau : ce sont, d'une part, les **amphibies** qui viennent souvent se reposer à terre, comme les *phoques;* d'autre part, les **cétacés** qui vivent toujours dans l'eau, comme la *baleine* et le *marsouin.*

36. Herbivores. — Les *herbivores* se nourrissent d'herbes, de graines ou de fruits. Parmi eux, les **ruminants,** comme le mouton, le bœuf, la chèvre, le chameau et la girafe, sont les plus intéressants. Ils manquent de canines, mais ils ont de larges molaires en meules pour broyer l'herbe ; ils ont un estomac à quatre poches, la panse et le bonnet où l'herbe avalée s'accumule d'abord ; le feuillet et la caillette où l'herbe, revenue dans la bouche et broyée à nouveau, se rend pour passer ensuite dans l'intestin. Tous les ruminants, à part le chameau, ont à chaque pied deux doigts terminés par des sabots.

Les **pachydermes,** dont la peau est épaisse, ont le pied terminé par un seul sabot ; ils sont herbivores, mais ne ruminent pas : c'est le *cheval* et l'*âne;* c'est l'*éléphant,* le *rhinocéros,* l'*hippopotame;* c'est le *cochon* et le *sanglier.*

Les **rongeurs** se nourrissent aussi de substances végétales, graines, fruits et jeunes pousses d'arbres ; ils ont les incisives très développées et tout en avant de la bouche ; ce sont les *lapins* et les *lièvres,* l'*écureuil,* le *castor* et les *rats.*

Les **singes,** appelés encore *quadrumanes* à cause de la disposition de leurs membres, se nourrissent aussi de fruits et de graines.

Enfin les **marsupiaux,** ainsi nommés à cause d'une poche placée sous le ventre et dans laquelle se blottissent les petits dans les premiers temps de leur vie, comme la *sarigue* et le *kangourou,* terminent la classe des mammifères.

II. — LES OISEAUX

37. Les oiseaux sont des vertébrés aériens, dont le corps est couvert de plumes, les membres antérieurs convertis en ailes et les membres postérieurs terminés

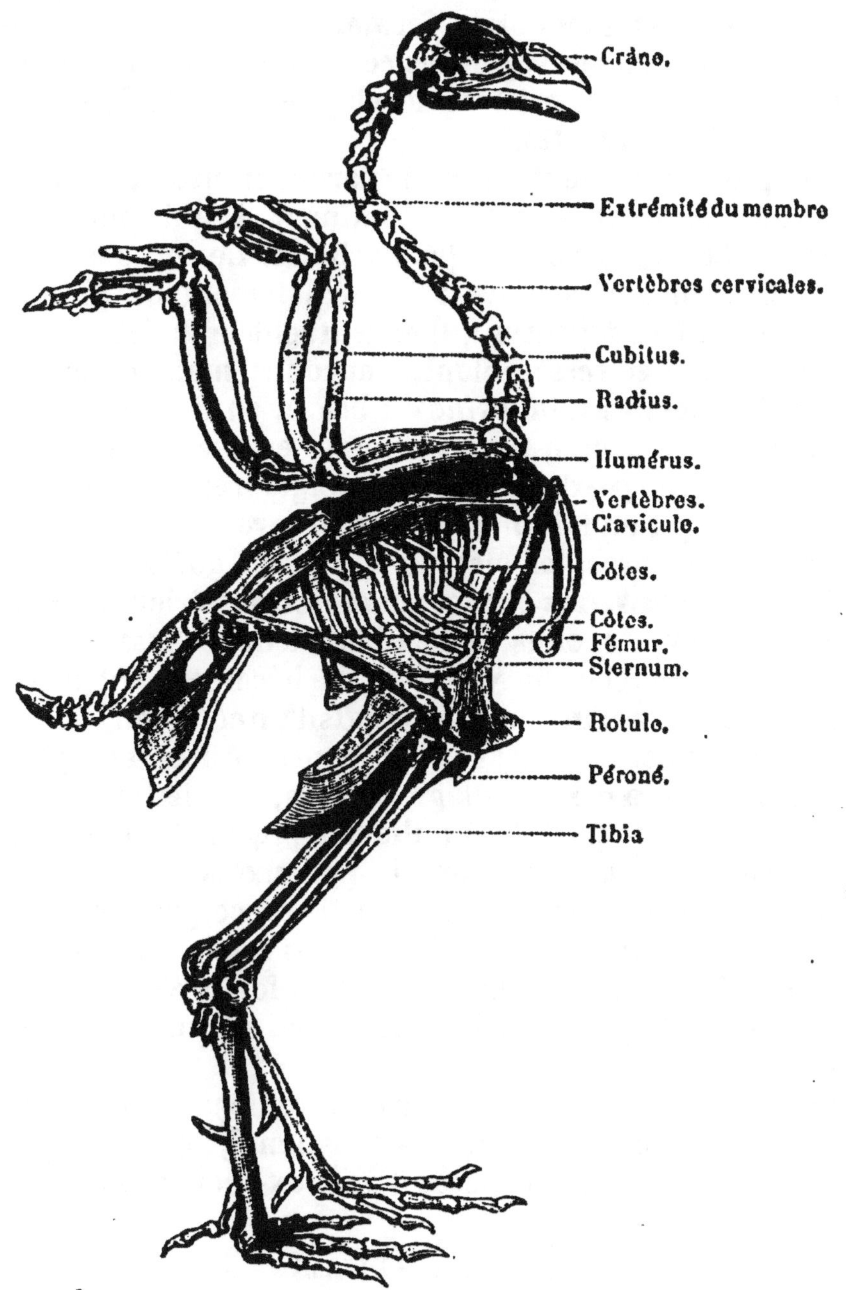

Fig 15. — Squelette d'un oiseau.

par des doigts couverts d'une peau écailleuse et au nombre de quatre.

Le squelette (fig. 15) présente les mêmes divisions que celui des mammifères ; seulement, à la tête, au lieu de dents, les deux mâchoires forment un étui corné qui constitue le *bec ;* les vertèbres cervicales sont très nombreuses; le sternum est très développé et la clavicule est en forme de fourchette.

Les plumes présentent une partie creuse et cornée, puis une tige solide qui la continue et qui porte de chaque côté les barbes et les barbules. Le corps de l'oiseau est souvent recouvert immédiatement de plumes très fines et très soyeuses qui constituent le duvet.

Les oiseaux se ressemblent beaucoup; mais, en considérant les membres, la forme du bec, et en tenant compte du genre de vie, on a pu les grouper en six ordres :

Les **palmipèdes** ont les doigts réunis par une membrane qui en fait une palette propre à la natation; ce sont les canards, les oies, le cygne, les goélands.

Les **échassiers** ont les membres postérieurs allongés, les tarses très longs, ressemblant à des échasses; c'est le héron, le pluvier, le vanneau, la bécasse, l'autruche.

Les **grimpeurs** ont deux doigts d'un côté, deux doigts de l'autre, le bec crochu ; ce sont les perroquets et les pics.

Les **gallinacés** sont granivores, ont le bec court, la vol difficile (à part la famille des pigeons) : la poule, la pintade, le faisan, le paon, la perdrix et la caille, les pigeons et les tourterelles font partie de ce groupe.

Les **oiseaux de proie** ont les serres puissantes, à ongles forts et crochus, le bec très fort : c'est l'aigle, le vautour, l'épervier, et les nocturnes, comme le hibou, le chat-huant.

Le groupe des **passereaux** renferme un grand nombre d'espèces de nos forêts : rossignol, fauvette, pic, moineau et les petites espèces d'oiseaux-mouches.

III. — REPTILES

38. Les reptiles ont le sang froid; ils prennent la température du milieu où ils vivent. Leur circulation est incomplète, le cœur n'a que trois cavités. Les membres sont courts ou absents; la peau est couverte d'écailles dures qui font corps avec elle.

On en fait trois groupes très distincts :

Les **tortues,** dont les côtes sont soudées avec la colonne vertébrale et le sternum en une boîte très solide dans laquelle l'animal se retire et dont il ne sort que la tête et les pattes pour se mouvoir et chercher sa nourriture.

Les **sauriens** ou **lézards,** munis de quatre membres courts, le corps allongé, protégé par une peau écailleuse.

Les **serpents** qui n'ont pas de membres, et qui rampent et sautent.

IV. — LES AMPHIBIENS

39. Les *amphibiens,* dont le nom veut dire double vie,

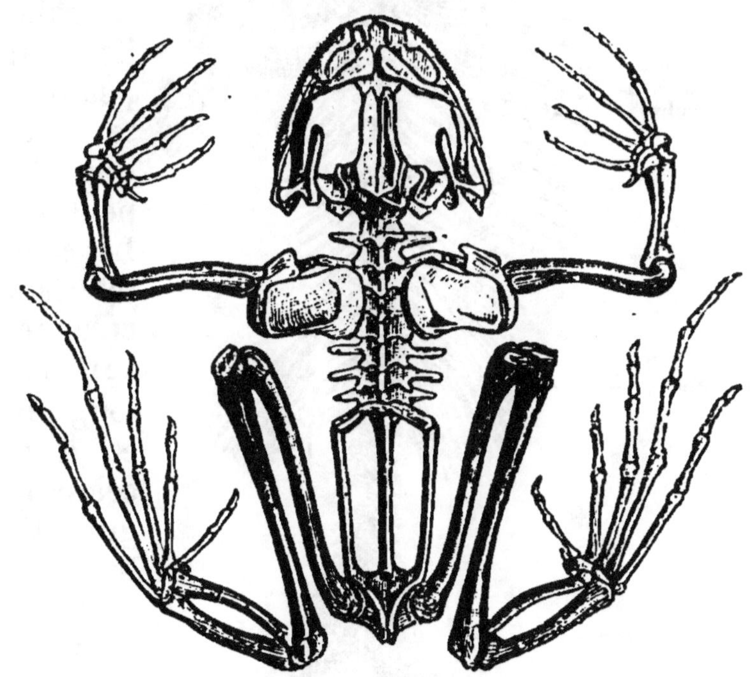

Fig. 16. — Squelette de grenouille.

sont aquatiques dans le premier âge et ressemblent à des

poissons; leur grosse tête leur a fait donner le nom de *têtards*.

Ils subissent alors des métamorphoses, prennent des membres (fig. 16) et des poumons; ils vivent alors dans l'air. Leur peau reste molle, sans poils, ni plumes, ni écailles. Tels sont la *grenouille*, le crapaud, les rainettes et les tritons ou salamandres.

V. — POISSONS

40. Les poissons ont le corps tout d'une venue, terminé à la partie postérieure par une palette qui leur sert de gouvernail pendant la natation; ils ont la peau couverte d'écailles que l'on en peut enlever. Le squelette intérieur a la colonne vertébrale le long du corps et des arceaux qui figurent les côtes (fig. 17). Les membres sont aplatis et appelés nageoires; il y en

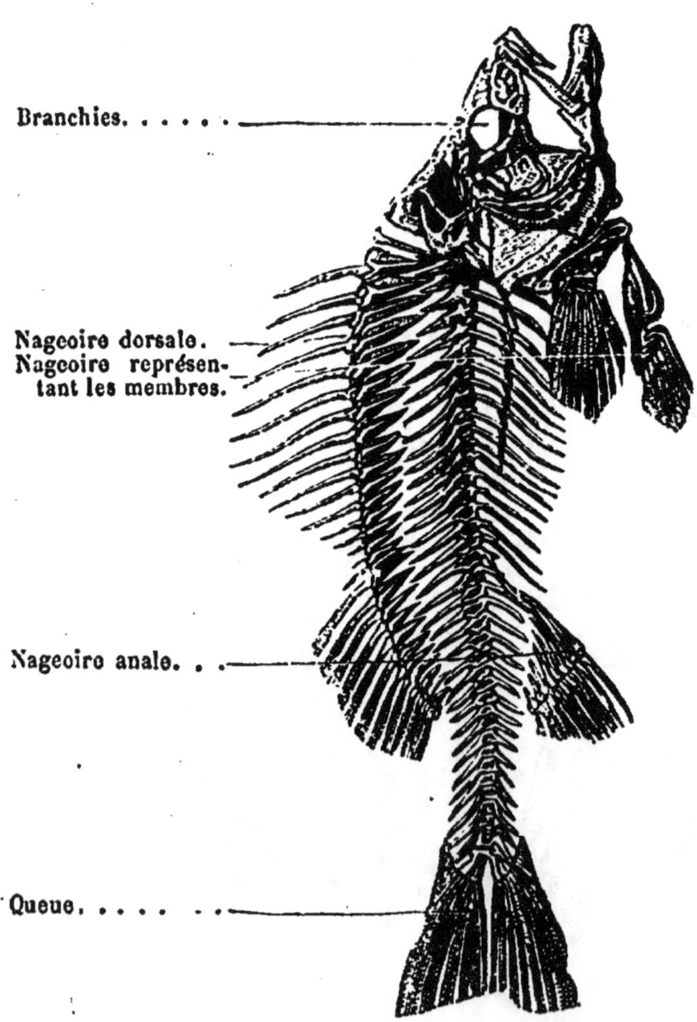

Fig. 17. — Squelette de poisson (carpe).

a habituellement deux paires ; aussi les appelle-t-on les nageoires paires, par opposition aux autres palettes impaires dont celle du dos porte parfois des rayons piquants.

Le poisson respire par des branchies, sortes de lamelles ou de peignes sans cesse imbibées d'eau et où le sang vient se répandre sur une grande surface pour prendre l'oxygène de l'air dissous dans l'eau et redevenir sang artériel.

Les poissons ayant un squelette dur, sont dits *poissons osseux ;* presque tous ceux qui vivent dans les eaux douces et beaucoup de ceux de la mer appartiennent à ce groupe. D'autres ont un squelette moins pur, des arêtes moins résistantes, on les nomme *poissons cartilagineux ;* la raie, le requin, l'esturgeon, sont les principaux.

INVERTÉBRÉS. — I. ARTICULÉS

41. L'embranchement des annelés, c'est-à-dire des animaux dont le corps, sans aucune pièce solide intérieure, est formée d'anneaux plus ou moins durcis extérieurement, a été partagé en plusieurs groupes dont une libellule (fig. 18), un mille-pattes, une araignée ou un scorpion (fig. 33), une écrevisse (fig. 19) et un ver de terre représentent les types.

Fig. 18. — Articulé. — Insecte. (Libellule.)

Les **insectes** ont le corps divisé en trois parties : la *tête*, qui porte les antennes, les yeux à facettes, la bouche et tous les organes de la manducation, mandibules solides comme chez les insectes carnassiers ou trompe comme chez les papillons ; le *thorax* ou corselet,

formé de trois anneaux avec chacun une paire de pattes,
et sur les deux derniers une ou deux paires d'ailes; l'*abdomen* formé d'anneaux et parfois terminé par un aiguil-
lon.

Les insectes subissent des métamorphoses; ils naissent
d'un œuf, à l'état de *ver* ou de *larve* qui grossit; cette larve
ou cette chenille s'endort et se change en *chrysalide*, d'où
sortira enfin l'*insecte parfait*, à grandes ailes, comme le
papillon ou à ailes dures et cornées comme le hanneton.

Très nombreux sont les insectes; on en compte plus
de cent mille espèces.

Les **arachnides** ont huit pattes; la tête et le
thorax ou corselet sont réunis en une seule masse, et
l'abdomen, qui vient ensuite, est très développé.

Les araignées filent des toiles pour y attraper les mouches, dont elles se nourrissent et qu'elles tuent à l'aide
de deux crochets venimeux dont leur bouche est garnie.

Les **crustacés** ont au moins cinq paires de pattes,
une paire de *pinces* (fig. 19), deux antennes, les yeux

Fig. 19. — Écrevisse. (*Classe des Crustacés.*)

portés sur des pédoncules, une carapace dure et des
anneaux très apparents à l'abdomen. Ils vivent dans l'eau
à l'exception du cloporte, et ils respirent par des branchies : les crabes, le homard, la langouste, l'écrevisse,
sont les principaux.

Les **vers** n'ont pas de membres et le corps est tout d'une venue; mais la forme en anneax est bien visible; les *lombrics* ou vers de terre sont les plus communs et les *sangsues* les plus utiles.

II. — MOLLUSQUES

42. Les mollusques ont le corps mou, nu comme la seiche (fig. 20) ou la limace, ou bien protégé par une

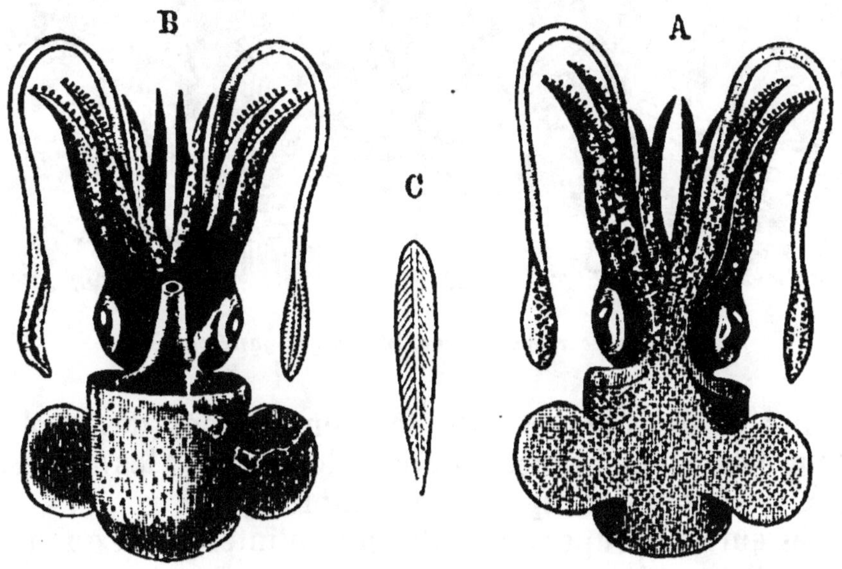

Fig. 20. — Sépiole. (*Classe des Céphalopodes.*) A, vue en dessus ; B, vue en dessous ; C, osselet dorsal.

coquille, que l'animal sécrète, comme le colimaçon (fig. 21) ou comme l'huître et la moule (fig. 44). Presque tous sont aquatiques et respirent par des branchies.

Les uns ont le corps entouré de tentacules à ventouses, on les nomme **céphalopodes**; ce sont les plus grandes espèces comme le *poulpe* ou *pieuvre*, le *calmar*, la *seiche.*

D'autres rampent à l'aide d'une sorte de plan musculaire qu'ils ont à la face inférieure du corps; on les nomme **gastéropodes** : la *limace*, le *colimaçon*, les *porcelaines*, sont dans ce groupe.

D'autres ont été appelés **acéphales**, parce que leur

tête n'est pas distincte du corps ; ils ont une coquille bivalve, qu'ils ouvrent et ferment par un mouvement mus

Fig. 21. — Escargot des vignes (*Mollusque gastéropode*).

culaire et dans laquelle ils sont enveloppés des replis d'une masse membraneuse appelée le *manteau* : les *huîtres*, les *moules* sont des espèces comestibles.

Les autres groupes de mollusques n'intéressent que les naturalistes.

III. — ZOOPHYTES

43. Les zoophytes ont aussi été appelés *rayonnés*, parce que leur corps est symétrique autour d'un point central. Leur organisation est très simple et réduite à la digestion et à la reproduction, avec des vestiges de filets nerveux et quelques vaisseaux pour tout appareil circulatoire. Ils vivent dans l'eau et trouvent à y absorber tout ce qui est nécessaire à leur développement.

Les uns ont un têt dur ou calcaire comme les *oursins* et l'*étoile de mer* (fig. 22).

D'autres sont formés d'une masse molle et vivent isolés ou réunis ; tels sont les *actinies* (fig. 23) et les *polypes* divers. Ces derniers édifient des concrétions calcaires de

Fig. 22. — *Zoophyte*. Astérie ou étoile de mer.

formes diverses dont le *corail* est l'un des exemples : c'est
une arborescence dure
(fig. 24) produite peu à
peu par une colonie
nombreuse de petits
êtres dont chacun est
d'une organisation très
simple.

Les derniers degrés
de l'échelle animale
sont représentés par les
infusoires et les
protozoaires ; ce
ne sont que des cellu-

Fig. 23. — *Zoophyte*. Actinie ou anémone de mer.

les qui se nourrissent, se segmentent et se développent

Fig. 24. — Corail rouge : le polypier couvert de ses animaux (chaque animal
a environ 0ᵐ,001 de long).

au sein des liquides qui conviennent à leur accroissement.

CHAPITRE VI

PRINCIPAUX ANIMAUX NUISIBLES

44. Si l'on désigne comme animaux nuisibles ceux qui
attaquent l'homme directement ou indirectement, qui
détruisent les animaux qu'il élève et dont il se sert, les
plantes qu'il cultive, les récoltes qu'il attend, le nombre
en est grand ; pour les citer tous il faudrait reprendre une

à une les différentes classes et les différents ordres d'animaux; il n'y a presque pas de classes qui n'en contiennent.

Nous nous bornerons aux exemples les plus saillants.

Dans la classe des mammifères, il y en a relativement un petit nombre; on y peut citer les grands carnassiers, le lion, le tigre, le jaguar, la panthère, les ours; le loup et le renard; et parmi les petits carnassiers, le putois, la fouine et la belette, qui s'attaquent à nos petits animaux domestiques.

Parmi les rongeurs, les rats, les mulots qui s'attaquent aux fruits secs, aux meules de blé, aux semis de bois, les souris, qui rongent nos provisions.

Dans la classe des oiseaux, tous les oiseaux de proie diurnes peuvent être considérés comme nuisibles, parce qu'ils détruisent les petits oiseaux que nous avons intérêt à protéger; les nocturnes sont au contraire nos auxiliaires. A part quelques passereaux, dont les déprédations sur les fruits et les grains compensent les services qu'ils peuvent nous rendre, en s'attaquant aux chenilles et aux larves d'insectes nuisibles, tous les autres oiseaux nous servent ou peuvent nous servir.

Dans la classe des reptiles, les grands sauriens, le crocodile et le caïman sont dangereux, et la plupart des serpents sont la plaie des contrées où ils se trouvent.

45. Serpents venimeux. — La *vipère* est le seul serpent venimeux de nos contrées; mais certaines parties de l'Asie et de l'Amérique renferment des *najas* et des *crotales* ou serpents à sonnettes, dont le venin donne la mort en quelques heures.

La *vipère* se distingue de la couleuvre par la forme triangulaire de la tête qui rend le cou sensible. Son venin est rapidement mortel pour les petits animaux; il est

Fig. 25. — Serpent.

en général en quantité insuffisante pour amener la mort de l'homme et des gros animaux. Cependant la morsure d'une vipère n'est pas sans danger, et pour se mettre à l'abri de ses effets, il faut, ou pratiquer la succion de la plaie (le venin n'a aucune action sur le tube digestif), ou cautériser avec un fer rouge, ou bien avec l'ammoniaque ou la potasse.

Le *crotale* ou *serpent à sonnettes*, ainsi appelé du bruit qu'il fait avec une série de cornets épidermiques disposés autour de la queue, a un venin extrêmement rapide. L'appareil venimeux se compose de deux dents en crochets aigus qui se redressent quand l'animal ouvre la bouche (fig. 26).

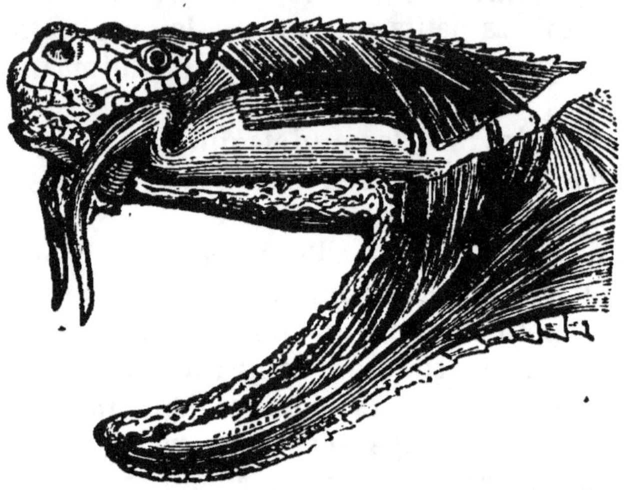

Fig. 26. — Appareil venimeux du serpent à sonnettes.

Chacun de ces crochets reçoit un canal venant de la glande qui secrète le venin. Quand l'animal mord, la glande est pressée et le venin s'écoule par les crochets dans la plaie que ceux-ci ont faite. Il se répand dans le sang et paralyse toutes les fonctions avec une foudroyante rapidité.

46. Les insectes nuisibles. — La plupart des insectes sont nuisibles, soit dans leur premier état de *larve*, soit à l'état d'insecte parfait, soit même toute leur vie.

Le *hanneton* est le premier exemple à citer. A l'état de larve, il est appelé *ver blanc* ou *man*, il vit sous terre et ronge les racines des plantes; à l'état parfait, il mange les feuilles des arbres (fig. 27).

Le hanneton vit seulement quelques semaines à l'état d'insecte ailé; mais pendant ce temps il dépouille les arbres sur lesquels il s'abat. Les femelles pondent chacune 50 à 80 œufs qu'elles enfouissent dans la terre et qui ne tardent pas à y éclore; les jeunes larves ou *vers blancs* vivent sous terre dix-huit à vingt mois, se creusent des galeries et exercent leurs ravages sur toutes les racines qu'elles trouvent.

Fig. 27. — Hanneton et sa larve.

On n'a guère qu'un moyen efficace d'arriver à la destruction des vers blancs, c'est de recueillir les hannetons ailés aussitôt qu'ils apparaissent et de les détruire.

La taupe détruit bien les vers blancs qu'elle trouve et nous rend ainsi grand service; mais leur nombre devient très grand quand on n'a pas pratiqué la destruction des hannetons.

Le *charançon* est un petit insecte qui s'attaque au grain de blé, il pénètre dans le grain et le ronge peu à peu (fig. 28).

Les *sauterelles* ne font pas de grands dégâts dans nos contrées; mais en Algérie, où elles sont de grande taille, elles s'abattent parfois en véritables nuées sur les récoltes qu'elles détruisent complètement.

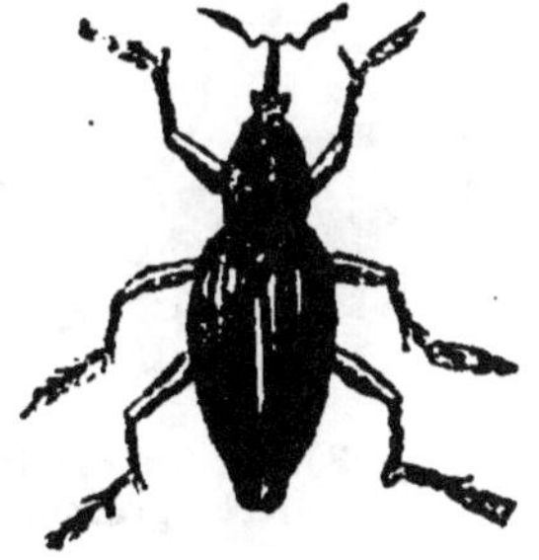

Fig. 28.
Charançon du blé
(longueur = 0ᵐ005).

Le *phylloxera* est, de tous les insectes, celui qui a produit les plus grands ravages, dans ces derniers temps : il a détruit nos vignobles du Midi par milliers d'hectares. C'est un tout petit insecte qui se multiplie très rapidement et qui se fixe sur l'extrémité des racines de la vigne; et la plante qui en est infestée se dessèche et meurt. A l'état parfait, il prend des ailes (fig. 29), sort de terre et peut être porté par le vent dans une autre contrée, sur d'autres vignobles, où il reproduit ses ravages. On a essayé de le détruire en l'empoisonnant à l'aide du sulfure de carbone; mais on n'est pas encore parvenu à le faire disparaître.

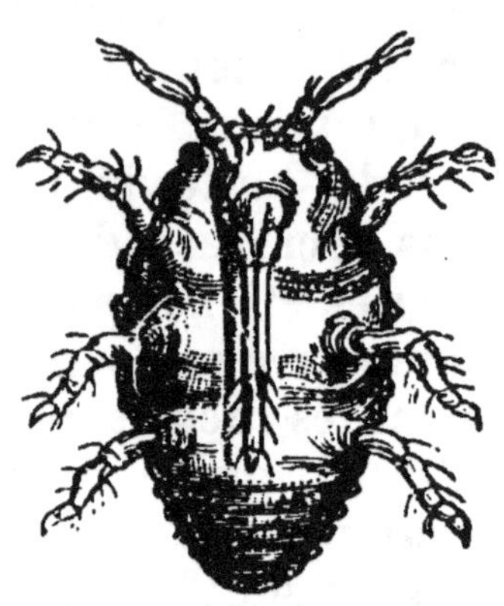

Fig. 29. — Phylloxera (très grossi).

Les *chenilles* ou *larves* des divers papillons font de grands ravages sur les plantes; les unes s'attaquent aux feuilles, les autres aux fruits, d'autres aux bois. Au printemps, leurs œufs apparaissent en petits nids sur les branches des arbres; il est recommandé et même prescrit de les détruire en coupant et en brûlant les brindilles qui les portent.

Fig. 30. — Teigne tapissière (très grossie).

Les *teignes* sont des insectes nuisibles à l'état de larve. L'une s'attaque au grain de blé dans nos greniers; les autres

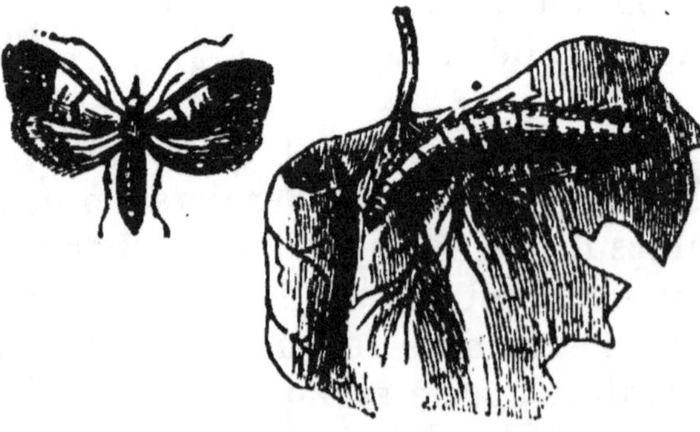

Fig. 31. — Pyrale de la vigne avec sa chenille (grandeur naturelle).

(fig. 30) rongent les étoffes de laine et les pelleteries en se creusant dans leur épaisseur des galeries où elles se dissimulent.

La *pyrale* de la vigne est une des chenilles tordeuses des feuilles (fig. 31); elle nuit beaucoup à nos vignobles.

Dans les diptères, les *mouches*, les *cousins* et les *taons* incommodent l'homme et les animaux domestiques par leurs piqûres. Les *œstres* (fig. 32) déposent leurs œufs sous la peau du cheval et du bœuf, où les larves se développent.

Fig. 32.
Œstre du cheval
(grandeur naturelle).

47. Le *scorpion* est une arachnide dont le corps est allongé. La queue porte un crochet aigu, qui communique avec une glande venimeuse (fig. 33). Il vit dans les

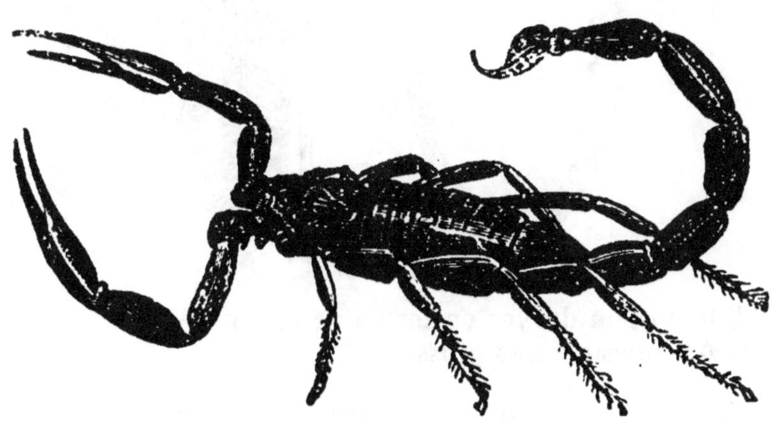

Fig. 33. — Scorpion.

lieux sombres, parmi les pierres ou les herbes, dans les contrées chaudes. La piqûre du scorpion peut être dangereuse pour l'homme; elle est mortelle pour tous les petits animaux.

48. Les vers. — Les annelés dépourvus de membres, contiennent quelques espèces nuisibles qui vivent en parasites dans le corps de l'homme et des animaux.

Les *ascarides* sont les vers intestinaux les plus communs.
Mais le tube digestif contient parfois le *ténia* ou ver soli-

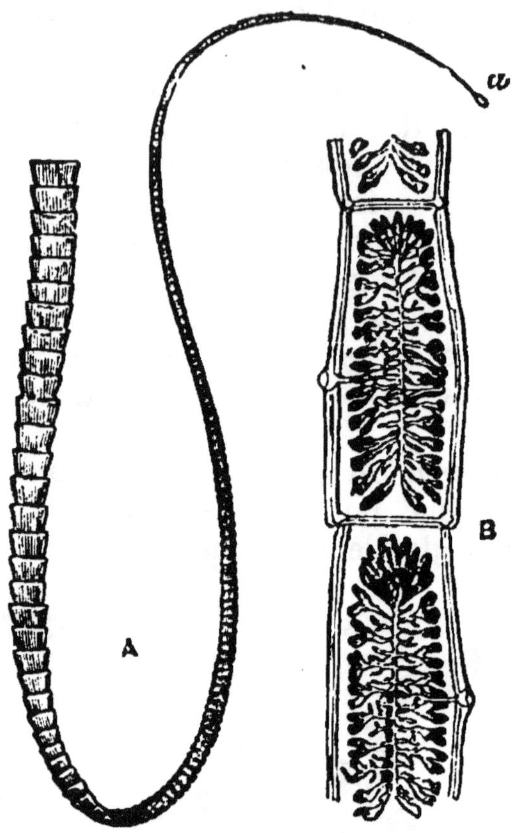

Fig. 34. — *Ténia.*

A. Une portion du ver en forme de ruban.
B. Deux anneaux très grossis.

taire (fig. 34), qui peut atteindre une longueur de plusieurs mètres et dont on ne peut se débarrasser qu'en
l'empoisonnant avec une infusion de cousso.

CHAPITRE VII

ANIMAUX UTILES

49. On ne peut songer à citer, dans un court résumé,
tous les animaux dont l'homme peut tirer parti, ceux

dont il fait sa nourriture, ceux dont il se sert comme auxiliaires, ceux qui fournissent des produits commerciaux, ceux qui détruisent ses ennemis. Il faudrait reprendre une à une toutes les tribus de la grande famille animale. Nous nous bornerons aux animaux domestiques les plus importants, aux oiseaux de basse-cour, aux principaux poissons alimentaires, et, parmi les insectes, aux abeilles et au ver à soie, puis à la sangsue médicinale et à quelques mollusques qui entrent dans l'alimentation.

50. Animaux domestiques. — Les principaux auxiliaires de l'homme dans nos contrées sont le chien, le bœuf, le mouton et la chèvre, le cheval et l'âne, le porc.

Le **chien** est connu de tout le monde pour sa fidélité, ses qualités de gardien, la finesse de son odorat. Les variétés de chiens domestiques qui ont pour l'homme une réelle utilité sont nombreuses : le *dogue*, le *terrier* et le *chien de berger* gardent les troupeaux ; l'*épagneul* et le *chien courant*, le *lévrier* et le *basset* sont très estimés pour la chasse ; le *barbet* aux poils frisés et laineux est très susceptible d'éducation.

Le **bœuf.** La race bovine est de toutes les espèces animales celle qui rend le plus de services à l'homme ; elle le nourrit de son lait et de sa chair ; elle lui fournit les engrais pour ses cultures ; elle laboure ses champs et rentre ses récoltes. C'est avec la peau du bœuf, de la vache et du veau que l'on prépare les cuirs ; les poils sont utilisés, aussi les os et les cornes, les tendons et l'intestin, même le sang.

La *vache* donne son lait qui sous la forme de lait frais, de beurre et de fromage constitue l'un de nos aliments les plus employés. La race bretonne (fig. 35), de petite taille, est recherchée pour l'excellence du lait qu'elle donne ; les races normandes, plus fortes de taille, consomment beaucoup plus mais donnent une plus grande quantité de lait.

Le bœuf est élevé pour le travail et pour la boucherie.

Fig. 35. — Vache bretonne.

Les races anglaises d'Hereford et de Durham sont tout

Fig. 36. — Bœuf charolais.

particulièrement aptes à l'engraissement. En France, tous les bœufs sont employés au travail dans leurs pre-

mières années, et ce n'est que vers l'âge de huit à dix ans
qu'on les prépare pour la boucherie par l'engraissement
au pâturage et à l'étable. Les races charolaise (fig. 36),
normande et garonnaise sont parmi celles qui donnent
les animaux les plus forts et les plus recherchés.

Le **mouton** donne à l'homme sa chair, sa graisse ou
suif et sa toison. C'est peut-être de tous les animaux celui

Fig. 37. — Moutons.

que l'homme a le plus modifié par l'élevage et par le
croisement pour en obtenir des toisons fines, soyeuses et
touffues, des laines très diverses, ou pour développer des
races disposées à un rapide engraissement. Les races
françaises les plus estimées sont la race flamande, celle
du Berry et les mérinos (fig. 37). Il faut citer parmi
les races anglaises les *south-downs* et les *dishley*.

La **chèvre** est un animal précieux pour les contrées
peu fertiles et pour les ménages pauvres; elle cherche sa
nourriture sur les coteaux; elle vit de peu et elle donne
un lait nourrissant et pouvant produire un bon fromage.
L'espèce du Mont-Dore fournit jusqu'à trois litres de lait
par jour employé à la fabrication des fromages.

L'espèce du Thibet donne un duvet laineux qui sert à fabriquer les tissus de cachemire.

Le **cheval** est le compagnon de l'homme dans les travaux et dans les combats. Il est le type des solipèdes

Fig. 33. — Cheval boulonais

caractérisés par l'existence d'un doigt unique et par suite d'un seul sabot à chaque pied.

Nos races françaises sont différentes les unes des autres par la force ou par la légèreté : le *cheval arabe* est le type des formes sveltes et des chevaux de selle et de guerre; les *percherons* sont recherchés pour le trait léger; les *boulonnais* (fig 38) sont employés au gros trait.

L'**âne** marche, trotte et galope comme le cheval, mais avec des mouvements bien plus lents et une force moins grande; il est sobre sur la quantité et sur la qualité de sa nourriture. Il en existe en France une belle race, celle du Poitou.

Le *mulet*, provenant du croisement de l'âne et du cheval, est très estimé dans les pays montagneux à cause de sa sobriété et de la grande sûreté avec laquelle il marche dans les chemins très difficiles.

Le **cochon** est l'une des espèces domestiques les plus

faciles à élever et à nourrir ; il est pour nous un très bon
moyen de transformer en viande et d'utiliser des matières dont nos autres animaux domestiques ne veulent
pas pour nourriture. Le cochon croît rapidement, s'en-
graisse de même ; sa chair est saine lorsqu'elle est fraîche. Dans beaucoup de contrées, on la conserve après
l'avoir salée et desséchée ou fumée.

51. Oiseaux de basse-cour. — La *poule* est
le plus important des oiseaux que nous élevons en do-

Fig. 39. — Coq et poule.

mesticité. Elle est d'un entretien facile, elle trouve par
elle-même la plus grande partie de ce qui lui est nécessaire, en fouillant dans la terre et dans les fumiers ; elle
nous donne ses œufs pendant la plus grande partie de
l'année, hormis pendant l'incubation et pendant qu'elle
élève ses poussins.

Le coq ne partage pas avec la poule les soins à donner
à la jeune famille ; mais il la défend intrépidement contre
toutes les attaques (fig. 39).

Parmi les autres gallinacés élevés en domesticité,
citons la pintade, le dindon, même le faisan.

Les *palmipèdes* nous offrent deux espèces très utiles, non seulement par leurs œufs et leur chair, mais aussi par le duvet dont on les dépouille au commencement de l'été, c'est le *canard* et l'*oie*.

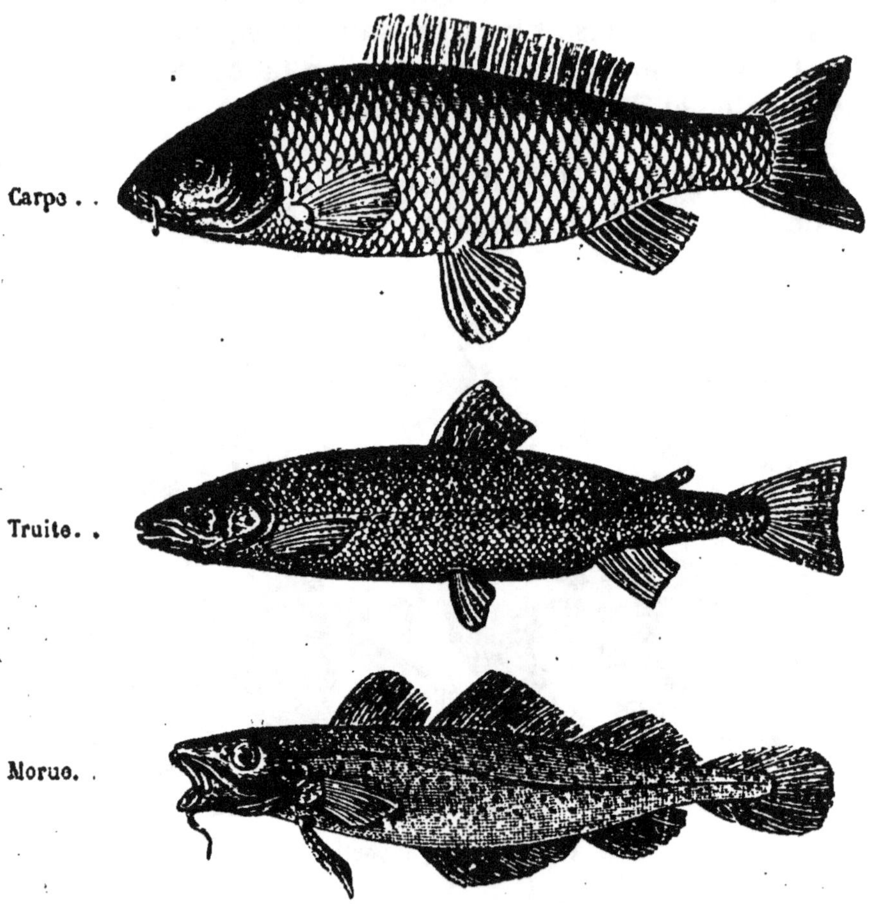

Fig. 40. — Poissons.

52. Poissons alimentaires. — Le nombre est grand des poissons qui entrent dans l'alimentation ; les uns vivent dans les eaux douces, les autres dans la mer. C'est la perche des rivières, le bar, les vives, les rougets, les thons et les maquereaux, de la mer ; ce sont les harengs, les sardines et les anchois ; les carpes (fig. 40), les tanches, les goujons, les brochets ; le saumon et la truite (fig. 40), la morue ; les turbots et les soles ; les anguilles et les raies.

La morue et le hareng sont l'objet d'une pêche très active; on les sale pour les conserver. Le produit total de cette pêche peut s'élever annuellement à plus de vingt millions de francs.

Fig. 41. — Bombyx du mûrier.

53. Le ver à soie. — Le ver à soie est la chenille

du bombyx du mûrier (fig. 41), papillon de nuit dont les ailes sont blanches et le corps velu. La chenille est d'abord un petit ver noir de quelques millimètres, puis elle s'accroît rapidement. Au moment où elle va prendre son état de chrysalide, elle file une soie très fine qu'elle rassemble en un cocon, au milieu duquel elle passe son deuxième état; enfin elle perce son cocon et en sort à l'état de papillon. Ce papillon ne vit qu'un jour ou deux pendant lesquels il pond des œufs, appelés la *graine*, d'où sortiront de nouveaux vers.

On élève le ver à soie dans les régions du Midi où croît le mûrier. On les fait éclore à une température de 25°; on nourrit les chenilles ou vers avec des feuilles de mûrier dont ils consomment une grande quantité. On recueille les cocons une fois qu'ils sont filés par l'animal; on en met quelques-uns de côté pour y laisser développer l'insecte parfait et recueillir de la graine, et on dévide les autres pour en obtenir la soie.

54. Les abeilles. — Les abeilles, insectes à quatre ailes membraneuses, vivent en colonies et produisent le miel et la cire.

Un *essaim* d'abeilles comprend une femelle ou *reine*,

Fig. 42. — Abeilles.

quatre à cinq cents mâles ou *frelons* et sept à huit mille *ouvrières* ou neutres (fig. 42). A l'état de nature, elles habitent dans les creux des arbres; nous leur offrons des habitations sous le nom de *ruches*. Les ouvrières seules travaillent à recueillir le pollen des fleurs à l'aide d'une sorte de brosse dont leur dernière paire de pattes est garnie. Avec leur trompe allongée, elles pompent le liquide sucrée qui se trouve au fond des corolles. Le miel est formé de ce liquide sucé dans les fleurs par les abeilles et auquel elles ont fait subir un commencement de digestion. La cire est sécrétée par les anneaux de l'abdomen. Elle sert à la confection des gâteaux qui remplissent la ruche et qui contiennent les alvéoles où sont logés les œufs et les larves, ainsi que les provisions nécessaires à toute la colonie.

55. La sangsue. — La sangsue est dépourvue de membres, mais elle porte à chaque extrémité du corps une ventouse qui lui sert à se fixer et à marcher (fig. 43). La bouche est au fond de la ventouse antérieure, elle présente trois petites mâchoires qui incisent la peau et y laissent une plaie en forme d'Y. La sangsue se fixe d'abord à l'aide de sa ventouse, perce la peau, aspire le sang et se détache quand elle a rempli son corps. On l'emploie en médecine pour extraire le sang accumulé autour d'une plaie.

Fig. 43. — Sangsue médicinale

56. Huître et moule. — Les **huîtres** vivent dans la mer à une profondeur peu considérable, dans les baies tranquilles ou près de l'embouchure des fleuves; elles forment des amas d'une certaine étendue sur les rochers. On les en arrache au moyen d'une drague et on les transporte dans des parcs où elles continuent leur développement. La coquille de l'huître est formée de deux valves, l'une plate et mince, l'autre grosse et arrondie (fig. 44). Le corps est mou, fixé à la coquille, toujours imprégné d'eau de mer : c'est un aliment très nutritif.

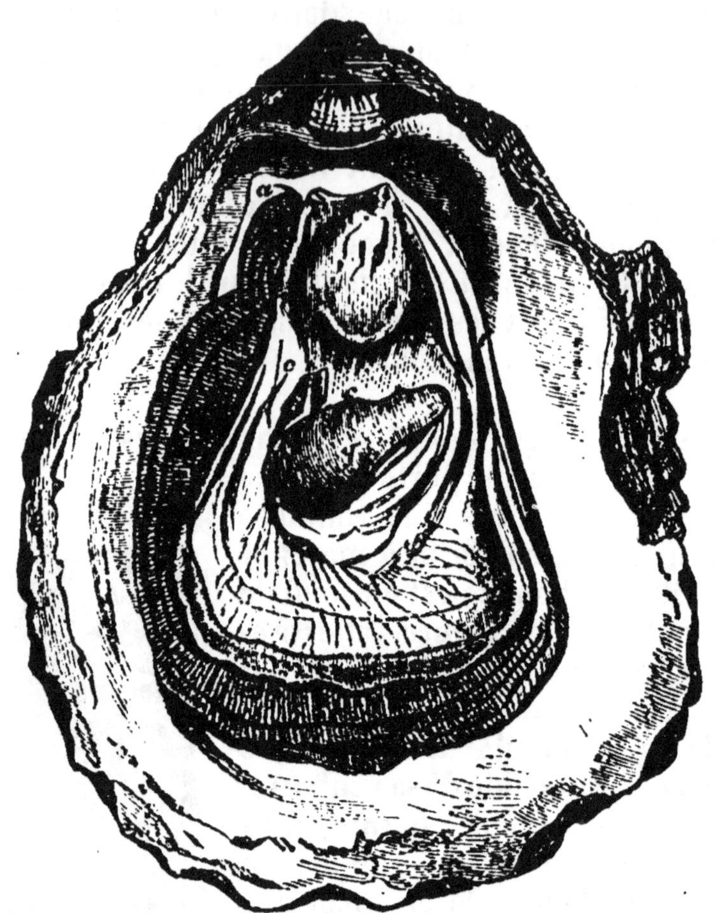

Fig. 44. — Huître comestible.

Les moules (fig. 45) sont aussi des mollusques à coquille bivalve qui se fixent d'une façon temporaire sur les rochers ou les différents corps solides qui peuvent se trouver au bord de la mer. Aux environs de la Rochelle

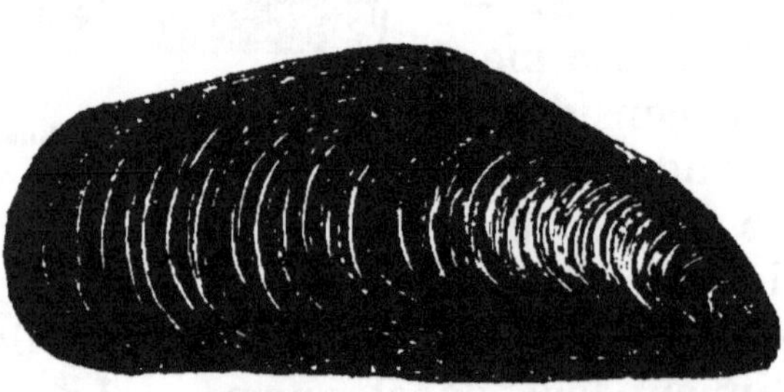

Fig. 45. — Moule.

où on les cultive, on enfonce de longs pieux sur les
plages vaseuses et c'est sur eux que viennent se fixer les
moules. On va les détacher pour les transporter sur des
fascines réunissant d'autres pieux où elles grossissent et
où on va les prendre quand elles sont arrivées à tout leur
développement.

II. — BOTANIQUE

CHAPITRE VIII

ORGANES DE NUTRITION DES VÉGÉTAUX

57. Principaux organes d'une plante. —
Si nous jetons les yeux sur une des plantes qui nous entourent, que ce soit un arbre, un arbuste ou une herbe,
comme la violette que représente la figure 46, nous y
voyons un axe en partie aérien, en partie en terre ; c'est
la **racine** d'une part, la **tige** d'autre part. La tige
porte des **feuilles** ; et à la base des feuilles dans nos
arbres, il y a de petits boutons destinés à s'accroître et à
se développer plus tard en rameaux, ce sont les **bourgeons**. Avec ces organes le végétal peut vivre ; mais
pour fleurir, produire des graines d'où naîtront d'autres
végétaux semblables à lui, il a besoin d'autres organes ;
il épanouit ses **fleurs** ; celles-ci produisent des **fruits**
dans lesquels mûrissent les **graines**.

Ainsi le végétal a deux groupes d'organes : la racine,
la tige et les feuilles concourent à sa nutrition ; les fleurs,
les fruits et les graines servent à la reproduction.

58. La racine. — La racine est la portion de l'axe
du végétal qui plonge dans la terre pour y prendre l'eau
et les sucs nécessaires à la nutrition. Elle présente bien

des formes diverses qui peuvent toutes se ramener à trois

Fig. 46. — Violette. (Plante entière.)

types : la racine **pivotante**, comme celle du navet,
de la betterave, de la carotte ; la racine **fibreuse** du

blé et la racine **rameuse** de nos arbres (fig. 47). Dans tous les cas, outre le corps principal, il y a un grand

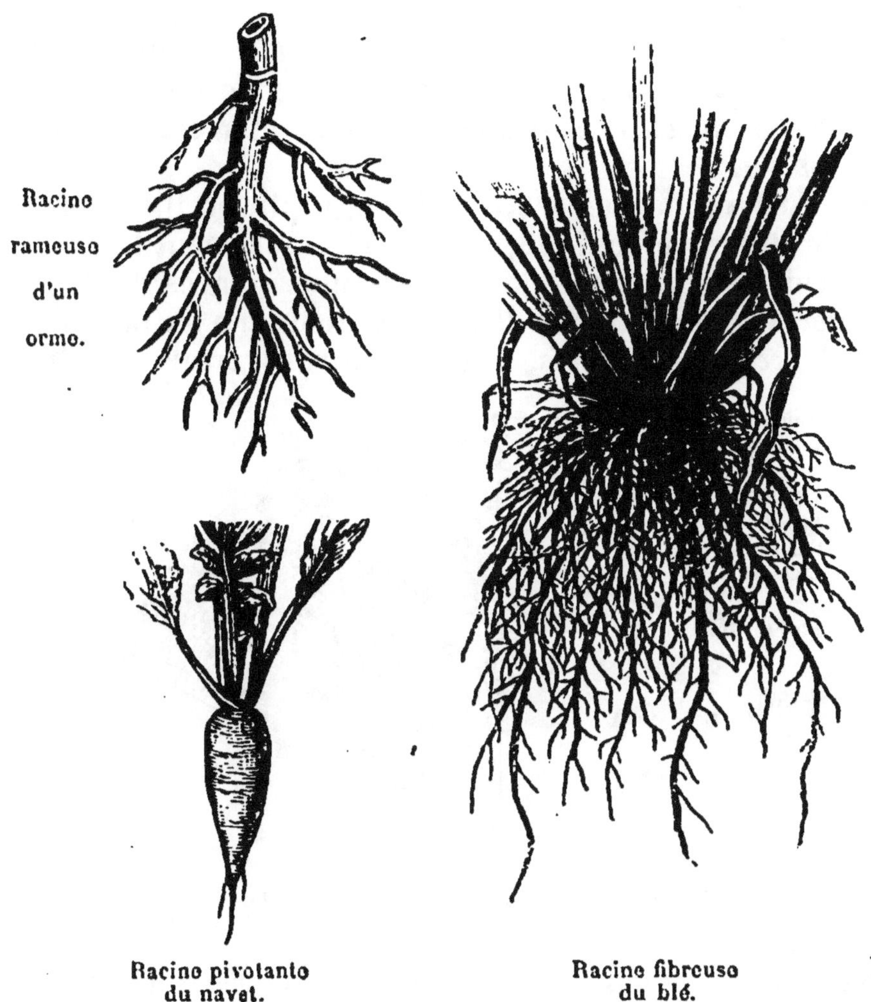

Fig. 47. — Formes de la racine.

nombre de minces filaments qui constituent le *chevelu* ou les radicelles, et ce sont ces extrémités qui absorbent au profit de la plante les liquides du sol.

Dans certaines plantes grimpantes, il se développe le long de la tige des racines aériennes dont la fonction paraît être de fixer la plante au support contre lequel elle grimpe.

80. La tige. — La tige est la partie du végétal qui croît verticalement de bas en haut et se développe dans l'atmosphère; elle porte les feuilles et tous les organes de reproduction.

Parmi les tiges, les unes sont *herbacées*, minces et flexibles, ayant l'aspect et la consistance de l'herbe; les autres sont *ligneuses* et prennent l'aspect et la consistance du bois.

Le **tronc** de nos arbres, chêne, sapin ou tilleul, est une tige ligneuse, conique, ramifiée régulièrement de façon à fournir des branches de plus en plus minces dont les dernières portent les feuilles. On y distingue au premier abord l'*écorce* et le *bois*. Une coupe transversale (fig. 48)

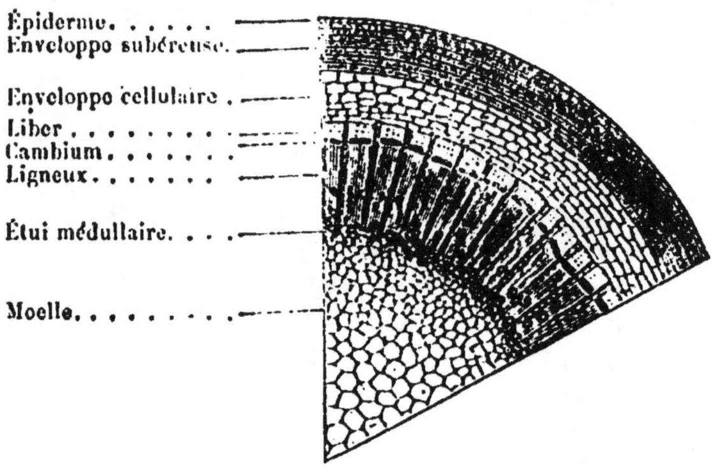

Fig. 48. — Coupe d'une jeune tige d'érable.

laisse voir au centre la **moelle** entourée d'un étui, l'**étui médullaire**, puis le **bois dur**, le **bois tendre** ou bois blanc, puis une couche toujours humide qui est la véritable couche de formation et qu'on appelle le **cambium**. A l'extérieur vient l'**écorce** avec ses différentes couches, le **liber**, l'**enveloppe herbacée** et l'**épiderme**.

L'accroissement se fait dans la couche qui tient entre l'écorce et le bois; c'est là que redescend la **sève**, le liquide nourricier de la plante, qui a monté dans les vaisseaux du bois; chaque année une nouvelle couche de bois dur s'ajoute au bois qui existe déjà, et l'on pourrait souvent compter l'âge d'un arbre par le nombre des couches concentriques que l'on aperçoit dans la coupe du tronc

Fig. 49. — Tige de maïs.

Il existe un autre type de tige très différent de l'exemple précédent, c'est celui que nous présente un plant de maïs (fig. 49). La tige est creuse; de distance en distance elle présente des *nœuds* ou renflements d'où naissent les feuilles; celles-ci sont engainantes; elles sortent les unes des autres comme une série de cornets. De telles plantes s'accroissent par l'intérieur et non plus par l'extérieur.

Il est encore une modification importante à signaler, c'est celle de la tige souterraine des plantes qui semblent se renouveler chaque année comme l'asperge. En réalité, c'est la souche souterraine qui est la tige, et les parties aériennes qui apparaissent à chaque printemps n'en sont que les rameaux.

60. Les feuilles. —Les feuilles sont des organes étalés fixés à la tige et destinés à la respiration et à la nutrition atmosphérique des plantes.

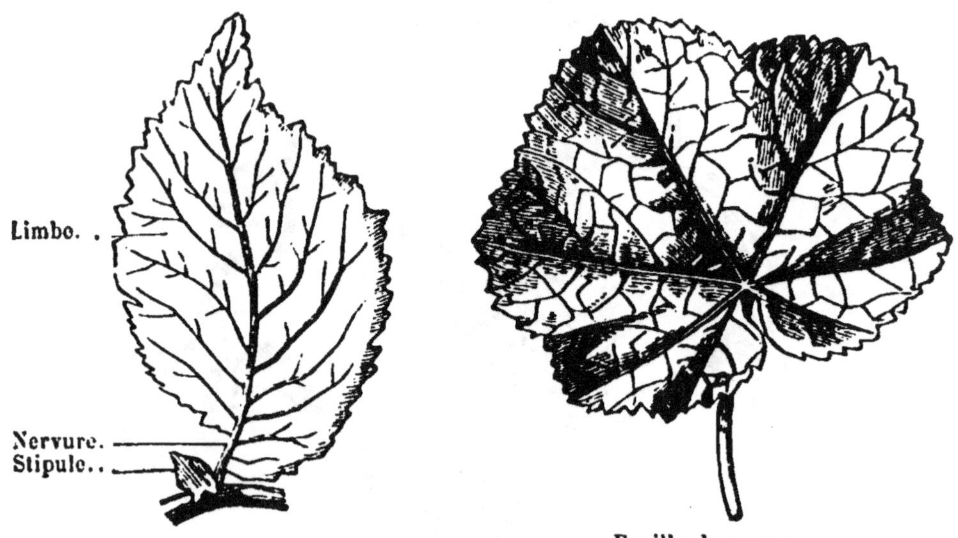

Fig. 50. — Feuilles. — Dispositions principales des nervures.

Chaque feuille comprend trois parties : le *pétiole* ou la queue, le *limbe* ou la partie étalée et les *nervures;* celles-ci sont comme les ramifications du pétiole amenant la sève dans les diverses parties du limbe. Les nervures présentent plusieurs dispositions dont la fig. 50 donne les deux plus communes.

La forme du limbe est très variée; son contour peut être lisse, denté ou lobé; lorsqu'il est unique, en une

seule lame continue contenant toutes les nervures émanées
du pétiole, la feuille est *simple;* elle est au contraire *com
posée* quand le limbe est multiple (fig. 51).

Fig. 51.

Feuille simple
de poirier.

Feuille composée
de robinier, faux-acacia.

1. Stipules.   3. Limbe.
2. Pétiole.   4. Nervures.

1. Stipules.   3. Pétiolules.
2. Rachis.   4. Foliole

Les feuilles ont un épiderme garni de petites ouvertures appelées *stomates* (fig. 52) par lesquelles l'air pénètre
dans le limbe.

Ce sont les organes de respiration de la plante; la sève
vient s'y étaler sur une grande surface, s'y évaporer,
prendre l'oxygène de l'air dans l'obscurité. Sous l'influence
de la lumière les feuilles décomposent l'acide carbonique
de l'air, s'incorporent le carbone et rejettent l'oxygène;
et ce carbone est un des aliments du végétal; il entre
dans la formation de la chlorophylle ou matière verte.
On sait que les plantes qui croissent à l'obscurité restent
blanches et qu'elles verdissent lorsqu'on les fait pousser
à la lumière.

61. Les bourgeons.—Tout le monde sait ce que sont les bourgeons, de petites éminences coniques appelées d'abord *yeux* ou *boutons* qui, en grossissant, laissent voir à leur partie extérieure des écailles qui se recouvrent et protègent la portion centrale.

Chaque feuille porte à son aisselle un œil qui se développera en

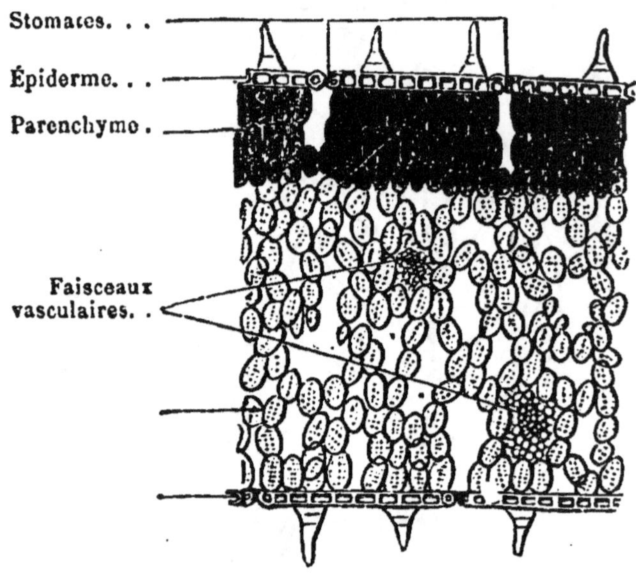

Fig. 52. — Coupe d'une feuille.

bourgeon à la saison suivante; chaque tige et chaque rameau de la tige se terminent par un bourgeon qui effectuera l'allongement et qui dans les plantes vivaces reste protégé l'hiver par une enveloppe d'écailles imperméables à l'eau et garantissant les jeunes feuilles qu'il contient de l'humidité et du froid.

CHAPITRE IX

FLEURS, FRUITS ET GRAINES

62. Les parties de la fleur. — La fleur est l'ensemble des organes qui servent d'une manière plus ou moins directe à la production du fruit et de la graine et, par suite, à la reproduction du végétal.

Une fleur entière présente à l'extérieur une enveloppe verte, le **calice**, puis la partie brillante et colorée, la

corolle, et au centre les vrais organes reproducteurs, les **étamines** et le **pistil** (fig. 53). De ces organes, les plus essentiels sont les derniers et non pas, comme on pourrait le croire, ceux qui attirent le plus vivement l'attention ; les fleurs si brillantes de nos jardins ne sont pas toutes propres à la formation du fruit parce que le développement des parties accessoires y a arrêté celui des parties utiles. En revanche, beaucoup de plantes n'ont pas de fleurs brillantes et ne portent que les organes essentiels de la reproduction.

63. Calice et corolle. — Le calice recouvre la fleur lorsqu'elle est encore à l'état de bouton ; il tombe dans certaines espèces, comme le coquelicot, aussitôt la floraison ; mais dans d'autres, comme l'églantine, il persiste et on ie retrouve formant l'exté-

Fig. 53. — Fleur entière d'œillet et calices non épanouis.

rieur du fruit ; il est souvent en urne ou en tube comme dans l'œillet ; mais souvent aussi il est irrégulier. Il est presque toujours de couleur verte ; cependant quelques plantes l'ont coloré : il est rouge dans le grenadier, jaune dans la capucine et de couleurs diverses dans le fuc'

La corolle est intérieure au calice ; c'est l'enveloppe florale brillante et colorée. Elle est d'une seule pièce ou de plusieurs pièces dont chacune s'appelle un *pétale*.

Lorsqu'elle est **polypétale**, chacune des parties peut s'enlever séparément ; elle est *régulière* comme dans la giroflée quand tous les pétales sont égaux ; *irrégulière* dans le cas contraire, comme dans la fleur du pois où l'un des pétales est beaucoup plus développé que chacun des autres (fig. 54).

Fig. 54.

Fleur en croix de la giroflée.   Fleur du pois.

(Corolles polypétales.)

La corolle **monopétale** dont toutes les pièces sont soudées en une seule sur tout ou partie de leur longueur, est également *régulière* ou *irrégulière* : la fleur de tabac et celle de la sauge en sont deux exemples (fig. 55).

Bien que ce ne soit qu'une enveloppe protectrice et non

Fig. 55.

Fleur labiée de sauge   Fleur du tabac.
(grandie).

(Corolles monopétales.)

un organe essentiel, la corolle a cependant une certaine
importance pour le botaniste, qui trouve dans ses formes
un moyen de grouper les plantes. C'est sur l'étude des
corolles que reposait la première classification sérieuse
des végétaux faite par Tournefort il y a près de deux
siècles.

64. Étamines et pistils. — Les étamines sont
de petits corps ronds ou oblongs, portés à l'extrémité de
batonnets ou de filets, et fixés à l'intérieur de la corolle.
Quelle qu'en soit la forme, c'est toujours une bourse contenant une fine
poussière jaune, le
pollen, et de-
vant la répandre
sur le pistil pour
provoquer le dé-
veloppement des
graines.

Le nombre des
étamines est très
variable; il y en a
six dont quatre
plus grandes dans
la giroflée (fig. 56),
dix dans l'œillet,
un très grand nom-
bre dans la rose.
La manière dont
elles sont insérées
sur la corolle et

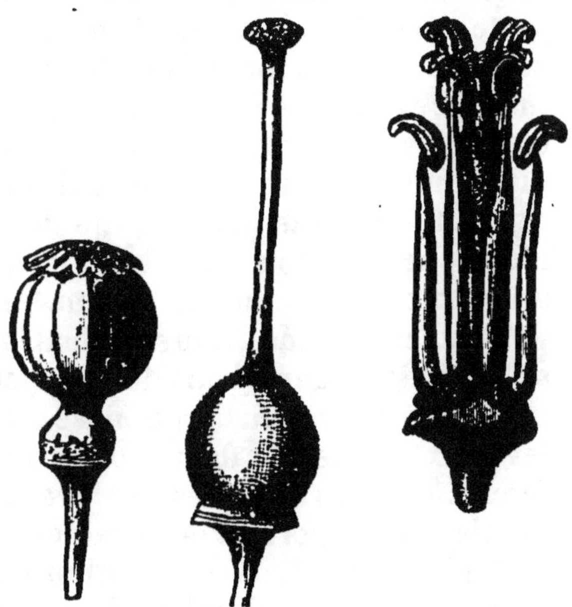

Fig. 56.

Ovaire du
pavot.

Pistil de primevère
(grandi).

Pistil et étamines
d'une fleur de
giroflée.

dans la fleur, dont elles sont réunies en faisceaux ou soudées, leur grandeur relative, toutes ces différences ont
servi aux botanistes pour distinguer les familles de plantes; et Linné, au siècle dernier, avait basé toute sa classification sur ces caractères.

Le centre de la fleur est occupé par un organe tantôt
unique, tantôt multiple que l'on nomme le ou les **pistils.**

On y distingue trois parties : un renflement globuleux ou allongé qui se trouve à la base, c'est l'**ovaire** qui contient les graines naissantes, sous le nom d'*ovules* ; un ou plusieurs prolongements appelés *styles* et un appendice terminal de formes diverses, le *stigmate* (fig. 56). Le style peut manquer, comme dans le pavot : le stigmate repose directement sur l'ovaire (fig. 56).

Beaucoup de végétaux possèdent dans une même fleur des pistils multiples, quelquefois distincts, mais aussi parfois soudés en une seule masse ; on reconnaît ce dernier cas à ce que l'ovaire est creusé de plusieurs loges contenant chacune des ovules. Le pistil élémentaire comporte un ovaire à une seule loge et un seul style terminé par un stigmate ; les botanistes le désignent par le nom de *carpelle* ; et pour indiquer la composition d'une fleur, ils disent, ovaire à cinq ou six carpelles, pour indiquer les pistils multiples et les loges existant dans l'ovaire.

Avant de quitter la fleur, ajoutons que toutes les fleurs n'ont pas à la fois des étamines et un pistil ; dans certaines plantes, comme le melon, une catégorie de fleurs portent les étamines, une autre catégorie les pistils ; et elles se succèdent dans leur développement. La séparation peut encore être plus prononcée ; ainsi, dans le chanvre, les deux espèces de fleurs sont portées sur des pieds différents qui mûrissent les uns avant les autres et dont les derniers seuls portent des graines.

Quelle que soit la disposition de ces divers organes, au moment de la floraison les étamines s'ouvrent ; elles laissent tomber le pollen qu'elles contiennent ; et cette fine poussière fécondante tombe directement sur le pistil dans les fleurs complètes ou bien il est porté par le vent et par les insectes sur le pistil des fleurs femelles, si elles sont isolées. Les ovules ne se développent dans l'ovaire que s'ils ont été fécondés par le pollen tombé sur le pistil ; et quand cette fécondation n'a pas lieu, quand, par exemple, le pollen n'a pas quelque peu séjourné sur le stigmate, l'ovaire ne se développe pas, le fruit ne *noue* pas.

65. Le fruit. — L'ovaire fécondé reste ordinairement seul de toutes les parties de la fleur; il grossit peu à peu, se développe et arrive à maturité; pendant ce développement, il prend le nom de fruit. Le **fruit** est donc l'ovaire développé et arrivé à maturité.

On y distingue les enveloppes sèches ou charnues que l'on nomme **péricarpe** et les **graines**.

Le péricarpe est une sorte de berceau destiné à protéger la graine; il est tantôt formé d'une enveloppe foliacée peu épaisse qui se dessèche en mûrissant comme dans la *gousse* du pois (fig. 57). Tantôt, au contraire, c'est une

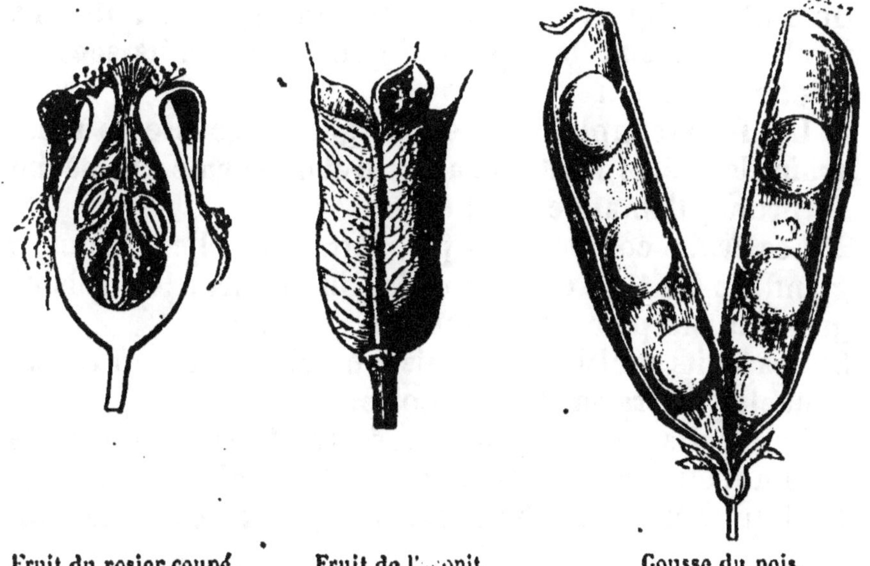

Fig. 57. — Formes diverses du fruit.

masse charnue et succulente, comme la chair de la pêche, de la prune ou de la pomme. Sous ces deux formes, il est composé de trois parties distinctes, qui se développent inégalement; c'est dans la pêche la peau, la partie succulente et le noyau; et dans la pomme, l'épiderme extérieur, la portion charnue et la partie sèche et coriace qui enveloppe directement les graines ou pépins.

Le fruit a autant de loges qu'en avait l'ovaire; il est donc *à un ou plusieurs carpelles* et, dans ce dernier cas, les loges peuvent être très distinctes, séparées les unes des autres par des membranes sèches, comme dans le fruit de l'aconit (fig. 57) ou paraître réunis par une pulpe dans laquelle sont noyées les graines, comme dans le fruit du rosier.

Parmi les péricarpes secs, il y en a qui s'ouvrent spontanément lorsqu'ils sont mûrs pour laisser sortir les graines; tel est le fruit du colza, qu'il faut couper un peu avant la maturité complète, si l'on veut pouvoir recueillir les graines ; ces fruits sont dits *déhiscents* (de *dehiscere*, se fendre); le fruit de la balsamine s'ouvre et projette ses graines avec une certaine force.

On a classé les fruits en quatre groupes, en faisant dans chacun d'eux la séparation entre les fruits secs et les fruits charnus :

1° Les fruits simples (à 1 seule loge) : la gousse du pois, le grain de blé, le fruit du sarrasin et de l'orme ; la pêche et la prune, l'amande et la noix.

2° Les fruits composés (à plusieurs carpelles soudés) : le gland, le fruit du colza, du lis, du mouron; le raisin, la groseille; la pomme, le melon, l'orange.

3° Les fruits multiples (réunis à plusieurs sur un même réceptacle): la fraise, la framboise.

4° Les fruits agrégés (plusieurs fruits soudés par des parties adjacentes et provenant d'une réunion de fleurs): le fruit du mûrier, de l'ananas, la figue, le cône du pin.

66. La graine et la germination. — La **graine** qui doit reproduire un végétal semblable à celui dont elle provient, contient sous une coque protectrice une jeune plante déjà formée et prête à se développer. L'enveloppe y porte le nom d'épisperme; la jeune plante qui y est contenue se nomme l'**embryon**.

L'embryon comprend le germe ou **plantule** et un amas de matière nutritive destinée à servir de première nourriture à la jeune plante; c'est le **corps cotylédonaire**. L'extrémité de la plantule qui formera la tige se nomme **tigelle**, et elle se termine par un rudiment de bourgeon que l'on appelle la **gemmule**; l'extrémité opposée est la **radicule**. Sur la tigelle, entre la gemmule et la radicule, il existe tantôt un, tantôt deux **cotylédons**.

La graine du pois, celle de l'amandier, montrent les deux cotylédons entourant la plantule (fig. 58); l'ensemble forme l'**amande;** l'embryon occupe donc toute la graine sous l'épisperme.

Dans le grain de blé, il n'y a qu'un seul cotylédon au-dessous duquel se développent à côté de la radicule des radicules secondaires qui deviendront les racines, et à l'opposé les premières feuilles (fig. 59). Dans cet exemple, l'embryon n'occupe qu'une portion de la graine sous l'épisperme, le reste est rempli par une matière féculente que l'on appelle le **périsperme** et qui est comme un réservoir nutritif devant être épuisé peu à peu par le cotylédon pour servir à l'accroissement de la jeune plante.

La **germination** est le développement de la graine : elle exige une certaine température, de l'humidité, la présence de l'air. Alors les cotylédons se gonflent, la radicule et

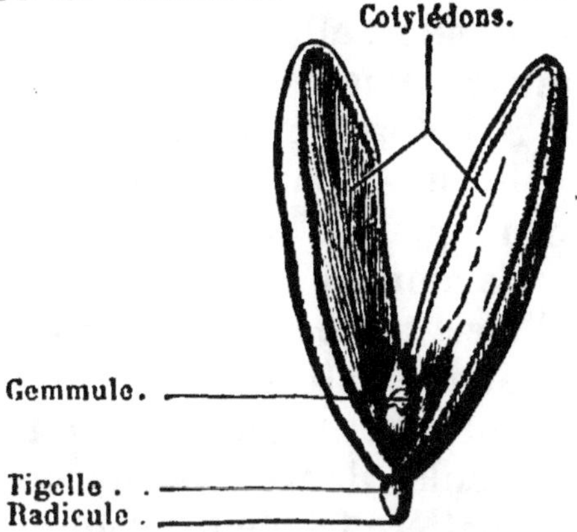

Fig. 58. — Embryon d'amandier

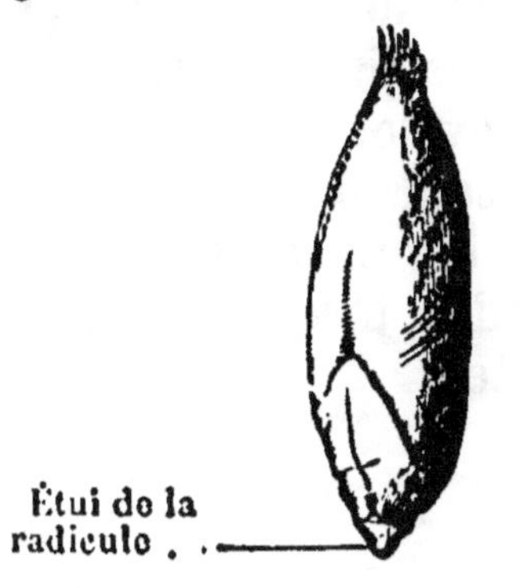

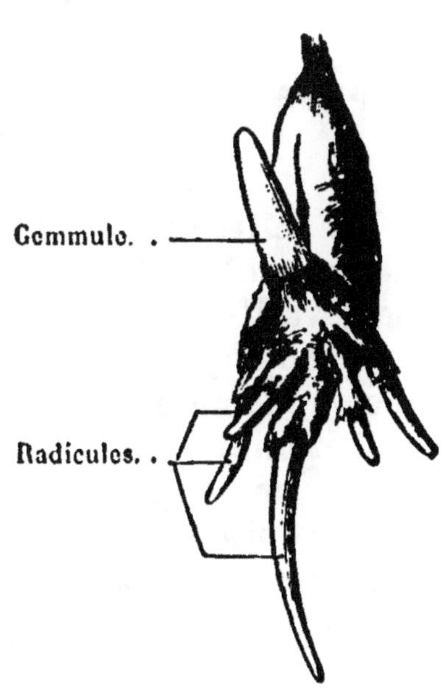

Fig. 59.
Germination du grain de blé

20.

la tigelle s'allongent ; les cotylédons fournissent les premiers aliments.

S'ils forment toute la graine comme dans le cas du pois ou du haricot, ils sont fixés sur la tigelle, s'élèvent peu à peu, se vident et prennent une apparence foliacée ; mais alors il faut que la plante trouve dans le sol où elle est toute sa nourriture.

Si au contraire, comme dans le grain de blé où il y a un périsperme, le cotylédon reste fixé à la naissance de la radicule, il sert à transformer en substance sucrée soluble la matière féculente insoluble de la graine et la fait ainsi servir au premier développement de la jeune plante dont la tigelle s'allonge en même temps que ses racines se développent.

Beaucoup de graines conservées en lieu sec gardent longtemps la faculté de germer ; la vitalité y reste suspendue jusqu'à ce que des conditions favorables se présentent.

CHAPITRE X

PRINCIPES DE LA CLASSIFICATION DES PLANTES

67. Classifications artificielles. — Les plantes sont extrêmement nombreuses et extraordinairement variées de dimensions et de formes. Il a bien fallu les grouper, les classer, pour pouvoir les étudier avec quelque facilité et quelque profit.

Mais on n'a d'abord fait que des classifications artificielles, ne s'appuyant que sur les ressemblances d'un ou de deux organes pour constituer les groupes.

La première classification est celle de Tournefort ; elle faisait un premier groupe des plantes ligneuses, arbustes et arbres ; un second des plantes herbacées ; et pour établir des subdivisions dans chacun d'eux, elle se basait sur la corolle, sa forme, sa disposition, son insertion; elle ne faisait appel à aucun autre caractère de ressemblance tiré d'un autre organe.

Le *système de Linné* avait pour base les caractères tirés des organes essentiels de la fleur et notamment des étamines. Il partageait tous les végétaux connus en deux grandes divisions : les premiers ayant des fleurs apparentes, bien reconnaissables; les seconds n'ayant pas de fleurs visibles. Ce dernier groupe dans lequel les organes de reproduction ne sont pas très apparents, a subsisté, même avec le nom de **cryptogames** que Linné lui avait donné. Les divisions adoptées alors pour les plantes à fleurs ne sont plus suivies. Elles étaient cependant ingénieuses, et elles offraient une grande facilité pour arriver à la détermination des plantes; mais elles avaient le tort de ne donner aucune idée des liens d'analogie existant entre les différentes espèces.

68. Méthode naturelle. — La méthode naturelle de *L. de Jussieu* groupe les plantes d'après les ressemblances que peuvent offrir tous leurs organes. Le premier caractère invoqué est emprunté à l'*embryon*, c'est-à-dire à la plante en miniature prête à se développer; il sert à faire les trois grands embranchements :

Les **dicotylédonées** où l'embryon a deux cotylédons;

Les **monocotylédonées** où l'embryon n'a qu'un cotylédon;

Les **acotylédonées** corespondant aux cryptogames ou plantes sans fleurs de Linné où il n'y a pas d'embryon ou par suite pas de cotylédons.

Ce sont bien des groupes naturels; et les deux premiers, notamment, sont séparés par des caractères tirés de presque tous leurs autres organes. Ainsi la tige y est différente dans sa forme et dans sa croissance, même quand elle paraît semblable, comme dans le palmier qui a l'aspect d'un arbre élevé, mais où le tronc ne développe pas de branches et se termine toujours par un bouquet de feuilles. Les feuilles ont des nervures parallèles dans les graminées et dans la plupart des monocotylédonées; et dans les plantes de ce dernier embranchement, la fleur n'a pas souvent ses deux enveloppes florales distinctes comme dans les dicotylédonées.

Chacun des trois embranchements a été partagé en groupes; les deux premiers ont été partagés en classes d'après le mode d'insertion des étamines sur le pistil et d'après la disposition et la forme de la corolle, le nombre et les modifications des étamines. On a fait ainsi des *familles naturelles*, dont tous les représentants se ressemblent plus entre eux qu'ils ne ressemblent aux groupes voisins par l'ensemble de leur organisation.

Nous ne passerons en revue ici que quelques familles parmi les plus importantes.

CHAPITRE XI

VÉGÉTAUX A FLEURS — DICOTYLÉDONÉS

69. Caractères généraux. — L'embranchement des **végétaux dicotylédonés** renferme des plantes à fleurs visibles dont les étamines et les pistils sont les organes caractéristiques. A ces fleurs succède un fruit contenant une ou plusieurs graines, dans chacune desquelles on remarque un **embryon** muni de **deux cotylédons**.

La tige de ces végétaux est ramifiée; dans les arbres elle a la forme d'un *tronc;* la racine, le plus souvent rameuse, a une structure par couches concentriques comme la tige; les feuilles ont un pétiole; elles tombent et se flétrissent.

Nous y ferons quatre groupes : les **polypétales,** les **monopétales,** les **amentacées** qui ont leurs fleurs en chaton, et les **gymnospermes** qui ont les graines protégées, mais non enfermées.

Nous étudierons brièvement dans les polypétales, les crucifères, les malvacées, les rosacées, les légumineuses et les ombellifères; dans les monopétales, les solanées, les labiées et les composées.

70. Famille des crucifères. — Les crucifères tirent leur nom de la forme de la corolle qui a *quatre pétales en croix* (fig. 54), comme dans la giroflée; il y a dans chaque fleur *six étamines* dont quatre grandes (fig. 56); le fruit est à deux carpelles allongés et soudés, c'est une *silique;* la graine contient dans quelques espèces un embryon huileux. Les crucifères sont toutes herbacées; elles nous donnent les premières fleurs avec la *giroflée*, les *corbeilles d'argent*, les *juliennes;* quelques-unes sont alimentaires comme le *chou* dont on mange les feuilles, le *navet*, les *raves* et les *radis* dont on mange les racines, le *cresson* de fontaine que l'on mange cru. Le *colza* est cultivé pour l'huile qu'on retire de la graine. La graine de *moutarde* est employée comme condiment et aussi pour les sinapismes.

71. Famille des malvacées. — C'est la *mauve* des champs qui donne son nom à ce groupe, avec sa fleur à cinq pétales, ses étamines en grand nombre soudées en un tube autour de l'ovaire. Les espèces de nos contrées, la *mauve* et la *guimauve*, ont des propriétés émollientes. C'est une espèce des contrées chaudes, un arbuste, le *cotonnier*, qui nous donne le *coton*, une bourre blanche très soyeuse contenue dans le fruit et enveloppant les graines.

72. Famille des rosacées. — Les rosacées tirent leur nom de la *rose sauvage* ou *églantine* à cinq pétales avec un grand nombre d'étamines libres Elles nous offrent toutes les tailles depuis les herbes jusqu'aux arbres; leurs fleurs sont nombreuses, quelquefois isolées, mais souvent réunis en corymbe comme dans le pommier (fig. 60). Si les fleurs sont semblables, les fruits sont bien différents les uns des autres : simples et à une seule loge comme l'amande et la cerise, à loges multiples comme la pomme, composés comme la framboise et la fraise.

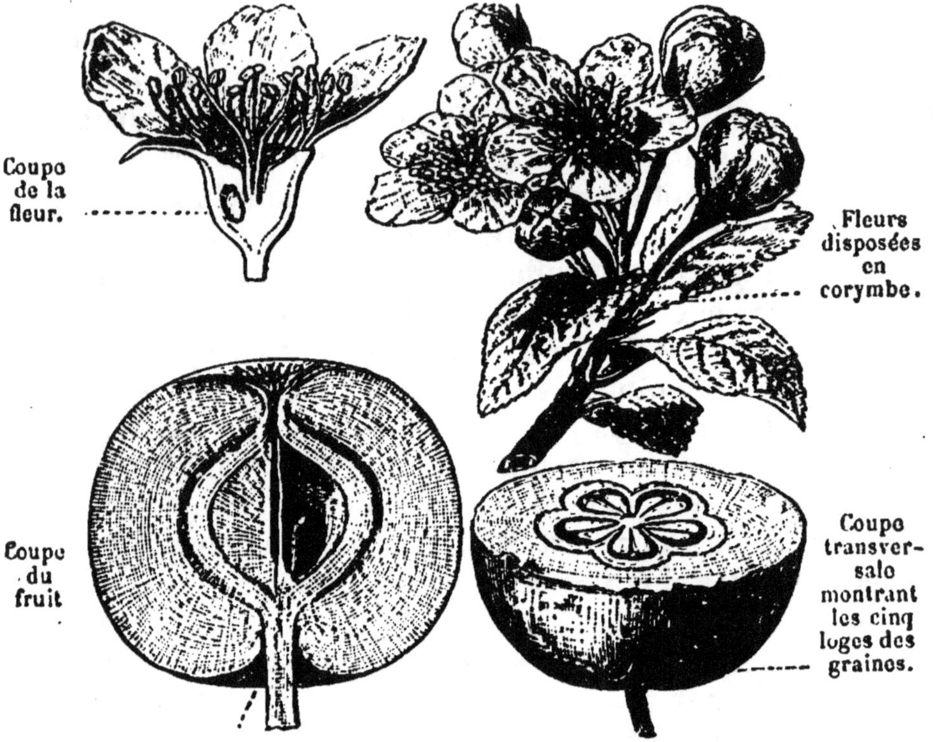

Fig. 60. — Fleurs et fruit du pommier. (*Famille des Rosacées.*)

Outre les fleurs, *roses* de toutes sortes, *reine des prés aubépine,* cette famille nous offre un très grand nombre d'espèces utiles par leurs fruits : le *framboisier* et le *fraisier,* l'amandier, le *pêcher,* les *pruniers,* les *cerisiers,* les *poiriers,* les *pommiers* et le *néflier.*

73. Famille des légumineuses. — C'est la forme du fruit qui donne son nom à ce grand groupe et qui en est le principal caractère : la *gousse* ou *légume,* fruit sec à une seule loge avec des graines dont l'embryon est farineux (fig. 57).

Une subdivision forme le groupe des **papillona-**

cées dont la fleur est constituée comme celle du pois, avec cinq pétales inégaux (fig. 54). Nous y trouvons des espèces alimentaires, le *pois*, le *haricot*, les *lentilles*, les *fèves;* des espèces fourragères dont on fait les prairies artificielles, le *trèfle*, la *luzerne*, le *sainfoin*, la *minette;* des espèces à fleurs comme le *genêt*, la *cytise* et l'*acacia robinier*.

Les légumineuses renferment aussi des plantes médicinales, comme la *réglisse*, la *casse* et le *séné*.

74. Familles des ombellifères. — La famille des ombellifères doit son nom à la disposition des

nombreuses petites fleurs en un bouquet particulier ressemblant à un parasol et désigné sous le nom d'**ombelle.** Les fleurs qui sont toutes petites sont rassemblées en petits bouquets qui sont tous supportés par une tige et montés à côté les uns des autres sur un support général (fig. 61).

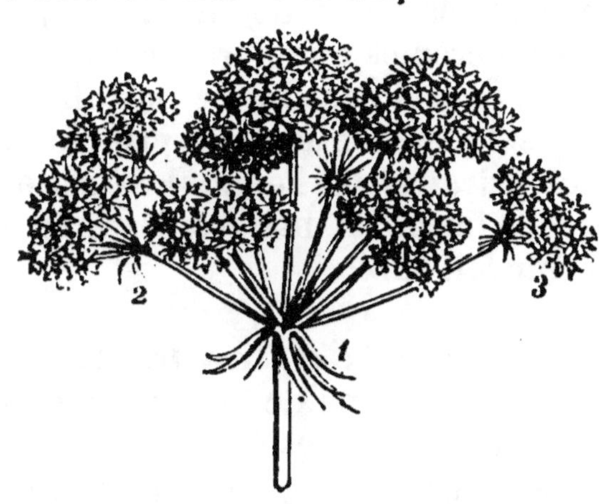

Fig. 61. — Fleur en ombelle.
1. Involucre. 2. Involucelles.
3. Petite ombelle.

Presque toutes ces plantes ont des feuilles odorantes, ainsi le *fenouil* avec ses feuilles très divisées, le *persil*, le *cerfeuil* sont dans ce cas.

Nous utilisons les racines alimentaires du *céleri*, de la *carotte*, du *panais;* les tiges de l'*angélique*, les feuilles du *persil* et du *cerfeuil*, les fruits de l'*anis*.

Il y a des espèces vénéneuses, notamment les *ciguës*, dont l'une ressemble extérieurement au persil, mais dont les feuilles froissées ont une odeur désagréable.

75. Famille des solanées. — Les solanées

ont la corolle monopétale avec cinq étamines et un fruit en capsule ou en baie (fig. 62).

Fig. 62. — Fleur et fruit de belladone.

Elles renferment beaucoup d'espèces dangereuses qui peuvent empoisonner par leurs feuilles, leurs fleurs, leurs fruits ou leurs graines, telles sont la *belladone*, la *jusquiame*, le *datura*, la *mandragore* et le *tabac*.

Par contre, quelques-unes sont alimentaires et l'on mange les fruits de l'*aubergine*, de la *tomate*, et surtout les tubercules que porte la tige souterraine de la *pomme de terre*, qui sont un de nos aliments les plus utiles.

Le tabac contient un principe vireux, la *nicotine*, qui doit faire rejeter l'emploi de cette plante, sous n'importe quelle forme et malgré les préparations qu'on peut lui avoir fait subir.

76. Famille des labiées. — Ce groupe tire son nom de la forme de la corolle monopétale toujours séparée en deux lèvres (fig. 55). Ce sont des plantes herbacées, à tige carrée, contenant presque toutes un principe aromatique qui leur donne une bonne odeur : tels sont les *sauges*, le *thym*, le *romarin*, la *lavande*, les *menthes*, les *mélisses*, le *lierre terrestre*. Presque toutes ces plantes servent à préparer des liqueurs parfumées ou des infusions agréables.

77. Famille des composées. — Ce groupe est certainement le plus nombreux du règne végétal; il ne comprend pas moins de 9,000 espèces ayant toutes pour caractère distinctif la disposition des fleurs ou l'*inflorescence*. Ce que le vulgaire appelle une fleur de pissenlit ou de chicorée, de bluet ou de chardon, d'artichaut, de souci ou de grand-soleil, n'est pas une fleur simple; c'est une réunion, sur un même réceptacle, d'un plus ou moins grand nombre de fleurs sessiles ayant chacune tous les éléments d'une fleur ordinaire, calice, corolle, étamines et pistil. Souvent, toutes ces petites fleurs sont semblables de forme et toutes régulières; d'autres fois, celles du bord de l'ensemble ont une

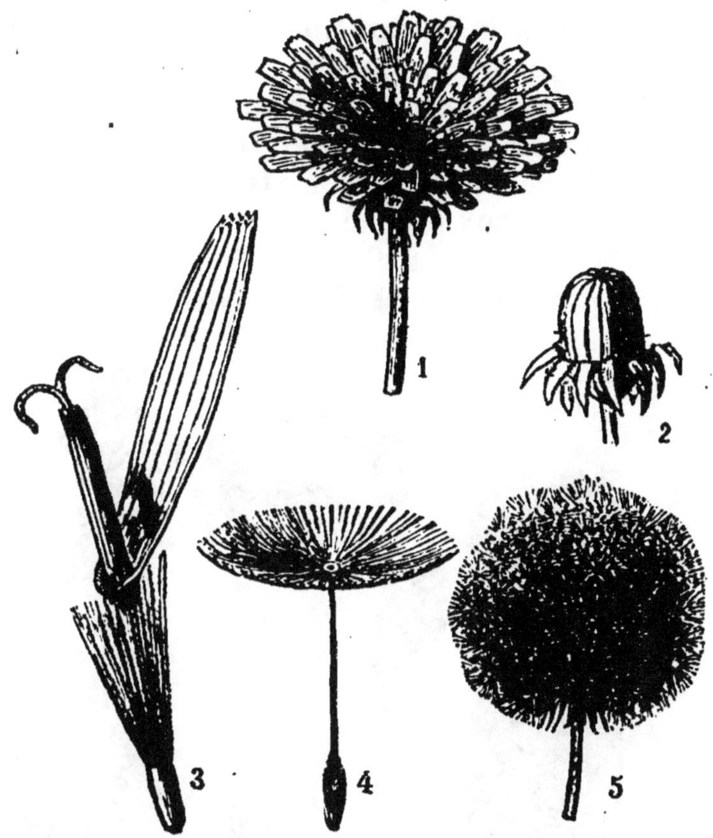

Fig. 63. — Pissenlit dent de lion (*Famille des Composées.*)

1. Capitule des fleurs développées. — 2. Fleur non épanouie. — 3. Une fleur isolée. — 4. Un fruit isolé. — 5. Ensemble des fruits avec leurs aigrettes.

lamelle étalée comme dans la reine-marguerite. Dans tous les cas, que la fleur soit régulière sous le nom de *fleuron*, ou irrégulière sous celui de *demi-fleuron*, elle contient toujours des étamines soudées par leur bourse, et c'est ce qui a fait encore appeler ce grand groupe les synanthérées (anthères soudées).

La fig. 63 montre l'inflorescence du *pissenlit*, une fleur isolée, le fruit surmonté d'un style plumeux qui aide à son transport par le vent.

L'*artichaut*, les *chardons*, le *bluet* forment un premier groupe.

Les *chicorées* (frisée et escarole), les *laitues* (pommée, frisée, romaine), le *pissenlit*, la *scorsonère*, le *salsifis* forment un deuxième groupe.

Le *soleil*, le *topinambour*, les *camomilles*, les *armoises*, les *reine-marguerites*, les *cinéraires*, les *seneçons*, les *dahlias*, les *œillets d'Inde* font partie d'un troisième plus nombreux encore que les deux premiers.

78. Famille des chénopodées. — Nous citons

Fig. 64. — Tige, fleur isolée et racine de la betterave.
(*Famille des Chenopodées.*)

cette famille comme l'une de celles où les fleurs nombreuses, peu brillantes, ont pu être considérées comme manquant de corolle (*apétales*). L'espèce la plus utile est la *betterave* (fig. 64), qui sert d'aliment au bétail et dont une variété est cultivée pour le sucre que l'on peut en retirer. Les *arroches* et les *épinards* dont nous mangeons les feuilles sont aussi de cette famille.

79. Amentacées. — On a réuni sous ce nom un certain nombre d'arbres dont le caractère commun est d'avoir les deux sortes de fleurs séparées et, de plus, les fleurs à étamines réunies sous la forme d'un *chaton*, comme ceux du noisetier et du peuplier (fig. 65).

Cette famille fournit tous les bois de charpente et de chauffage, le *hêtre*, le *châtaignier*, le *chêne*, le *charme*, le *bouleau*, l'*aune*, les *saules*, les *peupliers*, les *platanes*, le *noyer*. Nous utilisons les fruits du châtaignier,

Fig. 65. — Fleur en chaton du peuplier.

du noisetier, du noyer, même celui du hêtre dont on extrait de l'huile.

80. Famille des gymnospermes. — Les arbres verts qui composent ce groupe sont remarquables par la forme de leurs feuilles et surtout par la disposition de leurs graines qui ne sont pas enfermées, comme dans tous les végétaux précédents, dans une enveloppe creuse, mais seulement protégées par les écailles du cône à la base desquelles elles sont placées (fig. 66).

Fig. 66. — Cône du pin.

On utilise les bois résineux des *pins, sapins, mélèzes, cèdres, thuyas;* on recueille la résine du pin, et on élève dans les parterres les *ifs* et les *genévriers.*

CHAPITRE XII

VÉGÉTAUX A FLEURS. — MONOCOTYLÉDONÉS

81 Caractères généraux. — Les végétaux monocotylédonés ont des fleurs visibles avec étamines et pistil, puis un fruit avec graines; mais ces graines n'ont qu'**un seul cotylédon** et germent comme le grain de blé (fig. 59). La fleur manque parfois d'enveloppes colorées, ou bien, si elle est brillante, le calice et la corolle y sont confondus en un seul périanthe. La tige paraît toujours provenir d'un amas de feuilles dont les plus jeunes sont les plus centrales; elle devient un cylindre sans ramifications, comme dans les palmiers, ou bien elle est creuse comme le chaume du blé. La feuille se flétrit sur la tige mais la base y reste et contribue à former le tronc.

Bornons-nous à citer deux familles des plus importantes de ce groupe.

82. Famille des liliacées. — Le *lis* en est le type avec sa racine bulbeuse, sa grande fleur, ses six étamines, son ovaire à trois loges. La *tulipe,* les *jacinthes,* les *fritillaires* sont, comme les lis, des plantes d'ornement. L'*ail,* l'*échalote,* la *ciboule,* le *poireau,* l'*oignon* sont des plantes alimentaires. Les *yuccas,* les *aloès,* et les *phormiums,* avec leurs feuilles larges et épaisses, sont les espèces des contrées chaudes.

83. Les graminées. — Les graminées renferment, outre les céréales, *blé, avoine, seigle, maïs, orge,* les petits végétaux vulgairement désignés sous le nom d'*herbes* et qui ont l'aspect ou la structure du gazon. Elles sont très nombreuses sous tous les climats, petites dans les contrées froides, plus grandes sous les tropiques. On les caractérise facilement par leur tige et leurs feuilles d'une part, d'autre part par leurs fleurs.

La tige est un *chaume* avec des nœuds de distance en distance, et à chaque nœud la naissance d'une feuille qui engaine le chaume jusqu'au nœud suivant, avant de s'étaler en une lanière effilée.

Les fleurs sont habituellement disposées par petits groupes ou *épillets* des deux côtés d'une tige ; l'ensemble forme l'épi (fig. 67).

Chaque petite fleur a un ovaire avec deux ou trois styles à plumets, autour desquels sont les étamines ; le tout est protégé, non par une enveloppe close, mais par des écailles foliacées ou *glumes* (fig. 67).

Fig. 67. — Épi et fleur isolée du blé.

Les herbes de nos prairies naturelles (*flouves, vulpins, fléoles, bromes* et *fétuques*), le *riz* et le *sorgho*, le *maïs*, les *roseaux*, les *bambous*, la *canne à sucre*, voilà, avec les *céréales*, les principales graminées.

CHAPITRE XIII

VÉGÉTAUX SANS FLEURS

84. Les plantes sans fleurs, où l'on ne trouve ni étamines, ni pistil, ne se reproduisent pas de graines, mais de globules ou **spores** dans lesquels on ne distingue aucune trace d'embryon.

En tête se placent les **fougères** dont les grandes feuilles, élégamment découpées, sortent le plus souvent d'une tige souterraine et portent sur leur face inférieure les petits corpuscules qui serviront à la reproduction.

Viennent ensuite les **mousses,** sortes de végétaux en miniature avec leurs feuilles délicates, leur tige très fine terminée par une petite *urne* qui contient les *spores*.

Fig. 68. — Champignons.
Agaric champêtre.

Les **champignons** qui se développent sur des filaments blanchâtres existant en terre ou sur les matières organiques en décomposition , présentent une sorte de pied charnu surmonté d'un chapeau, de substance blanche, sans aucune trace de verdure, sans feuilles, sans racines, sans rien qui ait l'apparence des végétaux ordinaires (fig. 68).

Les **moisissures** sont les champignons les plus élémentaires qui se développent sur toutes les substances organiques exposées à l'humidité. Les unes s'attaquent aux végétaux pour en altérer les fruits, comme l'oïdium de la vigne, le charbon des grains; d'autres aux substances animales, d'autres enfin déterminent les fermentations.

CHAPITRE XIV

NOTIONS D'HORTICULTURE

88. Le Jardin. — L'horticulture comprend tout ce qui se rapporte à la disposition, à la culture, à l'entretien, à la mise en valeur des jardins, qu'ils soient exclusivement consacrés aux fleurs, aux plantes d'agrément, aux arbres fruitiers, aux légumes communs, ou bien qu'ils comprennent, comme c'est le cas le plus général, à la fois toutes ces productions.

Le jardin est habituellement clos, abrité par des murs au moins du côté des vents froids ; il est sillonné d'allées avec des fleurs en bordures ; il contient des arbres fruitiers en quenouilles ou à haut vent, et, le long des murs, des arbres en espaliers. Une partie, divisée en carrés ou en rectangles, est plus spécialement consacrée au *potager*.

Toutes les parties doivent être souvent ratissées et débarrassées des herbes qui y croissent.

Le *potager*, les *fleurs* et les *arbres*, voilà trois cultures diverses qui exigent des soins différents.

86. Procédés de multiplication des végétaux. — La plupart des légumes et des fleurs se reproduisent de graines et nécessitent des **semis** et des **replants**.

On sème dans un sol bien bêché, bien fumé, bien menu, et au printemps, pour éviter les effets des gelées, sur couches, sous châssis ou sous cloches. Quand les plantes ont poussé quelques feuilles, on en arrache une partie que l'on repique en ligne dans un carré cultivé et préparé ; les autres, qui ont plus d'espace et plus d'air, s'accroissent plus rapidement ou peuvent être repiquées à leur tour et mises aux places qu'on leur a destinées.

Beaucoup de plantes se sèment en place et ne sont pas replantées ; on les éclaircit convenablement pour favoriser leur croissance, et on choisit quelques pieds vigoureux qu'on laissera monter à tige et porter graines ; et, la saison venue, on récolte ces graines que l'on conserve l'hiver dans un lieu sec pour les semer plus tard ou à la saison suivante.

Le *semis* est donc le mode le plus général de multiplication des végétaux ; mais il n'est pas le seul employé ; on lui adjoint la **bouture** et la **marcotte**.

La **bouture** consiste à mettre en terre une jeune branche pourvue de bourgeons, au moins un au sommet, et coupée en biseau à l'autre extrémité; à l'arroser souvent pour qu'il se développe des racines dans la partie mise en terre. Si l'espèce est bien choisie, le bourgeon terminal se développera comme s'il était resté sur la plante-mère, et l'on aura un nouveau pied. On emploie avec succès ce mode de multiplication pour beaucoup de plantes; il réussit très bien sur le géranium, sur le fuchsia, sur des arbustes comme le saule.

La **marcotte** est un genre de bouture dans lequel on ne sépare la jeune plante de la tige-mère qu'après que des racines s'y sont développées. Le fraisier en offre un exemple naturel avec ses *coulants* qui prennent racines et donnent de nouveaux pieds.

Pour les plantes à tige basse, comme les œillets, le marcottage est facile; on courbe une branche vers le sol de manière à en enterrer une partie, et quand des racines se sont développées sur la partie enfouie, on la sépare de la plante-mère.

Ces deux modes de multiplication servent surtout pour les plantes ou les arbustes à fleurs doubles qui ne donnent pas de graines.

87. Notions d'arboriculture. — Les arbres livrés à eux-mêmes donneraient bien les fruits qui les font rechercher; mais on augmente la qualité et l'abondance de ces fruits en modifiant le développement normal des arbres, en leur appliquant une série d'opérations qui constituent la culture des arbres, l'**arboriculture.**

Pour la plupart des espèces, il faut commencer à élever les jeunes sujets et ne les planter à demeure qu'alors qu'ils ont pris un certain développement. Le lieu où l'on élève les jeunes arbres prend le nom de **pépinière;** on choisit un sol riche et abrité et on y pratique les procédés de multiplication, *semis, bouture* et *marcotte*, auxquels on ajoute la *greffe*, dont nous parlons plus bas.

La plantation d'un arbre doit être faite avec grand soin, à l'automne ou aux premiers jours de printemps, dans un sol bien propice et préparé de manière que les racines s'y développent à l'aise.

Les arbres grandissent par les *bourgeons* ou les *yeux*, comme on dit en termes de jardinage. De ces bourgeons, les uns produiront des fleurs et des fruits, les autres donneront des feuilles et des branches; les premiers sont dits **bourgeons à fruits;** ils sont plus ronds, plus volumineux que les autres appelés **bourgeons à bois** et dont la forme est un peu allongée. Beaucoup d'arbres développent leurs fleurs avant leurs feuilles, ainsi sont les poiriers et les pommiers.

On ne laisse pas développer tous les bourgeons à bois; on *taille* les arbres au printemps pour enlever les branches qui se sont développées outre mesure l'été précédent et pour donner à l'arbre une forme particulière, soit la forme en *éventail* de l'espalier, soit la forme en *pyramide* de la quenouille. La taille des arbres exige du discernement et de l'expérience; on la complète l'été par le *pincement* et on obtient des fruits plus gros et plus succulents que n'en peuvent donner les mêmes espèces élevées en liberté.

88. Greffes les plus importantes. — La **greffe** est fondée sur la propriété que possède le bourgeon de reproduire le végétal qui lui a donné naissance. Elle consiste à transporter sur une tige un bourgeon ou un jeune rameau qui se développera aux dépens de cette tige en s'incorporant à elle. Par la greffe, on multiplie les variétés d'arbres et d'arbustes avec leurs caractères distinctifs, ce qu'on n'obtiendrait pas tonjours par les semis; de plus, en greffant des espèces domestiques sur des tiges sauvages, on donne à l'arbre qui résulte de cette alliance la vigueur avec la fécondité.

On distingue un très grand nombre de variétés de greffes qui peuvent être rassemblées en trois groupes : les greffes par **approche,** les greffes par **scions** et les greffes par **bourgeons.**

Dans la **greffe par approche,** on pratique sur deux tiges des entailles, on les rapproche plaie contre plaie, et on les maintient soudées en les garantissant des influences extérieures. Quand la soudure est complète, on coupe la base de l'une des tiges et le haut de l'autre.

La **greffe par scions** consiste à appliquer un jeune rameau sur une tige étrangère. Elle est dite **en**

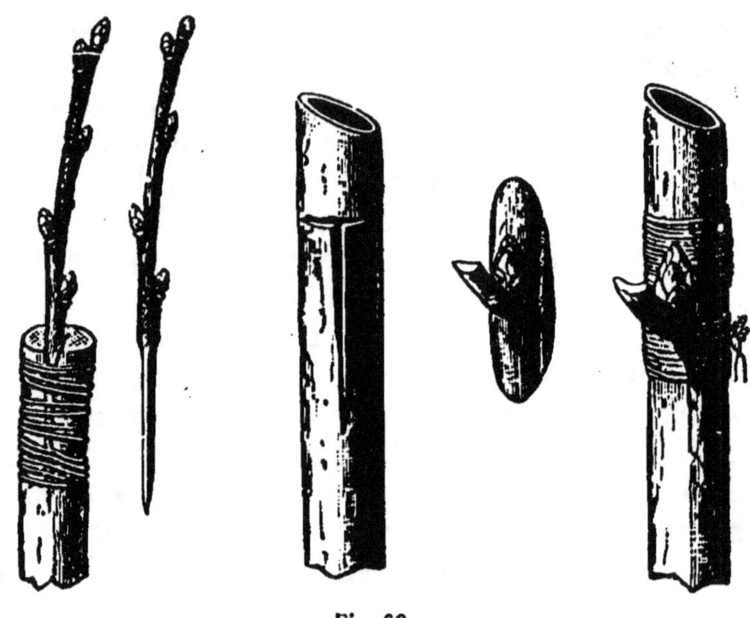

Fig. 69.

Greffe en fente.   Greffe en écusson.

fente quand les rameaux sont placés dans une fente faite sur la tige coupée (fig. 69); elle est dite **en couronne** lorsque les scions taillés en biseau sont insérés sur la tête du sujet entre le bois et l'écorce. Dans les deux cas, la tête du sujet et l'incision sont garnies d'un mastic qui empêche le contact de l'air et la perte de la sève.

La **greffe par bourgeons** est dite aussi **en écusson.** On fait sur l'écorce du sujet une entaille en T. On a enlevé sur la jeune tige à reproduire un bourgeon avec un peu du bois sur lequel il a poussé. Après avoir relevé les deux lèvres de l'incision faite sur le sujet, on insère le bourgeon entre les lambeaux

d'écorce et l'aubier et on ligature soigneusement le tou
avec de la laine. L'opération se pratique au mois de mai
ou au mois d'août; elle est dite à **œil poussant** ou
à **œil dormant.**

III. — GÉOLOGIE

CHAPITRE XV

LES MODIFICATIONS CONTINUES DU SOL

89. Structure de la terre. — La surface des
continents et des îles est presque partout recouverte
d'une couche dans laquelle poussent les végétaux et
qu'on appelle la **terre végétale,** épaisse seulement
de quelques centimètres par places et de plusieurs mètres
en d'autres endroits.

Si l'on enlève cette couche ou que l'on creuse une
grande tranchée, on voit des couches de pierres et de
terres d'aspects divers, de dureté et de composition différentes; c'est la croûte solide du globe, ce sont les
roches.

La **géologie** étudie la nature et la disposition de
ces roches pour y découvrir les matériaux utiles et chercher à reconstituer l'histoire de la terre.

Elle suit la marche des phénomènes actuels pour y
trouver l'explication des phénomènes antérieurs qui ont
donné à notre globe sa forme et sa constitution. Deux
grands ordres de phénomènes sont tout particulièrement
intéressants à suivre : *ceux que l'eau produit* et *ceux qui
dépendent de la chaleur.*

90. Action de l'eau. — L'eau se présente dans
la nature sous ses trois états, en vapeur dans l'atmosphère, en liquide dans la pluie, les torrents, les rivières

et la mer, en solide sous forme de neige ou de glace sur les hautes montagnes.

L'eau de la pluie se partage en deux parties, l'une qui pénètre, qui s'infiltre dans le sol et l'autre qui ruisselle à la surface.

Cette eau qui ruisselle à la surface du sol enlève les parties les plus petites et les plus légères pour les entraîner dans des endroits plus bas. Elle agit même sur les pierres pour les découvrir et les dénuder peu à peu; et elle transporte plus ou moins loin tous les matériaux dont elle se charge.

L'eau qui s'infiltre descend dans le sol jusqu'à ce qu'elle trouve une couche imperméable. Elle va former les sources aux flancs des vallées; elle donne naissance aux ruisseaux, aux torrents, aux rivières, aux fleuves, à tous les courants qui coulent dans un lit qu'ils se sont tracé.

Les eaux courantes enlèvent aux bords de leur lit les parties les moins dures et les moins tenaces; elles peuvent ronger avec le temps même des roches très dures; elles roulent des pierres; elles les transportent en les émiettant jusque dans les plaines. Leurs effets sont bien plus considérables quand il se produit une inondation ou quand une fonte de neige donne naissance à des torrents. Le torrent ronge ses rives et creuse son lit, et le large fleuve débordé dépose vers son embouchure les terres qu'il a entraînées dans son parcours; et c'est ainsi que se transforme peu à peu la forme extérieure du sol sous l'action des eaux en mouvement.

Nos grandes vallées actuelles ont été formées ainsi par des courants d'une très grande puissance et d'un très grand volume.

La mer exerce en beaucoup de points une action destructive sur ses bords; les vagues désagrègent les roches tendres, entament peu à peu celles qui résistent, et ainsi se sont formées les falaises de nos côtes (fig. 70). En revanche, la mer transporte sur d'autres rivages des dépôts de sable qui vont former les *dunes* et qu'on parvient à fixer par des obstacles contre lesquels le sable s'arrête

Fig. 70. — Falaises.

(fig. 71). Les arbres que l'on plante et qui se développent

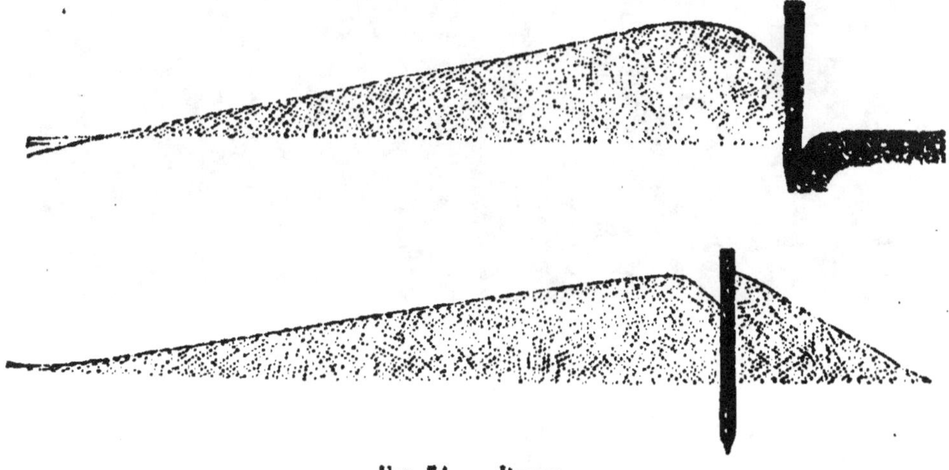

Fig. 71. — Dunes.

dans ce sol un peu mouvant finissent par le fixer définitivement.

Les glaciers formés par la neige accumulée, serrée, en partie fondue d'abord et regelée, sont aussi des agents de destruction et surtout de transport. Ils se meu-

Fig. 73. — Glacier.

vent dans la vallée lentement, en frottant et en usant les roches qui leur servent de base. Les blocs de pierre petits et gros, détachés des parois de la vallée par la gelée ou la pluie tombent sur le glacier qui les transporte au moins jusqu'au point où il fond. Les gros blocs s'arrêtent à la base du glacier et sont nommés **blocs erratiques;** les fragments moyens qui portent le nom de **moraines** sont transportés souvent beaucoup plus loin par le torrent qui provient de la fusion de la glace (fig. 72).

Les **avalanches** sont aussi une cause de destruction des rochers et de modification de leur aspect; elles entraînent dans leur chute des quartiers de rocs qui viennent former dans les montagnes une vallée élevée ou qui peuvent être entraînés par les torrents existant déjà dans les vallées profondes où ils sont tombés.

91. Phénomènes dépendant de la chaleur. — La chaleur centrale du globe devient sensible à mesure qu'on descend plus profondément, dans un puits de mine, par exemple. On estime qu'à partir de la couche où la température est constante toute l'année et qui se trouve à quelques mètres de la surface du sol, la température s'accroît d'un degré par trente mètres de profondeur. Si cette progression est bien telle, il ne faut pas aller bien loin, pas même à 100 kilomètres, c'est-à-dire à peine à la soixantième partie du rayon terrestre, pour trouver une température à laquelle aucun des corps connus ne puisse rester solide. On suppose donc que l'intérieur de la terre est une masse de vapeurs encaissées par la croûte solide qui forme le globe. Et l'on comprend bien alors qu'il existe des sources chaudes, que certaines sources comme les **geysers d'Islande** (fig. 73) puissent jaillir avec des torrents de vapeur.

Les **tremblements de terre** s'expliquent par les mouvements de la croûte sous l'impulsion des vapeurs centrales; et les **volcans** sont les évents par où s'échappent de temps à autre, sous la pression intérieure, des matières en fusion qui prennent d'abord en se refroidissant un aspect vitreux et qui forment autour du *cratère* des masses dures et massives. La formation des montagnes dont la crête a une origine volcanique, comme nos monts d'Auvergne, devient très compréhensible.

On peut conclure de ces observations que le relief actuel du sol est dû d'abord à des soulèvements effectués

Fig. 73. — Geyser.

par les pressions de la masse centrale puis à tous les phénomènes de dénudation et d'érosion que produisent les eaux.

CHAPITRE XVI

LES ROCHES ET LES FOSSILES

92. Division des roches. — Lorsqu'on examine les masses minérales de la croûte du globe dans les points où la surface a été profondément entamée, soit dans les grandes tranchées, dans les carrières, soit sur les falaises des bords de la mer, on constate deux dispositions très différentes.

Fig. 74.

1° Des couches régulièrement disposées, comme les assises d'un grand monument, parallèles les unes aux autres, parfois horizontales, quelquefois inclinées (fig. 74) ou même ondulées (fig. 75); on les appelle **roches stratifiées**

Fig 75.

ou encore **roches sédimentaires** ou de dépôt;

Fig. 76. — Roche massive.

tout fait croire qu'elles ont été formées au sein des eaux par un dépôt lent et progressif des corps solides tenus en suspension dans l'eau ; car c'est ainsi que se déposent encore les alluvions des rivières et fleuves.

2° D'autres roches forment des masses irrégulières, souvent au milieu même des précédentes, comme si elles avaient été formées de matières primitivement liquides et solidifiées par refroidissement (fig. 76). Elles sont appelées **roches massives** ou encore **roches ignées** ou **volcaniques;** elles présentent une texture cristalline, un aspect plus ou moins brillant ou vitreux.

93. Roches sédimentaires. — On distingue dans les couches sédimentaires les roches calcaires et les roches siliceuses; les premières font effervescence avec les acides.

Les **roches calcaires,** essentiellement formées de carbonate de chaux, sont en général granuleuses et d'aspect terne, assez tendres pour être rayées par une pointe d'acier.

C'est la *pierre de taille* et le *moellon*, ce sont les *marbres*, c'est la *craie* sous toutes ses formes.

Fig. 77. — Poudingue.

Les **roches siliceuses** sont d'abord les *grès* formés de granules fins plus ou moins serrés; les *cailloux* *roulés* et les *sables;* les cailloux agglomérés appelés *poudingues* (fig. 77) et enfin les *argiles* et les *marnes argileuses* qui sont la base des terres cuites.

94. Roches ignées. — Les roches massives ou éruptives sont à peu près exclusivement formées de matières siliceuses, notamment de silicates. On a pu les classer en **roches simples** ne contenant qu'une seule et même matière minérale et en **roches composées** formées de l'assemblage de plusieurs espèces minérales distinctes.

Parmi les roches simples, citons surtout le **quartz** ou *cristal de roche* et les variétés de *silex, agate, pierre meulière;* le **feldspath** très répandu dans les roches éruptives, autant peut-être que le calcaire dans les couches sédimentaires; le **mica** avec sa structure en feuillets brillants, le **pyroxène** en masses noires et compactes.

Dans les roches composées, le **granit,** le **porphyre** et les **basaltes;** la première de ces roches est formée de grains soudés de quartz, de feldspath et de mica; la seconde contient ces mêmes corps disséminés dans une pâte siliceuse; la troisième est formée de feldspath et de pyroxène.

95. Fossiles. — On nomme **fossiles** des débris ou des empreintes d'êtres organisés, d'animaux et de végétaux qui ont laissé leur trace sur les roches. Ce sont des coquilles, des dents, des os, des débris végétaux et des empreintes de feuilles ou de tiges (fig. 78).

Un grand nombre de dépôts sédimentaires sont presque entièrement composés de coquilles et de fragments de polypiers; d'autres renferment des parties dures d'animaux qui ont pris une consistance pierreuse, d'autres enfin présentent des empreintes et des moules incrustés dans les roches.

Tous ces débris sont précieux pour l'étude de la géologie; ils servent à prouver d'abord que les couches

où on les trouve ont été déposées par les eaux ; ils aident
à caractériser les différentes couches, à reconnaître si le
terrain a été autrefois le fond d'un lac ou le fond d'une
mer.

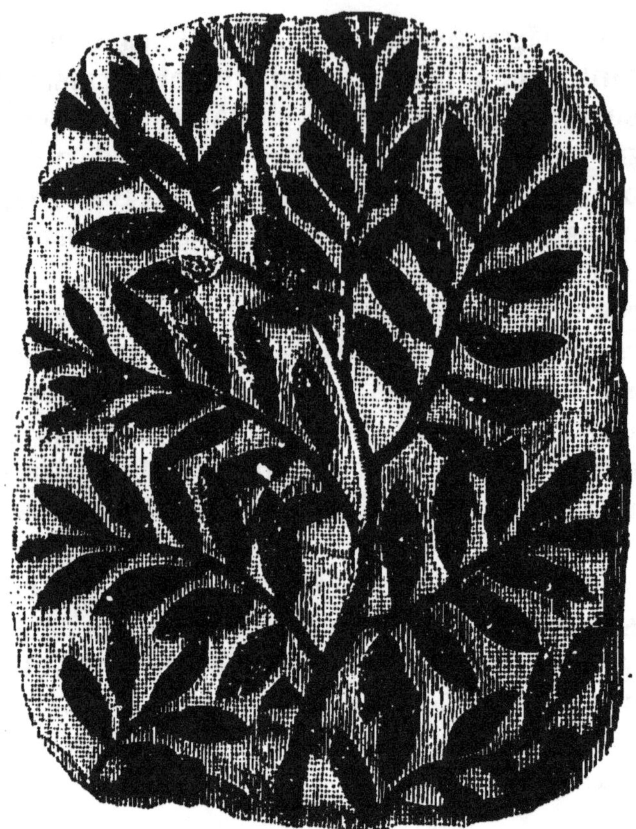

Fig. 78. — Empreinte de tige et de feuilles.

Chaque terrain a un certain nombre d'espèces qui lui sont propres ; ainsi, les couches sédimentaires les plus anciennes ont des crustacés singuliers que l'on ne retrouve pas dans les terrains postérieurs. Les schistes de l'étage houiller. portent des empreintes de grandes prêles et de grandes fougères ; les terrains secondaires ont, avec des coquilles de mollusques, des ossements de grands reptiles sauriens. Les couches plus récentes renferment avec de nombreuses coquilles marines et des coquilles d'eau douce, les restes de grands mammifères se rapprochant par leur genre de vie de nos espèces actuelles.

Les figures 80, 81, 82 représentent des coquilles diverses : le *trilobite* des terrains anciens, *l'ammonite* commune dans les terrains jurassiques et les fossiles d'eau douce d'un des étages du terrain tertiaire.

CHAPITRE XVII

PRINCIPAUX TERRAINS

96. Division des terrains. — Les géologues donnent le nom de *terrain* à chaque ensemble de couches que l'on peut considérer comme ayant été produites par un même concours de circonstances, entre deux périodes d'agitation.

L'observation des couches fait d'abord distinguer les roches éruptives qui constituent le **terrain primitif** de toutes les roches de dépôt qui constituent les **terrains sédimentaires.**

Ces derniers sont groupés d'après leur ancienneté. Si toutes les couches étaient horizontales, l'âge relatif de

Fig. 79.

chacune d'elles serait très facile à établir. Mais quand elles sont inclinées, plissées, ondulées, ce travail de classement devient plus difficile et il y faut faire intervenir des observations diverses, comme celle de l'inclinaison par une roche éruptive des couches sédimentaires déjà existantes et sur lesquelles il s'est depuis déposé d'autres couches horizontales (fig. 79).

En tenant compte de la superposition des terrains, de leurs différences de stratification, des fossiles qu'on y trouve, des roches qu'ils renferment, on a pu classer les terrains stratifiés en quatre grands groupes que l'on désigne par les noms de **primaire, secondaire, tertiaire** et **quaternaire** et qui se subdivisent eux-mêmes en étages distincts les uns des autres par la nature de leurs roches principales.

97. Terrain primitif. — Le terrain primitif forme en France le Plateau central, les collines qui s'étendent du nord au sud entre Avallon et le Vigan, de l'ouest à l'est entre la Vienne et le Rhône; en Bretagne deux grandes bandes de montagnes peu élevées, un massif à Cherbourg, la crête des montagnes des Vosges, l'axe de la chaîne des Pyrénées, le massif du mont Blanc dans les Alpes et celui de l'Oisans dans le Dauphiné.

C'est le granit qui y domine en beaucoup de points, les basaltes dans les monts de l'Auvergne, et çà et là, les autres roches éruptives ou ignées.

98. Terrains primaires. — Les terrains primaires ne reposent jamais que sur le terrain primitif; ils ont pour fossile caractéristique le **trilobite** (fig. 80); et les roches qui les forment sont le plus souvent *schisteuses* c'est-à-dire disposées en feuillets.

Ce sont les couches du **terrain de transition** où l'on trouve les **ardoises;** ce sont les *marbres* des Ardennes et des Pyrénées formant la première assise du **terrain carbonifère;** ce sont les **couches de houille** avec leurs schistes dont les empreintes révèlent la puissante végétation de cette ancienne époque.

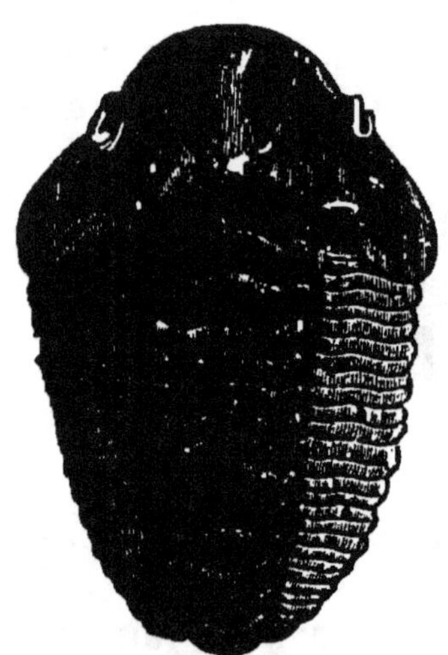

Fig. 80. — Trilobite.

99. Terrains secondaires. — Les terrains secondaires renferment un ensemble de couches qui ne reposent que sur des terrains primaires ou sur du terrain primitif.

Leurs fossiles caractéristiques sont des mollusques céphalopodes, **ammonites** (fig. 81) et **bélemnites.**

Leurs roches sont, à la base, des grès, et dans toutes les autres assises, des calcaires divers.

On les a divisés en trois terrains distincts :

Le **trias** avec ses trois couches : *grès bigarré, calcaire à coquilles* et *argiles irrisées;* ses dépôts de sel gemme et ses sources salées;

Le **jurassique**, qui forme presque tout le Jura, avec ses couches *calcaires,*

Fig. 81.

ses *pierres oolithiques* à grains serrés, ses nombreuses coquilles de mollusques et ses grands reptiles, comme l'*ichthyosaure* qui tenait encore du poisson par ses organes de natation;

Le **crétacé** qui comprend tous les étages de la craie, depuis la *craie marneuse* jusqu'à la *craie blanche,* avec ses *silex* interposés et ses *oursins* fossiles.

100. Terrains tertiaires. — Les terrains tertiaires qui ne sont jamais recouverts par les précédents, mais qui les recouvrent les uns ou les autres, renferment des *sables,* des *grès,* des *marnes* et des *argiles,* des *meulières* et des *calcaires.* Ils sont particulièrement développés dans le bassin de Paris où l'on trouve l'*argile plastique* avec ses fossiles d'eau douce (fig. 82); les carrières à *plâtre* de Montmartre et le *calcaire grossier* à cérithes.

C'est dans ces couches qu'ont été trouvés les ossements des premiers mammifères, se rapprochant par leur régime de nos pachydermes, mais dont quelques-uns, comme le *dinotherium,* présentaient une taille gigantesque.

101. Terrains quaternaires. — Les terrains quaternaires qui ne sont jamais recouverts par aucun des précédents, mais seulement par des couches de formation récente, n'ont ni la puissance, ni la régularité de dépôts des terrains plus anciens. On y distingue les débris de la *période glaciaire* et des couches d'alluvions formées de limon, de sable, de graviers, de cailloux roulés qu'on appelle le *diluvium*.

On suppose qu'au début de cette époque une partie de la terre était couverte de glaciers qui en fondant ont abandonné leurs blocs erratiques, entraîné leurs moraines,

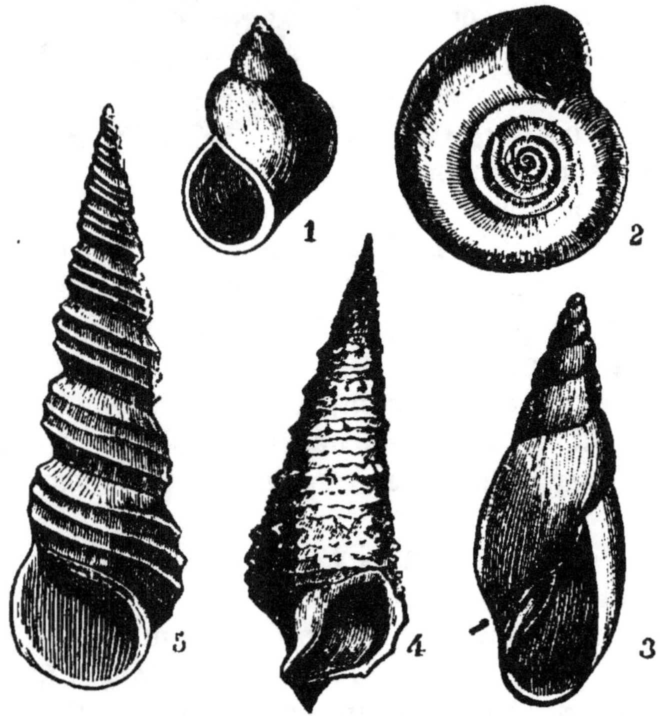

Fig 82. — Fossiles d'un des étages du terrain tertiaire.

1. Paludine. — 2. Planorbe. — 3. Lymnée. — 4. Cérithe. — 5. Mélanie

provoqué de grands courants d'eau auxquels sont dues nos vallées actuelles.

L'homme existait à cette époque : on retrouve ses ossements et les vestiges de son industrie avec les ossements des animaux, notamment des rennes qui ont vécu avec nos premiers ancêtres.

Tous ces terrains s'étagent les uns sur les autres, et une tranchée un peu profonde pratiquée sur une grande étendue les présente tous ou presque tous dans leur ordre de succession (fig. 83).

102. Terrains actuels. — Les terrains actuels sont ceux qui se forment constamment au fond des mers, au fond des marais tourbeux, à l'embouchure des fleuves. C'est la terre végétale formée des débris des roches mêlés aux débris des végétaux et dans laquelle croissent les plantes.

CHAPITRE XVIII

NOTIONS D'AGRICULTURE

103. Terre arable. — Le sol est la couche superficielle de la terre servant de support aux plantes. Le **sol arable** est la couche qui est ordinairement remuée par les outils et les instruments de culture et dans laquelle s'étendent les racines des plantes.

Le **sous-sol** est la couche immédiatement placée sous le sol arable; il est tantôt de même nature, tantôt de nature différente; c'est lui qui constitue, à proprement parler, le sol géologique dont la terre végétale est le revêtement.

La **terre végétale** ou cultivée est formée par

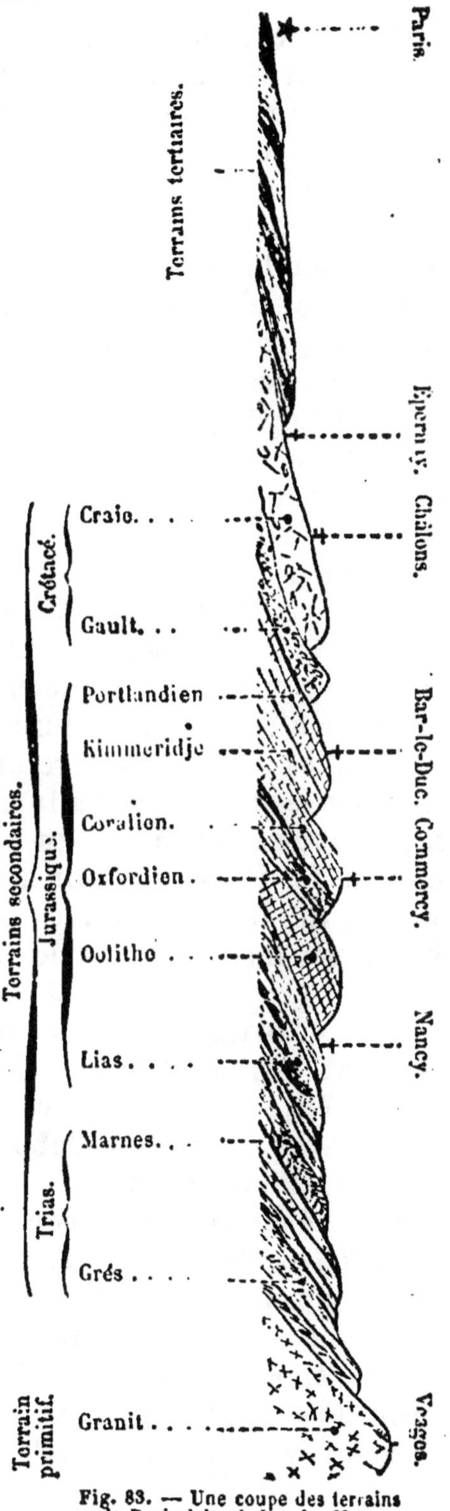

Fig. 83. — Une coupe des terrains de Paris à la chaîne des Vosges, par Châlons et Nancy.

les débris des roches sous-jacentes ou environnantes et par
les détritus des animaux et des végétaux. Les roches de
toute nature et de toute origine en contact avec l'atmosphère se décomposent par l'action séculaire des influences
qui agissent sur elles; les agents atmosphériques diminuent peu à peu leur dureté et les désagrègent : c'est ainsi
que le kaolin provient d'une désagrégation lente des
feldspaths. D'un autre côté, sur toutes les roches nues,
se développent des lichens qui recouvrent les pierres de
leurs lamelles, la poussière, composée de débris de toutes
sortes enlevés par le vent à la surface du sol, s'arrête
dans les replis de cette première végétation; des mousses
y croissent, y meurent et y laissent leurs débris; l'épaisseur de la couche augmente; la végétation s'accroît, et si
la pierre est en bonne exposition, elle sera bientôt couverte de petites plantes et d'une couche de terre végétale
formée de leurs résidus. Ainsi la matière minérale et la
substance organique se mêlent pour former un sol propre
au soutien et à la nourriture des plantes.

Dans les vallées, la terre arable est généralement formée par les limons des alluvions récentes ou anciennes;
les alluvions de la Bresse en offrent un exemple; ou
encore de dépôts sablonneux, limoneux, argileux provenant des parties élevées et déposés dans les plaines
basses peu inclinées; c'est le cas de la vallée de la Garonne.

104. Composition de la terre arable. —

La terre arable n'est pas d'une constitution uniforme;
elle diffère suivant les débris minéraux qui ont contribué
à la former et suivant l'abondance des détritus organiques qu'elle contient.

Les éléments qui la constituent essentiellement sont
le **sable,** l'**argile,** le **calcaire** ou carbonate de
chaux plus ou moins pur, et l'**humus** ou terreau formé
d'un amas de matières organiques en décomposition.

Le mélange de ces matériaux constitutifs acquiert des
propriétés spéciales selon que l'un ou l'autre de ces
éléments y domine. L'argile est la base des terres culti-

vées, elle retient, avec l'eau, tous les sels que ce liquide a dissous et qui constitueront des aliments pour les plantes; mais seule elle formerait une pâte trop compacte, le sable et le calcaire ont pour fonction de la diviser.

La prédominance d'un des éléments sur les autres a fait classer les sols arables en quatre groupes bien distincts ayant chacun des propriétés particulières au point de vue de la végétation des plantes qui peuvent y croître.

105. Principales espèces de sols. — Les quatre principales espèces de sols sont : les **sols argileux,** les **sols calcaires,** les **sols sableux** ou *siliceux* et les **sols humifères.**

Sols argileux. — Le sol argileux est caractérisé par la prédominance de l'argile; il est d'une texture compacte et tenace; il se couvre d'eau pendant les pluies à cause de son peu de perméabilité, et pendant les temps secs il se crevasse et se fendille. La culture en est difficile. Lorsqu'il est mélangé de calcaire il constitue une bonne terre; mélangé de sable il donne la terre-franche qui est la plus fertile.

Sols sableux. — Les sols sableux sont formés d'éléments divisés, quelquefois pulvérulents. Ils sont essentiellement perméables et se dessèchent très vite. Ils conviennent bien au seigle, à l'avoine, au trèfle et à la luzerne. Il leur faut des amendements marneux. Quand ils reposent sur un sous-sol argileux, un défoncement produit une très bonne terre arable.

Les sols sablo-argileux où le sable est mêlé d'argile constituent les alluvions des vallées basses, des terres fécondes propres à la culture maraîchère.

Sols calcaires. — Les sols calcaires sont essentiellement formés de carbonate de chaux; ils sont très pierreux ou crayeux, peu profonds; ils tiennent mal l'humidité et exigent des engrais fréquents.

Les sols crayeux sont stériles, à moins qu'ils ne contiennent ou qu'on ne leur donne un peu d'argile.

Sols humifères. — Les sols où domine l'humus,

c'est-à-dire les débris d'origine organique en décomposition, sont très riches quand ils ne sont pas trop marécageux ou tourbeux et que l'on peut y mélanger du sable et du calcaire.

Quelle que soit la nature de la terre, pour être bien propre à la végétation, elle doit être perméable afin que l'eau et l'air puissent y pénétrer et porter la vie aux plantes; elle doit être assez divisée sans cependant être trop meuble pour que les plantes puissent y développer leurs racines et en même temps y trouver un appui.

106. Amélioration du sol. — Le sol arable est amélioré par le travail, par des amendements, par les engrais, enfin, s'il y a lieu, par le drainage ou par l'irrigation.

Le cultivateur doit avoir pour but constant de faire produire à la terre le plus possible; il doit donc chercher à la rendre fertile si elle ne l'est pas suffisamment, à en changer la nature si besoin est, à lui fournir autant d'engrais qu'en exigent les plantes qui y croissent pour y prendre tout leur développement.

L'irrigation qui convient tout particulièrement aux prairies, consiste à répandre de l'eau sur la terre à des intervalles de temps déterminés, mais en pratiquant des rigoles qui assurent l'écoulement du liquide. On utilise d'ordinaire un cours d'eau naturel; on l'amène en tête du terrain, sur la partie la plus élevée, et on le force ensuite à se distribuer sur tous les points de la prairie à irriguer.

Le **drainage** a pour but, au contraire, de diminuer l'humidité des terres arables trop imbibées d'eau. On l'applique aux terres froides ou fortes, aux sols argileux, en général aux sols imperméables et à ceux qui reposent sur un sous-sol imperméable. Il consiste à déterminer des rigoles souterraines garnies de fragments de pierres ou même de tuyaux et destinées à un écoulement régulier des eaux qui sans cela séjourneraient dans le sol ou à sa surface.

L'amendement est une opération agricole qui consiste à introduire dans le sol arable des éléments qui doivent en modifier la nature physique et la composition afin d'en accroître la production.

La *chaux* et la *marne* sont les deux substances les plus fréquemment employées en amendements.

La marne, en partie argileuse, est répandue avec succès sur les sols crayeux dont elle corrige la trop grande perméabilité; les sols crayeux marnés se dessèchent moins vite et ils fixent mieux les racines des plantes.

La chaux est de première utilité pour améliorer les sols argileux; elle modifie leur consistance, elle les rend plus meubles, un peu plus perméables, plus propres à la culture des céréales. En général une bonne terre arable doit contenir de 40 à 60 % d'argile, de 30 à 40 % de silice et de 5 à 15 % de calcaire; les améliorations par amendements doivent tendre à réaliser ces proportions.

107. Engrais. — On appelle **engrais** toutes les substances que l'on ajoute aux terres pour leur restituer les éléments nutritifs absorbés par les plantes qui s'y sont développées et pour servir d'aliments aux plantes qui y croissent.

Les engrais doivent donc renfermer les éléments des tissus des végétaux et les matériaux nécessaires à leur nutrition. Or, les plantes ont besoin d'eau, de carbone, d'azote et de sels minéraux; le carbone et l'azote doivent être empruntés à la nature organique, le reste peut l'être à la nature minérale.

On a pu diviser les engrais en **engrais naturels** et en **engrais artificiels,** en mettant dans les premiers le fumier de ferme, les détritus de plantes ou d'origine organique et dans les seconds les substances chimiques comme la chaux, les phosphates, sulfates et azotates. Peut-être serait-il plus logique d'appeler les uns **engrais organiques** et les autres **engrais minéraux** ou **chimiques.**

Le *fumier de ferme* est l'engrais principal; il est formé

de paille et d'excréments d'animaux; il contient donc ce que le sol a pu céder aux céréales qui y ont poussé et en même temps une forte proportion de matériaux organiques assimilables. Lorsqu'il est employé frais, ou qu'il a été conservé quelque temps dans un lieu couvert et qu'il est convenablement mélangé à la terre par un bon labour, il donne tous ses effets; il apporte aux plantes les aliments qui leur conviennent et il contribue à rendre le sol plus meuble.

Si dans une exploitation agricole on pouvait en produire assez pour les terres en culture, on pourrait l'employer seul. Mais on n'en produit généralement qu'une quantité insuffisante; et il y a lieu de recourir à d'autres substances et de faire emploi des *engrais chimiques.*

On désigne sous ce nom les sels de potasse, d'ammoniaque et de chaux qui, répandus sur les terres peuvent donner aux récoltes une active végétation et suppléer ou compléter le fumier de ferme. Ce sont les **phosphates de chaux** qui sont les plus employés, qu'ils proviennent de certaines couches du sol, ou bien des cendres d'os ou encore des noirs d'os qui ont d'abord servi à la décoloration. On les rend plus solubles et par suite plus actifs en les traitant par un acide; ils sont alors vendus sous le nom de **superphosphates**, et ils contiennent une certaine quantité d'acide phosphorique assimilable, l'un des meilleurs aliments pour les plantes.

Ces engrais actifs doivent être employés judicieusement, de différentes manières suivant la nature du sol; mais quand on sait s'en servir, on en obtient des résultats merveilleux. Ils ont rendu la culture intensive presque partout possible.

108. Travaux agricoles. — Le travail de la terre est la première condition de toute culture. Il faut après une récolte et avant la plantation ou le semis qui devra la suivre, retourner la terre pour en mettre à l'air toutes les parties et pour l'ameublir. C'est le but du **labourage** dans la grande culture. On fait, suivant les sols, des labours profonds ou légers; on débarrasse la terre des racines des plantes; on renouvelle la couche en contact avec l'air quelque temps avant les semailles pour les céréales et avant la plantation pour les autres végétaux. C'est ordinairement avant le labour qu'on répand les engrais; ils se trouvent alors enfouis et régulièrement mélangés à la terre labourée.

Le labour se fait habituellement en sillons séparés les uns des autres par une petite rigole qui favorisera l'écoulement des eaux.

Le sol préparé, on procède aux semailles ou aux plantations.

Dans le courant de l'été, on débarrasse la terre des plantes inutiles ou nuisibles; on sarcle ou l'on houe. Et le moment venu on procède aux récoltes. Tous ces travaux doivent être faits en leur temps; dans une grande exploitation ils se succèdent sans interruption depuis les premiers jours de printemps jusqu'aux derniers jours de l'automne.

109. Outils aratoires. — Les instruments qui servent à l'agriculteur sont nombreux. Ce sont d'abord les **charrues** qui retournent la terre, qu'elles soient à un soc fendant ou retournant le sillon, ou à plusieurs socs destinés seulement à remuer plus ou moins profondément le sol. C'est le **semoir**, ce sont les **herses** et les **rouleaux,** les unes qui ameublissent la terre et y enfoncent les graines jetées à la surface, les autres qui tassent la surface des sols légers. Ce sont les **houes** de toutes natures qui coupent les mauvaises herbes, grattent et remuent la croûte de la terre. C'est la **faucheuse** mécanique qui abat les prairies et la **faneuse** qui remue le foin pour aider à sa prompte dessication. Ce sont les appareils à couper le blé, les **moissonneuses** diverses. C'est la **machine à battre** et à nettoyer les grains.

110. Semailles. — Les semailles des céréales d'automne ou de printemps constituent l'un des principaux des travaux agricoles. Les labours ont préparé le terrain à l'avance. On a choisi les graines dans de bonnes espèces, bien propres, débarrassées des graines de plantes inutiles.

On les jetait autrefois à la main sur le sol, et derrière le semeur passait une herse enfonçant la graine en terre.

On préfère aujourd'hui employer le semoir qui creuse un léger sillon, y dépose le grain et le recouvre ensuite. La répartition est plus régulière, plus égale; elle exige moins de grains; ceux-ci sont mieux recouverts et par conséquent plus à l'abri des oiseaux qui viennent pour les prendre.

On sème le blé en octobre, les variétés précoces en mars, l'avoine et l'orge en avril.

111. Récoltes. — Les récoltes demandent des soins divers pour être faites dans les meilleures conditions.

Le foin coupé par un beau temps, fané et séché en quelques jours si c'est possible, doit être rentré bien sec, sans quoi il fermenterait en tas.

Le colza est coupé encore un peu vert; il achève de mûrir en quelques jours; on le bat pour avoir la graine.

Les céréales, seigle, blé, avoine, sont coupées quand le chaume commence à prendre une teinte jaune; elles sont gardées quelque temps aux champs, en petits tas, faits de manière que l'épi soit à l'abri de la pluie. On les bat en septembre, et on garde les grains dans des greniers aérés.

Recueillir chaque plante à sa maturité, la rentrer sèche; la tenir en lieu sec en la défendant contre les parasites qui pourraient l'altérer ou la détruire, tel est le moyen d'avoir de beaux et bons produits.

FIN

TABLE DES MATIÈRES

PREMIÈRE PARTIE

PHYSIQUE

DEUXIÈME PARTIE

CHIMIE

TROISIÈME PARTIE

HISTOIRE NATURELLE

FIN DE LA TABLE DES MATIÈRES

Paris. — Imp. E. Capiomont et V. Renault, rue des Poitevins, 6.